应用概率论与数理统计同步辅导
（第二版）

主　编　张振荣　俞竺君
副主编　张海燕　金惠兰
　　　　张金梅　黄　剑

南开大学出版社
天　津

图书在版编目(CIP)数据

应用概率论与数理统计同步辅导 / 张振荣,俞竺君主编. —2版. —天津：南开大学出版社，2016.1(2023.1重印)
ISBN 978-7-310-05012-3

Ⅰ.①应… Ⅱ.①张… ②俞… Ⅲ.①概率论－高等学校－教学参考资料②数理统计－高等学校－教学参考资料 Ⅳ.①O21

中国版本图书馆 CIP 数据核字(2015)第 277517 号

应用概率论与数理统计同步辅导(第 2 版)
YINGYONG GAILÜLUN YU SHULITONGJI TONGBU FUDAO (DI-ER BAN)

南开大学出版社出版发行
出版人：陈　敬
地址：天津市南开区卫津路 94 号　　邮政编码：300071
营销部电话：(022)23508339　　营销部传真：(022)23508542
https://nkup.nankai.edu.cn

天津午阳印刷股份有限公司印刷　全国各地新华书店经销
2016 年 1 月第 2 版　　2023 年 1 月第 7 次印刷
210×148 毫米　32 开本　9 印张　252 千字
定价：30.00 元

如遇图书印装质量问题，请与本社营销部联系调换，电话：(022)23508339

内容简介

本书是深入学习概率论与数理统计的辅导书.全书共分八章,内容包括随机事件及其概率、一维随机变量及其分布、多维随机变量及其分布、随机变量的数字特征、样本及统计量、参数估计、假设检验、方差分析和回归分析.各章按知识结构,释难解惑,典型例题,考研真题,习题精解,模拟试题及模拟试题参考答案进行组织编写.

本书可用于学习概率论与数理统计的考研复习,同时也适合作为高校教师的教学参考书.

第一版前言

概率论与数理统计是研究随机现象统计规律性的数学学科,是高等学校理工科类、经管类等专业重要的基础理论课,也是全国硕士研究生入学的数学考试必考课程.学生对它掌握的好坏,不仅直接关系到后续课程的学习,而且对提高教育质量和人才培养质量都有着深远的影响.

初学概率论与数理统计的同学往往不知如何去解题。本书的目的就是通过对释难解惑和经典例题的分析,帮助学生正确理解基本概念,掌握解题的方法与技巧,并通过适量的练习,达到培养分析问题解决问题能力的目的.

本书的内容与现行教材《应用概率论与数理统计》同步,共分八章,各章由重要概念、公式及结论,释难解惑,典型例题,考研真题,习题精解,模拟试题及模拟试题参考答案构成.

重要概念、公式及结论 对本章必须掌握的基本概念、性质、定理和公式进行归纳,使读者易学、易记、易掌握.

释难解惑 对重点、难点以及容易混淆的概念进行诠释,使读者掌握问题的本质.

典型例题 尽可能全面归纳这门课程所涉及的题型,逐一进行分析并给出了解题方法和规律.对解法的获得过程给予了直观、简便的分析,帮助读者掌握解题思路、获得解题方法、提高解题能力.

考研真题 精选与本节内容有关的考研真题,试题涵盖了 2004 年至 2013 年的各类典型题型,并做了详细的解答,供考研的学生使用.

习题精解 主要对配套教材《应用概率论与数理统计》的习题做了详细的解答,使读者进一步提高解题能力.

模拟试题及模拟试题参考答案 每章都配置了难易度适中的模拟试题及参考答案,以填空题、选择题、计算题的形式给出,供读者自测本章内容掌握的程度.

本书是编者深入研究教学大纲和研究生考试大纲之后撰写而成的:它不仅是广大学生的辅导书、教师教学的参考书,而且也是硕士研究生入学考试必备的复习用书.

本书的第一、二、三章由张海燕编写,第四、五章由金惠兰编写,第六章由俞竺君编写,第七、八章由张振荣编写,金惠兰负责统稿.

编写本书时,参阅了许多书籍,引用了许多经典的例子和解题思路,在此向有关作者致谢!

由于编者水平有限,书中错误和不妥之处,敬请读者不吝指教.

编 者
2013 年 10 月于天津农学院

第二版前言

《应用概率论与数理统计同步辅导》作为《应用概率论与数理统计》教材的同步辅导书,自出版以来,受到广大师生的热烈欢迎.很多读者提出了宝贵的意见和建议.在修订本书时,我们根据这些意见和建议,结合作者的教学实践经验,在内容上作了适当调整,将"重要概念、公式及结论"这一板块改为"知识结构"图形框架,把章节内容用图表显示,读者可以根据知识结构去教材中查阅详细概念,使得本书更加简洁;完善了"典型例题"部分,对每一章节的知识点对应的题型进行补充,给读者提供全面的题型."考研真题"增加了2014年和2015年的考研真题,并进行详细解答."习题精解"详细讲解了新版教材的章节习题,帮助读者更快更好地掌握学习内容.

本书共分为八章,各章由知识结构、释难解惑、典型例题、考研真题、习题精解、模拟试题及模拟试题参考答案构成.

本书的第一章由张金梅编写,第二章由张海燕编写,第三、八章由张振荣编写,第四、五章由金惠兰编写,第六章由俞竺君编写,第七章由黄剑编写,全书由张振荣统稿.

书中不妥之处,欢迎广大读者批评指正.

编　者
2015年9月于天津农学院

目 录

第一章 随机事件及其概率 …………………………………… (1)
    一、知识结构 ……………………………………………… (1)
    二、释难解惑 ……………………………………………… (3)
    三、典型例题 ……………………………………………… (6)
    四、考研真题 ……………………………………………… (15)
    五、习题精解 ……………………………………………… (18)
    六、模拟试题 ……………………………………………… (27)
    七、模拟试题参考答案 …………………………………… (29)

第二章 一维随机变量及其分布 ……………………………… (32)
    一、知识结构 ……………………………………………… (32)
    二、释难解惑 ……………………………………………… (33)
    三、典型例题 ……………………………………………… (35)
    四、考研真题 ……………………………………………… (43)
    五、习题精解 ……………………………………………… (48)
    六、模拟试题 ……………………………………………… (64)
    七、模拟试题参考答案 …………………………………… (66)

第三章 多维随机变量及其分布 ……………………………… (70)
    一、知识结构 ……………………………………………… (70)
    二、释难解惑 ……………………………………………… (71)
    三、典型例题 ……………………………………………… (73)
    四、考研真题 ……………………………………………… (84)

  五、习题精解 …………………………………………… (95)
  六、模拟试题 ………………………………………… (107)
  七、模拟试题参考答案 ……………………………… (110)

第四章　随机变量的数字特征 ……………………… (114)
  一、知识结构 ………………………………………… (114)
  二、释难解惑 ………………………………………… (116)
  三、典型例题 ………………………………………… (119)
  四、考研真题 ………………………………………… (134)
  五、习题精解 ………………………………………… (147)
  六、模拟试题 ………………………………………… (154)
  七、模拟试题参考答案 ……………………………… (156)

第五章　样本及统计量 ……………………………… (160)
  一、知识结构 ………………………………………… (160)
  二、释难解惑 ………………………………………… (162)
  三、典型例题 ………………………………………… (166)
  四、考研真题 ………………………………………… (172)
  五、习题精解 ………………………………………… (177)
  六、模拟试题 ………………………………………… (179)
  七、模拟试题参考答案 ……………………………… (181)

第六章　参数估计 …………………………………… (183)
  一、知识结构 ………………………………………… (183)
  二、释难解惑 ………………………………………… (186)
  三、典型例题 ………………………………………… (189)
  四、考研真题 ………………………………………… (200)
  五、习题精解 ………………………………………… (213)
  六、模拟试题 ………………………………………… (226)
  七、模拟试题参考答案 ……………………………… (229)

第七章 假设检验 (232)
- 一、知识结构 (232)
- 二、释难解惑 (233)
- 三、典型例题 (234)
- 四、考研真题 (240)
- 五、习题精解 (242)
- 六、模拟试题 (247)
- 七、模拟试题参考答案 (250)

第八章 方差分析和回归分析 (252)
- 一、知识结构 (252)
- 二、释难解惑 (252)
- 三、典型例题 (254)
- 四、习题精解 (261)
- 五、模拟试题 (266)
- 六、模拟试题参考答案 (269)

参考书目 (273)

第一章 随机事件及其概率

一、知识结构

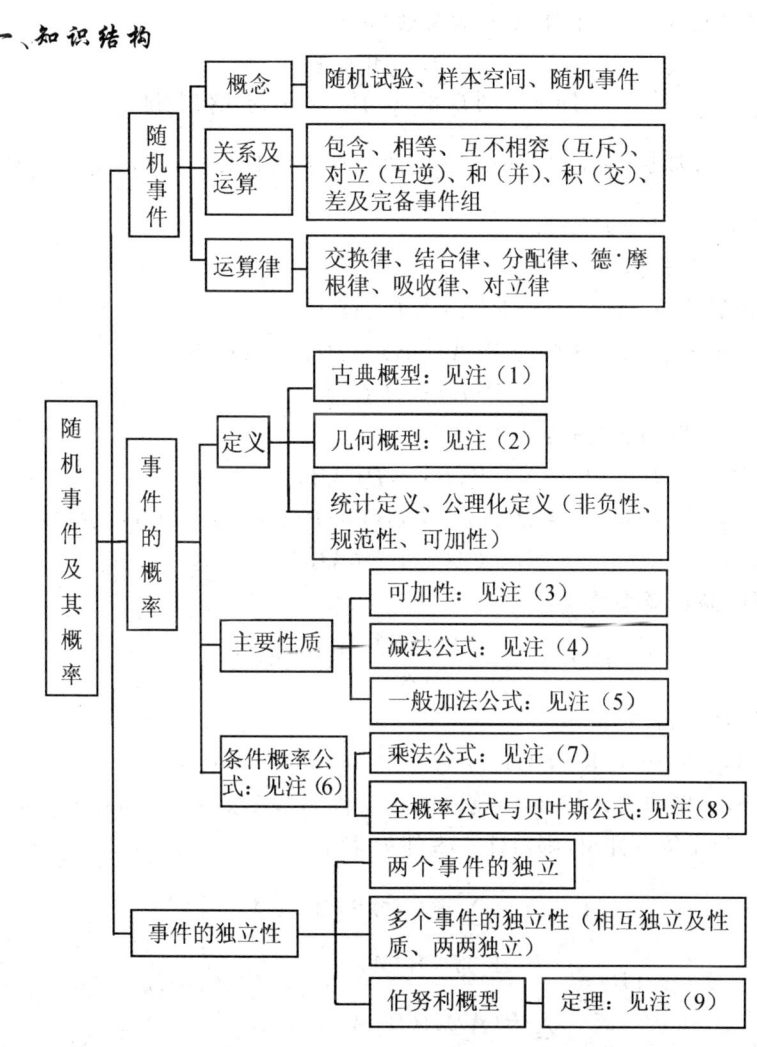

注：

(1) 古典概型：对样本空间 Ω 中任一事件 A

$$P(A) = \frac{\text{事件 } A \text{ 包含的基本事件数}}{\text{样本空间中所含的基本事件总数}}.$$

(2) 几何概型：事件 A 对应区域为 D

$$P(A) = \frac{D \text{ 的几何测度}}{\text{样本空间 } \Omega \text{ 的几何区域 } G \text{ 的几何测度}}.$$

(3) 可加性：$A_1, A_2, \cdots, A_n$ 两两互斥 $P(\bigcup_{i=1}^{n} A_i) = \sum_{i=1}^{n} P(A_i)$，特别：$P(\overline{A}) = 1 - P(A)$.

(4) 减法公式：

一般　$P(A - B) = P(A) - P(AB)$.

特别当 $B \subset A$ 时：① $P(A - B) = P(A) - P(B)$；

② $P(B) \leqslant P(A)$.

(5) 一般加法公式：

$P(A \cup B) = P(A) + P(B) - P(AB)$,

$P(A \cup B \cup C) = P(A) + P(B) + P(C) - P(AB) - P(BC) - P(AC) + P(ABC)$.

(6) 条件概率公式：

$$P(B \mid A) = \frac{P(AB)}{P(A)} \; (P(A) > 0).$$

(7) 乘法公式：

$P(A_1 A_2 \cdots A_n) = P(A_1) P(A_2 \mid A_1) \cdots P(A_n \mid A_1 A_2 \cdots A_{n-1})$.

(8) 全概率公式与贝叶斯公式：设事件 $A_1, A_2, \cdots, A_n$ 为样本空间 Ω 的一个完备事件组，则对任一事件 B 都有

$$P(B) = \sum_{i=1}^{n} P(A_i) P(B \mid A_i),$$

$$P(A_k \mid B) = \frac{P(A_k) P(B \mid A_k)}{\sum_{i=1}^{n} P(A_i) P(B \mid A_i)}, \; (k = 1, 2, \cdots, n).$$

(9) 定理：在一次试验中事件 A 发生的概率为 $p \, (0 < p < 1)$，则在

第一章 随机事件及其概率

n 重伯努利试验中事件 A 恰好发生 k 次的概率为

$$P(k;n,p)=C_n^k p^k q^{n-k}, p+q=1, k=0,1,2,\cdots,n.$$

二、释难解惑

1. 怎样区分互逆事件和互斥事件？

答 事件 A 与 B 互斥指的是两者不可能同时发生，而事件 A 与事件 B 互逆指的是 A 与 B 不但不能同时发生，还需 A 与 B 中有一个事件必发生. 即

A 与 B 互斥 $\Leftrightarrow AB=\Phi$；

A 与 B 互逆 $\Leftrightarrow AB=\Phi$ 且 $A+B=\Omega$.

2. 样本空间的选取是否唯一？

答 样本空间的选取一般不唯一. 在解题的过程中，选取恰当的样本空间，可简化计算，参见例 1.11 方法二.

3. 如何理解概率的公理化定义？

答 前苏联大数学家柯尔莫哥洛夫于 1933 年成功地将概率论实现公理化. 前面我们曾指出：事件与试验相联，试验的每个结果称为事件. 与此相应，在柯式的公理化体系中引进一个抽象的集合 Ω，其元素 ω 称为基本事件；一个事件是由若干个基本事件构成的，与此相应，在柯氏的公理化体系中考虑由 Ω 的子集构成的一个集类 F，F 中的每个成员就称为"事件". 事件有概率，其大小随事件而异. 换言之，概率是事件的函数，与此相应，在柯式的公理化体系中引进一个定义在 F 上的函数 P，对 F 中的任一成员 A，$P(A)$ 之值即可理解为概率. 柯氏的公理化体系对此函数 P 加上几条要求（即公理）：

(1) $0 \leqslant P(A) \leqslant 1$；

(2) $P(\Omega)=1, P(\Phi)=0$；

(3) 对于 Ω 中两两互斥的事件 $A_1, A_2, \cdots, A_n, \cdots$ 都有

$$P(\sum_{n=1}^{\infty} A_n) = P(A_1+A_2+\cdots+A_n+\cdots)$$
$$= P(A_1)+P(A_2)+\cdots+P(A_n)+\cdots.$$

我们举一简例说明概率的公理化定义的实现：掷一颗质地均匀的

骰子,观察出现的点数.集合 $\Omega=\{1,2,3,4,5,6\}$ 有 6 个元素构成,反映掷骰子的 6 个基本结果.作为 F,在本例中包括 Ω 的所有可能子集,故 F 有 $2^6=64$ 个成员,即该随机试验产生 64 个事件,此时概率函数 P 定义为

$$P(A)=\frac{A \text{ 中所含成员数}}{6},$$

如 $A=\{1,2,3\}$,即表示出现的点数小于 4 这一随机事件,则

$$P(A)=\frac{3}{6}=\frac{1}{2}.$$

4.不可能事件的概率是 0,而概率是 0 的事件是否一定是不可能事件?

答 由概率的性质知不可能事件的概率是 0;但概率是 0 的事件不一定是不可能事件.例如:在几何概型下,样本空间 Ω 为区间 $[0,1]$ 上的随机点构成,事件 $A=\{x\mid x=a\}$(其中 a 为区间 $[0,1]$ 内的某一常数),则 $P(A)=P\{x\mid x=a\}=\frac{0}{1}=0$,但事件 A 并不是不可能事件。另外,我们在第二章学习了连续型随机变量的相关知识后也可对此加以说明.

5.$P(AB)$ 与 $P(B\mid A)$ 有何区别?

答 $P(AB)$ 表示事件 A 与 B 同时发生的概率,$P(B\mid A)$ 表示在事件 A 发生的条件下事件 B 发生的条件概率.它们的计算方法如下:

$$P(AB)=\frac{AB \text{ 所包含的基本事件数}}{\text{样本空间中所含的基本事件总数}};$$

$$P(B\mid A)=\frac{P(AB)}{P(A)} \quad (\text{当 } P(A)>0 \text{ 时})$$

$$=\frac{\text{事件 } B \text{ 在 } \Omega_A \text{ 中所含的基本事件数}}{\text{缩减的样本空间 } \Omega_A \text{ 中所含的基本事件总数}}.$$

6.全概率公式和贝叶斯公式适用于哪些问题?

答 全概率公式适用问题的一般特征是:随机试验可分为两个层次,第一层次的所有可能结果 $A_1,A_2,\cdots,A_n$ 构成一个完备事件组,它们通常是第二个层次事件发生的基础或原因;需要求概率的事件是第

第一章　随机事件及其概率

二个层次中的事件 B. 而找到完备事件组是运用全概率公式的关键.

贝叶斯公式适用问题的特征与全概率公式相同,只是所求问题为全概率公式的逆问题:已知第二个层次中的事件 B 发生了的条件下,求第一层次中的事件 A_j 发生的条件概率 $P(A_j|B)$,使用公式的关键仍然是找到完备事件组.

7.事件 A 与 B 互斥(或互不相容),与事件 A 与 B 相互独立的区别和联系是什么?

答　事件 A 与 B 互斥即 $AB=\Phi$,描述的是两事件的关系,即两者不能同时发生.

事件 A 与 B 独立指事件 A 的发生与否与事件 B 的发生与否无关,即 $P(AB)=P(A)P(B)$ 或 $P(B|A)=P(B)$ 描述的是两个事件的概率关系.

当 $P(A)>0$ 且 $P(B)>0$ 时,

(1)若 A 与 B 独立,则 $P(AB)=P(A)P(B)>0$,故 $AB\neq\Phi$,即 A 与 B 相容.

(2)若 A 与 B 互斥,即 $P(AB)=P(\Phi)=0$,而 $P(A)P(B)>0$,则 $P(AB)\neq P(A)P(B)$,即 A 与 B 不相互独立.

8. n 个事件相互独立与两两独立的区别与联系是什么?

答　根据定义,n 个事件相互独立需满足 $C_n^2+C_n^3+\cdots+C_n^n=2^n-n-1$ 个等式,而两两独立只需满足其中的 C_n^2 个等式即可,故 n 个事件相互独立一定两两独立,但两两独立不一定相互独立.

例如:已知甲、乙两袋中分别装有编号为 1,2,3,4 的四个球,今从甲、乙两袋中各取出一球,设 $A=\{$从甲袋中取出的是偶数号球$\}$,$B=\{$从乙袋中取出的是奇数号球$\}$,$C=\{$从两袋中取出的都是偶数号球或都是奇数号球$\}$,则 A,B,C 两两独立但不相互独立.

因为根据题意,$P(A)=P(B)=P(C)=\dfrac{1}{2}$,以 i,j 分别表示从甲、乙两袋中取出球的号数,则试验的样本空间为

$$\Omega=\{(i,j)|i=1,2,3,4;j=1,2,3,4\},$$

由于 Ω 包含 16 个样本点,事件 AB 包含 4 个样本点 $(2,1)$,

$(2,3),(4,1),(4,3)$,而 AC,BC 都各包含 4 个样本点,故

$$P(AB)=P(AC)=P(BC)=\frac{4}{16}=\frac{1}{4}.$$

于是

$$P(AB)=P(A)P(B),$$
$$P(AC)=P(A)P(C),$$
$$P(BC)=P(B)P(C).$$

因此,A,B,C 两两独立.

又因为 $ABC=\Phi$,所以 $P(ABC)=0$,而 $P(A)P(B)P(C)=1/8$,显然,$P(ABC)\neq P(A)P(B)P(C)$,故 A,B,C 不是相互独立的.

三、典型例题

题型 I 通过事件的关系和运算用简单事件表示复合事件

例 1.1 设 A,B,C 为任意三个随机事件,则以下命题正确的是( ).

(A) $A \cup B - B = A - B$ (B) $(A-B) \cup B = A$

(C) $(A \cup B) - C = A \cup (B-C)$ (D) $A \cup B = A\bar{B} \cup B\bar{A}$

解 由于 $A \cup B - B = (A \cup B)\bar{B} = A\bar{B} \cup B\bar{B} = A\bar{B} = A - B$,故应选(A),其余三个为错,原因在于

$$(A-B) \cup B = (A\bar{B}) \cup B = (A \cup B)(\bar{B} \cup B) = A \cup B,$$
$$(A \cup B) - C = (A \cup B)\bar{C} = A\bar{C} \cup B\bar{C} = (A-C) \cup (B-C),$$
$$A \cup B = A\bar{B} \cup \bar{A}B \cup AB.$$

题型 II 由已知事件的概率求出另外一些与之有关系的事件的概率

例 1.2 设 A,B 满足 $A \subset B, P(A)=0.1, P(B)=0.5$,求 $P(AB),P(A+B),P(\bar{A}\bar{B}),P(A\bar{B})$.

解 因 $A \subset B$,故 $AB=A, A+B=B$,从而

$$P(AB)=P(A)=0.1; \quad P(A+B)=P(B)=0.5.$$

又由 $A \subset B$,得到 $\bar{A} \supset \bar{B}$,故 $P(\bar{A}\bar{B})=P(\bar{B})=1-P(B)=0.5$.

因 $A \subset B, B\bar{B}=\Phi$,故 $A\bar{B}=\Phi$,从而 $P(A\bar{B})=0$.

例 1.3 设 A,B 互斥,且 $P(A)=\dfrac{1}{3},P(B)=\dfrac{1}{2}$,求 $P(AB)$, $P(A\bar{B}),P(A\bigcup\bar{B}),P(\bar{A}-B)$.

解 (1) $P(AB)=P(\varPhi)=0$.

(2)由减法法则 $P(A-B)=P(A\bar{B})=P(A)-P(AB)$ 得到
$$P(A\bar{B})=P(A)-P(AB)=\dfrac{1}{3}.$$

(3) $P(A\bigcup\bar{B})=P(A)+P(\bar{B})-P(A\bar{B})=\dfrac{1}{3}+\dfrac{1}{2}-\dfrac{1}{3}=\dfrac{1}{2}.$

(4) $P(\bar{A}-B)=P(\bar{A}B)=1-P(A\bigcup B)$
$$=1-[P(A)+P(B)-P(AB)]=\dfrac{1}{6}.$$

题型 Ⅲ 古典概型下概率的计算

例 1.4 一部 4 卷文集随便放在书架上,问各卷自左向右的卷号恰好为 1,2,3,4 的概率是多少?

解 基本事件总数为 $A_4^4=4\times3\times2\times1$,设 A 表示事件"各卷自左向右的卷号恰好为 1,2,3,4",则 A 包含的基本事件数只有 1 个,故
$$P(A)=\dfrac{1}{4!}=\dfrac{1}{24}.$$

例 1.5 将一枚质地均匀的硬币抛掷三次,记事件 $A=\{$恰有两次出现币值朝上$\}$,$B=\{$至少有一次出现币值朝上$\}$,求 $P(A),P(B)$.

解 每掷硬币三次为一次试验,用 H 表示币值朝上,T 表示币值朝下,则每次试验的结果都需要用三个字母表示.例如 HHT 表示前两次币值朝上,第三次币值朝下,于是样本空间 $\varOmega=\{HHH,HHT,HTH,HTT,THH,THT,TTH,TTT\}$ 中包含基本事件总数为 $2^3=8$ 个,$A=\{HHT,HTH,THH\}$ 中包含的基本事件数为 $C_3^2=3$ 个,$\bar{B}=\{TTT\}$ 中包含的基本事件数为 1 个,所以
$$P(A)=\dfrac{3}{8},\quad P(B)=1-\dfrac{1}{8}=\dfrac{7}{8}.$$

例 1.6 从 $1,2,\cdots,10$ 共 10 个数中任取一数,设每个数以 1/10 的概率取中,取后放回,先后取 7 个数,求下列事件的概率:

(1) $A_1 = \{7$ 个数全不相同$\}$；
(2) $A_2 = \{$不含 10 和 1$\}$；
(3) $A_3 = \{10$ 恰好出现两次$\}$；
(4) $A_4 = \{10$ 至少出现两次$\}$。

解 样本空间的样本点总数（即基本事件总数）为 10^7。

(1) A_1 所包含的样本点总数为 10 个相异元素里每次取出 7 个相异元素的排列，因此 A_1 所包含的样本点总数为 $A_{10}^7 = 10 \times 9 \times 8 \times 7 \times 6 \times 5 \times 4$，故

$$P(A_1) = \frac{A_{10}^7}{10^7} = 0.060\,48.$$

(2) A_2 所包含的样本点总数为从 8 个相异元素里作允许重复的 7 种元素的排列，因此 A_2 所包含的样本点总数为 8^7，故

$$P(A_2) = \frac{8^7}{10^7} \approx 0.209\,7.$$

(3) 10 恰好出现两次，可以是 7 次取数中的任意两次，有 $C_7^2 = \frac{7 \times 6}{2 \times 1} = 21$ 种取法；其余的 5 次，每次可以在剩下的 9 个数中任取，共有 9^5 种取法，故

$$P(A_3) = \frac{C_7^2 \cdot 9^5}{10^7} \approx 0.124\,0.$$

(4) A_4 的逆事件为 $\overline{A}_4 = \{10$ 仅出现一次或一次也不出现$\}$，显然 $\overline{A}_4$ 包含的基本事件数为 $9^6 C_7^1 + 9^7$，故

$$P(\overline{A}_4) = \frac{9^6 C_7^1 + 9^7}{10^7} \approx 0.850\,3,$$

所以

$$P(A_4) = 1 - P(\overline{A}_4) = 0.149\,7.$$

例 1.7 （分房问题）设有 n 个人，每个人等可能地被分配到 N 个房间的任意一间去住（$n \leqslant N$），设 $A = \{$指定的 n 个房间各住 1 人$\}$，$B = \{$恰好有 n 个房间，其中各住 1 人$\}$，求 $P(A), P(B)$。

解 因为每一个人有 N 个房间可供选择，所以 n 个人住在 N 个

房间的方式共有 $\overbrace{N \times N \times \cdots \times N}^{n个} = N^n$ 种,每种方式是等可能的.

(1)指定的 n 个房间各住 1 人,其包含的基本事件数为 $n \times (n-1) \times \cdots \times 1 = n!$,故 $P(A) = \dfrac{n!}{N^n}$.

(2) n 个房间可以在 N 个房间中任意选取,其选法总数有 C_N^n 种,对每一个选定的 n 个房间,由(1)知又有 $n \times (n-1) \times \cdots \times 1 = n!$ 种分配方式,所以恰好有 n 个房间,其中各住 1 人的住法为 $C_N^n \cdot n!$,故 $P(B) = \dfrac{C_N^n \cdot n!}{N^n}$.

例 1.8 n 双相异的鞋共 $2n$ 只,随机地分为 n 堆,每堆 2 只,求"各堆都自成一双鞋"这个事件 A 的概率.

解 把这 $2n$ 只鞋自左至右排成一列(排法有 $(2n)!$ 种),然后,把处在 1、2 位置的作为一堆,3、4 位置的作为一堆,等等. 为计算使事件 A 发生的排列法,注意第 1 位置可以是这 $2n$ 只鞋中的任一只,其取法有 $2n$ 种,第 1 位置取定后,第 2 位置只有 1 种取法,即必然取与第 1 位置的鞋配成一双的那一只;以此类推,可知奇数位置依次有 $2n, 2n-2, 2n-4, \cdots, 2$ 种取法,而偶数位置则都只有 1 种取法,所以,事件 A 包含的基本事件数为 $2n(2n-2)(2n-4)\cdots 2 = 2^n n!$,故

$$P(A) = \dfrac{2^n n!}{(2n)!}.$$

题型 Ⅳ 几何概型下概率的计算

例 1.9 在区间 $[-1, 1]$ 上随机取一个数 x,求事件"$\cos \dfrac{\pi x}{2}$ 的值介于 0 到 $\dfrac{1}{2}$ 之间"的概率.

解 在区间 $[-1, 1]$ 上随机取一个数 x,即 $x \in [-1, 1]$,区间 $[-1, 1]$ 的长度为 2;而要使 $\cos \dfrac{\pi x}{2}$ 的值介于 0 到 $\dfrac{1}{2}$ 之间,需使 $\dfrac{\pi}{3} \leqslant \dfrac{\pi x}{2} \leqslant \dfrac{\pi}{2}$,即 $\dfrac{2}{3} \leqslant x \leqslant 1$,此区间长度为 $1 - \dfrac{2}{3} = \dfrac{1}{3}$,故所求事件的概

率为 $\dfrac{1/3}{2} = \dfrac{1}{6}$.

例 1.10 甲、乙两人约定在下午 1 点到 2 点之间到某站乘公共汽车，假定甲、乙两人到达车站的时刻是互相不牵连的，且每人在下午 1 点到 2 点的任何时刻到达车站是等可能的．又这段时间内有四班公共汽车，它们的开车时刻分别为 1∶15、1∶30、1∶45、2∶00．(1) 如果甲、乙约定见车就乘，求甲、乙同乘一辆车的概率 $P(A)$；(2) 如果甲、乙约定最多等一辆车，求甲、乙同乘一辆车的概率 $P(B)$.

解 4 辆车开车的时刻将 1 点至 2 点区间 4 等分．设 x,y 分别为甲、乙两人到达的时刻，于是他们到站的时刻组成了数组 (x,y)．甲乙两人到站时刻组成的数组的所有可能情形对应正方形 $ABCD$，共大小相同的 16 个方格，如图 1.1 所示.

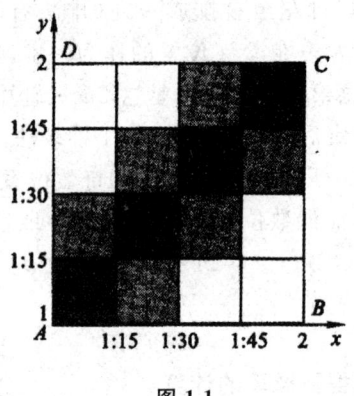

图 1.1

(1) 甲、乙见车就乘且同乘一辆车的情形对应双重阴影部分，占 4 个方格，故所求概率为

$$P(A) = \dfrac{4 \text{ 个方格的面积}}{16 \text{ 个方格的面积}} = \dfrac{1}{4}.$$

(2) 甲乙两人最多等一辆车的情形，组成了阴影部分（包括双重阴影部分），占 10 个方格，故所求概率为

$$P(A) = \dfrac{10 \text{ 个方格的面积}}{16 \text{ 个方格的面积}} = \dfrac{5}{8}.$$

题型 V　求条件概率

求条件概率的方法有以下几种：(1)先求 $P(A),P(AB)$，再求 $P(B|A)$；(2)根据条件概率的直观意义求解；(3)缩减样本空间法；(4)利用条件概率的性质求解.

例 1.11　掷两颗骰子，在第一颗骰子出现的点数被 3 整除的条件下，求两颗骰子出现的点数之和大于 9 的概率.

解　方法一　设 A 表示"第一颗骰子出现的点数被 3 整除"，B 表示"两颗骰子出现的点数之和大于 9"，则 AB 所含的样本点为 $(6,4)$，$(6,5),(6,6)$，从而有

$$P(A)=\frac{2\times 6}{6^2}=\frac{1}{3},\quad P(AB)=\frac{3}{6^2}=\frac{1}{12},$$

故

$$P(B|A)=\frac{P(AB)}{P(A)}=\frac{1}{4}.$$

方法二　用缩减样本空间法求 $P(B|A)$，因事件 A 已发生，故缩减的样本空间为 $\Omega_A=\{(3,1),(3,2),(3,3),\cdots,(3,6),(6,1),(6,2),\cdots,(6,6)\}$，包含 12 个样本点，其中 B 含有 3 个样本点，故

$$P(B|A)=\frac{3}{12}=\frac{1}{4}.$$

例 1.12　已知 $P(B)=0.4, P(A\cup B)=0.5$，求 $P(A|\bar{B})$.

解　方法一　$P(A|\bar{B})=1-P(\bar{A}|\bar{B})=1-\dfrac{P(\bar{A}\bar{B})}{P(\bar{B})}$，而

$$P(\bar{A}\bar{B})=P(\overline{A\cup B})=1-P(A\cup B)=0.5,\ P(\bar{B})=0.6,$$

故

$$P(A|\bar{B})=1-\frac{P(\bar{A}\bar{B})}{P(\bar{B})}=1-\frac{0.5}{0.6}=\frac{1}{6}.$$

方法二　$P(A|\bar{B})=\dfrac{P(A\bar{B})}{P(\bar{B})}=\dfrac{P(A)-P(AB)}{1-P(B)}$

$$=\frac{P(A\cup B)-P(B)}{0.6}=\frac{1}{6}.$$

题型Ⅵ 利用乘法公式计算事件的概率

例1.13 制造一种零件可采用两种工艺,第一种工艺有两道工序,每道工序的废品率都是0.3;第二种工艺有三道工序,每道工序的废品率分别为0.1,0.2,0.3.如果用第一种工艺,在合格零件中,一级品率为0.8;而用第二种工艺,合格品中的一级品率为0.9;试问哪一种工艺能保证得到一级品的概率较大?

解 设第 i 种工艺得到的合格品为 $A_i(i=1,2)$,第 i 种工艺的合格品中得到的一级品为 $B_i(i=1,2)$,由题设有

$$P(A_1)=(1-0.3)(1-0.3)=0.49, P(B_1|A_1)=0.8.$$

又显然有 $A_1 B_1 = B_1$(因 $B_1 \subset A_1$),故

$$P(B_1)=P(A_1 B_1)=P(A_1) \cdot P(B_1|A_1)=0.392.$$

同理可求得

$$P(B_2)=P(A_2 B_2)=P(A_2) \cdot P(B_2|A_2)$$
$$=(1-0.1)(1-0.2)(1-0.3) \times 0.9 = 0.453\,6.$$

故第二种工艺得到的一级品的概率较大.

题型Ⅶ 全概率公式和贝叶斯公式的应用

使用全概率公式和贝叶斯公式的关键是寻找样本空间的一个完备事件组,寻找方法有两种:(1)从第一个试验入手,分解其样本空间,找出完备事件组;(2)从导致事件发生的两两互不相容的诸原因找出完备事件组.

例1.14 设有来自三个地区的各10名、15名和25名考生的报名表,其中女生的报名表分别为3份、7份和5份.随机地取一个地区的报名表,从中先后抽出2份.

(1)求先抽到的一份是男生表的概率 p_1;

(2)若先抽到的一份是男生表,求它来自第一个地区的概率 p_2.

解 (1)由于抽到的表与来自哪个地区有关,故此题要用全概率公式来解(即"由因推果"),设 $H_i = \{$报名表是第 i 区考生的$\}(i=1,2,3)$, $A_j = \{$第 j 次抽到的报名表是男生表$\}(j=1,2)$,显然 H_1, H_2, H_3 为一个样本空间的一个完备事件组,且

第一章 随机事件及其概率

$$P(H_1) = P(H_2) = P(H_3) = \frac{1}{3},$$

$$P(A_1|H_1) = \frac{7}{10}, \quad P(A_1|H_2) = \frac{8}{15}, \quad P(A_1|H_3) = \frac{20}{25},$$

由全概率公式得到

$$p_1 = P(A_1) = \sum_{i=1}^{3} P(H_i)P(A_1|H_i)$$

$$= \frac{1}{3} \times \frac{7}{10} + \frac{1}{3} \times \frac{8}{15} + \frac{1}{3} \times \frac{20}{25} = \frac{61}{90}.$$

(2)若先抽到的一份是男生表,则它来自第一个地区的概率(即"知果寻因")用贝叶斯公式求解,故

$$p_2 = P(H_1|A_1) = \frac{P(A_1 H_1)}{P(A_1)} = \frac{P(H_1)P(A_1|H_1)}{P(A_1)}$$

$$= \frac{\frac{1}{3} \times \frac{7}{10}}{\frac{61}{90}} = \frac{21}{61}.$$

题型Ⅷ 有关条件概率及事件的独立性的计算

例 1.15 对某一目标进行三次独立的射击,设三次射击命中目标的概率分别为 0.4, 0.5 和 0.7, 试求(1)三次射击中恰好有一次命中的概率;(2)三次射击中至少有一次命中的概率.

解 设事件 A_i 表示第 i 次命中目标,由题设知

$$P(A_1) = 0.4, P(A_2) = 0.5, P(A_3) = 0.7,$$

又由独立性得到:

(1)三次射击中恰好有一次命中的概率

$$P(A_1 \overline{A}_2 \overline{A}_3 + \overline{A}_1 A_2 \overline{A}_3 + \overline{A}_1 \overline{A}_2 A_3)$$

$$= P(A_1 \overline{A}_2 \overline{A}_3) + P(\overline{A}_1 A_2 \overline{A}_3) + P(\overline{A}_1 \overline{A}_2 A_3)$$

$$= P(A_1)P(\overline{A}_2)P(\overline{A}_3) + P(\overline{A}_1)P(A_2)P(\overline{A}_3) + P(\overline{A}_1)P(\overline{A}_2)P(A_3)$$

$$= 0.4 \times 0.5 \times 0.3 + 0.6 \times 0.5 \times 0.3 + 0.6 \times 0.5 \times 0.7 = 0.36;$$

(2)三次射击中至少有一次命中的概率

$$P(A_1 \bigcup A_2 \bigcup A_3) = 1 - P(\overline{A_1 \bigcup A_2 \bigcup A_3})$$

$$= 1 - P(\overline{A}_1\overline{A}_2\overline{A}_3)$$
$$= 1 - P(\overline{A}_1)P(\overline{A}_2)P(\overline{A}_3) = 0.91.$$

例 1.16 设在一次试验中事件 A 发生的概率为 p，现进行 n 次独立重复试验，求(1)事件 A 至少发生一次的概率；(2)事件 A 最多发生一次的概率。

解 (1)该试验为 n 重贝努里试验，故事件 A 在 n 次试验中至少发生 1 次的概率为
$$P(k \geqslant 1) = 1 - P(k = 0) = 1 - (1-p)^n;$$
(2)事件 A 最多发生 1 次的概率为
$$P(k \leqslant 1) = P(k=0) + P(k=1) = (1-p)^n + np(1-p)^{n-1}.$$

例 1.17 某实习生用一台机器接连独立地制造 3 个同种零件，第 i 个零件是不合格品的概率为 $p_i = \dfrac{1}{i+1}(i=1,2,3)$。以 X 表示 3 个零件中合格品的个数，求 $P(X=2)$。

解 令 $A_i = \{$第 i 个零件合格$\}(i=1,2,3)$，

$B_i = \{$第 i 个零件不合格，其余两个合格$\}(i=1,2,3)$，由题设可知，
$$P(\overline{A_i}) = \frac{1}{i+1}(i=1,2,3)，则$$
$$P(B_1) = P(\overline{A_1}A_2A_3) = P(\overline{A_1})P(A_2)P(A_3)$$
$$= \frac{1}{2} \times (1 - \frac{1}{3}) \times (1 - \frac{1}{4}) = \frac{1}{4};$$
$$P(B_2) = P(A_1\overline{A_2}A_3) = P(A_1)P(\overline{A_2})P(A_3)$$
$$= \frac{1}{2} \times \frac{1}{3} \times (1 - \frac{1}{4}) = \frac{1}{8};$$
$$P(B_3) = P(A_1A_2\overline{A_3}) = P(A_1)P(A_2)P(\overline{A_3})$$
$$= \frac{1}{2} \times (1 - \frac{1}{3}) \times \frac{1}{4} = \frac{1}{12}.$$

因 B_1, B_2, B_3 两两互斥，故
$$P(X=2) = P(B_1 + B_2 + B_3) = P(B_1) + P(B_2) + P(B_3)$$

$$= \frac{11}{24}.$$

例 1.18 本题在例 1.14 的题设下,求(3)已知后抽到的一份是男生表,求先抽到的一份是女生表的概率 p_3.

解 由例 1.14 可知所求概率为 $p_3 = P(\overline{A}_1 | A_2)$,又因事件 $\overline{A}_1$ 不是 A_2 发生的原因,故不能按贝叶斯公式求 p_3,而应利用条件概率(A_1 与 A_2 不独立)求之:

$$P(\overline{A}_1 | A_2) = \frac{P(\overline{A}_1 A_2)}{P(A_2)}.$$

下面分别求 $P(\overline{A}_1 A_2), P(A_2)$.

(1)求 $P(\overline{A}_1 A_2)$

因 $$P(\overline{A}_1 A_2 | H_1) = \frac{3}{10} \times \frac{7}{9} = \frac{7}{30},$$

$$P(\overline{A}_1 A_2 | H_2) = \frac{7}{15} \times \frac{8}{14} = \frac{8}{30}, P(\overline{A}_1 A_2 | H_3) = \frac{5}{25} \times \frac{20}{24} = \frac{1}{6},$$

故由全概率公式得到

$$P(\overline{A}_1 A_2) = \sum_{i=1}^{3} P(H_i) P(\overline{A}_1 A_2 | H_i) = \frac{1}{3} \times \left(\frac{7}{30} + \frac{8}{30} + \frac{1}{6}\right) = \frac{2}{9}.$$

(2)求 $P(A_2)$

由抽签与顺序无关的原理得

$$P(A_2 | H_1) = \frac{7}{10}, \quad P(A_2 | H_2) = \frac{8}{15}, \quad P(A_2 | H_3) = \frac{20}{25},$$

从而由全概率公式得到

$$P(A_2) = \sum_{i=1}^{3} P(H_i) P(A_2 | H_i) = \frac{1}{3} \times \left(\frac{7}{10} + \frac{8}{15} + \frac{20}{25}\right) = \frac{61}{90}.$$

故所求概率为

$$p_3 = P(\overline{A}_1 | A_2) = \frac{P(\overline{A}_1 A_2)}{P(A_2)} = \frac{2/9}{61/90} = \frac{20}{61}.$$

四、考研真题

1.(2006 年数学一)设 A, B 为随机事件,且 $P(B) > 0, P(A | B) = 1$,

则必有( ).

(A) $P(A \cup B) > P(A)$　　　　(B) $P(A \cup B) > P(B)$
(C) $P(A \cup B) = P(A)$　　　　(D) $P(A \cup B) = P(B)$

解 选(C)(利用事件和的运算和条件概率的概念即可).

由题设知 $P(A \mid B) = \dfrac{P(AB)}{P(B)} = 1$,即 $P(AB) = P(B)$.

又 $P(A \cup B) = P(A) + P(B) - P(AB) = P(A)$,故选(C).

2.(2007 年数学一)某人向同一目标独立重复射击,每次射击命中的概率为 $p(0 < p < 1)$,则此人第四次射击恰好第二次命中目标的概率为( ).

(A) $3p(1-p)^2$　　　　(B) $6p(1-p)^2$
(C) $3p^2(1-p)^2$　　　(D) $6p^2(1-p)^2$

解 选(C).

"第四次射击恰好第二次命中"表示四次射击中第四次命中目标,前三次射击中有一次命中目标,由独立重复性知所求概率为 $C_3^1 p^2 (1-p)^2$,故选(C).

3.(2007 年数学一、三)在区间 $(0,1)$ 中随机地取两个数,则两数之差的绝对值小于 $\dfrac{1}{2}$ 的概率为_____.

解 这是一个几何概型.设 x,y 为所取的两个数,则样本空间 $\Omega = \{(x,y) \mid 0 < x, y < 1\}$.记 $A = \{(x,y) \mid (x,y) \in \Omega, \mid x-y \mid < \dfrac{1}{2}\}$,

故 $P(A) = \dfrac{S_A}{S_\Omega} = \dfrac{3/4}{1} = \dfrac{3}{4}$(其中 S_A, S_Ω 分别表示 A 与 Ω 的面积).

4.(2009 年数学三)设事件 A 与事件 B 互不相容,则( ).

(A) $P(\overline{AB}) = 0$　　　　(B) $P(AB) = P(A) \cdot P(B)$
(C) $P(A) = 1 - P(B)$　　　(D) $P(\overline{A} \cup \overline{B}) = 1$

解 选(D).

因为事件 A 与事件 B 互不相容,所以 $P(AB) = 0$.

(A) $P(\overline{AB}) = P(\overline{A \cup B}) = 1 - P(A \cup B)$,因为 $P(A \cup B)$ 不

一定等于 1,所以(A)不正确;

(B)当 $P(A),P(B)$ 均不为零时,(B)不成立,故排除;

(C)只有当 A,B 互为对立事件时才成立,故排除;

(D) $P(\overline{A} \cup \overline{B}) = P(\overline{AB}) 1 - P(AB) = 1$,故(D)正确.

5.(2012 年数学一、三)设 A,B,C 是随机事件,A,C 互不相容,$P(AB) = \dfrac{1}{2}, P(C) = \dfrac{1}{3}$,则 $P(AB \mid \overline{C}) = $ _____.

解 由于 A,C 互不相容,所以 $AC = \Phi$,则 $ABC = \Phi$,从而 $P(ABC) = 0$,

$$P(AB \mid \overline{C}) = \frac{P(AB\overline{C})}{P(\overline{C})} = \frac{P(AB) - P(ABC)}{1 - P(C)} = \frac{\dfrac{1}{2} - 0}{1 - \dfrac{1}{3}} = \frac{3}{4}.$$

6.(2014 年数学一、三)设随机事件 A、B 相互独立,且 $P(B) = 0.5, P(A - B) = 0.3$,则 $P(B - A) = ($).

(A)0.1　　(B)0.2　　(C)0.3　　(D)0.4

解 选(B).

由 $0.3 = P(A - B) = P(A) - P(B) = P(A)[1 - P(B)] = 0.5 P(A)$,即 $P(A) = 0.6$.

$P(B - A) = P(B) - P(AB) = P(B)[1 - P(A)] = 0.5 \times 0.4 = 0.2$,因此选(B).

7.(2015 年数学一、三)若 A、B 为任意两个随机事件,则( ).

(A) $P(AB) \leqslant P(A) \cdot P(B)$　　(B) $P(AB) \geqslant P(A) \cdot P(B)$

(C) $P(AB) \leqslant \dfrac{P(A) + P(B)}{2}$　　(D) $P(AB) \geqslant \dfrac{P(A) + P(B)}{2}$

解 选(C).

$P(A \cup B) = P(A) + P(B) - P(AB).$

因为 $P(A \cup B) \geqslant P(AB)$,

所以 $P(A) + P(B) - P(AB) \geqslant P(AB).$

故 $P(AB) \leqslant \dfrac{P(A) + P(B)}{2}$,因此选择(C).

五、习题精解

(一)填空题

1.写出下面随机事件的样本空间：

(1)袋中有 5 只球,其中 3 只白球 2 只黑球,若从袋中任意取一球,观察其颜色,样本空间为:{白球,黑球};若从袋中不放回任意取两次球(每次取出一个)观察其颜色,样本空间为{(白球、黑球),(白球、白球),(黑球、黑球),(黑球、白球)};若从袋中不放回任意取 3 只球,记录取到的黑球个数{0,1,2};

(2)生产产品直到有 10 件正品为止,记录生产产品的总件数{10,11,12,13…}.

2.设 A,B,C 是三个随机事件,试以 A,B,C 的运算来表示下列事件:(1)仅有 A 发生 $A\overline{B}\overline{C}$;(2) A,B,C 中至少有一个发生 $A \cup B \cup C$;(3) A,B,C 中恰有一个发生 $A\overline{B}\overline{C} \cup \overline{A}B\overline{C} \cup \overline{A}\overline{B}C$;(4) A,B,C 中最多有一个发生 $\overline{A}\overline{B}\overline{C} \cup A\overline{B}\overline{C} \cup \overline{A}B\overline{C} \cup \overline{A}\overline{B}C$;(5) A,B,C 都不发生 $\overline{A}\overline{B}\overline{C}$;(6) A 不发生, B,C 中至少有一个发生 $\overline{A}(B \cup C)$.

3.设 A,B,C 是同一个样本空间的任意的三个随机事件,根据概率的性质,则

(1) $P(\overline{A}) = 1 - P(A)$;(对立事件概率间的关系)

(2) $P(B-A) = P(B\overline{A}) = P(B) - P(BA)$;(两个事件的减法法则)

(3) $P(A \cup B \cup C) = P(A) + P(B) + P(C) - P(AB) - P(AC) - P(BC) + P(ABC)$.(三个事件的加法法则)

4.袋中有 n 只球,记有号码 $1,2,3,\cdots,n(n>7)$,则事件(1)任意取出两球,号码为 $1,2$ 的概率为_____;(2)任意取出三球,没有号码为 1 的概率为_____;(3)任意取出五球,号码 $1,2,3$ 中至少出现一个的概率为_____.

解 (1)基本事件总数为 C_n^2 ,事件"任意取出两球,号码为 $1,2$" 所包含的基本事件数为 1,故所求概率为 $1/C_n^2$;

(2)基本事件总数为 C_n^3 ,事件"任意取出三球,没有号码 1"(即在

标号为"$2,3,\cdots,n-1$"这 $n-1$ 个数中取三个球)所包含的基本事件数为 C_{n-1}^3,故所求概率为;C_{n-1}^3/C_n^3;

(3) 方法一:基本事件总数为 C_n^5,事件"任意取出五球,号码 $1,2,3$ 中至少出现一个"意味着 $1,2,3$ 这 3 个数分别出现 1 次,2 次,3 次,它们所包含的基本事件数分别为 $C_3^1 C_{n-3}^4$, $C_3^2 C_{n-3}^3$, $C_3^3 C_{n-3}^2$,故所求概率为:$(C_3^1 C_{n-3}^4 + C_3^2 C_{n-3}^3 + C_3^3 C_{n-3}^2)/C_n^5$

方法二:用事件 A 表示"任意取出五球,号码 $1,2,3$ 中至少出现一个",则其对立事件 $\overline{A}$ 为"任意取出五球,号码 $1,2,3$ 都不出现",事件 $\overline{A}$ 所包含的基本事件数为 C_{n-3}^5,故 $P(\overline{A})=C_{n-3}^5/C_n^5$,因而所求概率为 $P(A)=1-C_{n-3}^5/C_n^5$.

5.从一批由 5 件正品,5 件次品组成的产品中,任意取出三件产品,则其中恰有一件次品的概率为_____.

解 基本事件总数为 C_{10}^3,事件"任取三件产品,恰有一件次品"所包含的基本事件数为 $C_5^1 C_5^2$,故所求概率为 $\dfrac{C_5^1 C_5^2}{C_{10}^3}=\dfrac{5}{12}$.

6.A,B,C 是三个随机事件,且 $P(A)=P(B)=P(C)=1/4$,$P(AC)=1/8,P(AB)=P(BC)=0$,则(1) A,B,C 中至少有一个发生的概率为_____;(2) A,B,C 都发生的概率为_____;(3) A,B,C 都不发生的概率为_____.

解 因 $ABC \subset AB$,故 $0 \leqslant P(ABC) \leqslant P(AB)=0$,从而(1) A,B,C 中至少有一个发生的概率为:$P(A \cup B \cup C)=P(A)+P(B)+P(C)-P(AB)-P(AC)-P(BC)+P(ABC)=5/8$;(2)$A,B,C$ 都发生的概率为 $P(ABC)=0$;(3)A,B,C 都不发生的概率为 $P(\overline{A}\overline{B}\overline{C})=P(\overline{A \cup B \cup C})=3/8$.

7.设 $P(A)=0.4,P(B)=0.3,P(A \cup B)=0.6$,则 $P(A\overline{B})=$ _____.

解 由 $P(A \cup B)=P(A)+P(B)-P(AB)$ 知 $P(AB)=P(A)+P(B)-P(A \cup B)=0.4+0.3-0.6=0.1$.

8.设 $P(A)=0.6,P(A-B)=0.2$,则 $P(\overline{AB})=$ _____.

解 $P(\overline{AB})=1-P(AB)=1-[P(A)-P(A\overline{B})]$

$= 1 - [0.6 - 0.2] = 0.6$.

9.设事件 A, B,如果 $B \subset A$ 且 $P(A) = 0.7, P(B) = 0.2$,则 $P(B|A) =$ _____.

解 由 $B \subset A$ 知 $BA = B$,

$$P(B|A) = \frac{P(BA)}{P(A)} = \frac{P(B)}{P(A)} = \frac{0.2}{0.7} = \frac{2}{7}.$$

10.每次试验成功的概率为 $p(0 < p < 1)$,重复进行独立的试验直到第 n 次才取得成功的概率是 _____.

解 事件"直到第 n 次才取得成功"意味着"前 $n-1$ 次试验失败,第 n 次试验成功",因是独立试验,故所求概率为 $p(1-p)^{n-1}$.

(二)选择题

1.对于任意两事件 A, B,与事件 $A \cup B = B$ 不等价的是( ).

(A) $A \subset B$ (B) $\overline{B} \subset \overline{A}$

(C) $A\overline{B} = \Phi$ (D) $\overline{A}B = \Phi$

解 由图 1.2 可知答案为(D).

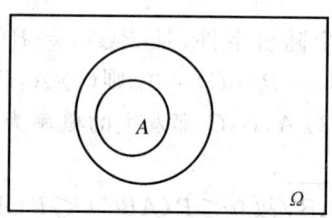

图 1.2

2.有 r 个球,随机地放在 n 个盒子中($r \leqslant n$),则某指定的 r 个盒子中各有一球的概率为( ).

(A) $\frac{r!}{n^r}$ (B) $C_n^r \frac{r!}{n^r}$ (C) $\frac{n!}{r^n}$ (D) $C_r^n \frac{n!}{r^n}$

解 将 r 个球随机地放在 n 个盒子中共有 $\overbrace{n \times n \times \cdots \times n}^{r\text{个}} = n^r$ 种不同的放法,事件"指定的 r 个盒子中各有一球"包含的基本事件数为 $r!$,故所求概率为 $\frac{r!}{n^r}$. 答案为(A).

3.抛掷 3 枚均匀对称的硬币,恰好有两枚正面向上的概率是( ).
 (A)0.125   (B)0.25   (C)0.375   (D)0.5

解 抛掷 3 枚硬币为一次试验,用 H 表示币值朝上,T 表示币值朝下,则每次试验的结果都可用三个字母表示.例如 HHT 表示第一枚、第二枚币值朝上,第三枚币值朝下,于是样本空间

$$\Omega=\{HHH,HHT,HTH,HTT,THH,THT,TTH,TTT\},$$

恰好有两枚正面向上 $A=\{HHT,HTH,THH\}$,所以 $P(A)=\dfrac{3}{8}=0.375$. 答案为(C).

4.设 A,B 为两个随机事件,则 $P(A\bigcup B)=($).
 (A) $P(A)+P(B)$ (B) $P(A)+P(B)-P(AB)$
 (C) $P(A)+P(AB)$ (D) $P(A)+P(B)+P(AB)$

解 由事件的加法法则知,答案为(B).

5.已知事件 A,B 满足 $P(AB)=P(\overline{AB})$,且 $P(A)=0.4$,则 $P(B)=($).
 (A)0.4   (B)0.5   (C)0.6   (D)0.7

解 由 $P(AB)=P(\overline{AB})=1-P(A\bigcup B)=1-[P(A)+P(B)-P(AB)]$ 知

$P(A)+P(B)=1$,故 $P(B)=1-P(A)=1-0.4=0.6$.
故答案为(C).

6.设 A 与 B 满足 $P(B\mid A)=1$,则( ).
 (A) A 是必然事件   (B) $P(B\mid\overline{A})=0$
 (C) $A\supset B$ (D) $P(A)\leqslant P(B)$

解 由 $P(B\mid A)=1$ 及 $P(B\mid A)=\dfrac{P(BA)}{P(A)}$ 得到 $P(A)=P(BA)$,由 $BA\subset B$ 知 $P(BA)\leqslant P(B)$,故 $P(A)\leqslant P(B)$. 答案为(D).

7.事件 A,B 满足( )时,$P(A\bigcup B)=P(A)+P(B)$.
 (A) A,B 必须相互独立   (B) A,B 必须互不相容

(C) A,B 必须同时发生　　　(D) 没有条件

解　由事件的加法法则及互斥事件的定义知,答案为(B).

8.设 $P(A)>0$,　$P(B)>0$,且 A 与 B 互不相容,则(　)一定成立.

(A) A 与 B 对立　　　　　(B) $\overline{A}$ 与 $\overline{B}$ 互不相容

(C) A 与 B 独立　　　　　(D) A 与 B 不独立

解　当 $P(A)>0$ 且 $P(B)>0$ 时,$P(A)\cdot P(B)>0$;由于 A 与 B 互不相容,即 $P(AB)=P(\Phi)=0$,故 $P(AB)\neq P(A)P(B)$,即 A 与 B 不相互独立.答案为(D).

9.设 $0<P(A)<1,0<P(B)<1,P(A|B)+P(\overline{A}|\overline{B})=1$,则 A 与 B (　).

(A)互为对立事件　　　　　(B) 互不相容

(C)不相互独立　　　　　　(D) 相互独立

解　由 $P(A|B)+P(\overline{A}|\overline{B})=1$ 知 $P(A|B)=1-P(\overline{A}|\overline{B})=P(A|\overline{B})$,即 B 的发生与否对 A 的发生不产生影响,故 A 与 B 相互独立.答案为(D).

10.每次试验成功的概率为 $p(0<p<1)$,重复进行独立试验直到第 n 次才取得 r 次成功的概率是(　).

(A) $C_n^{n-1} p (1-p)^{n-1}$　　　　(B) $C_n^1 p (1-p)^{n-1}$

(C) $C_{n-1}^{r-1} p^r (1-p)^{n-r}$　　　(D) $C_{n-1}^1 p (1-p)^{n-1}$

解　事件"直到第 n 次才取得 r 次成功"意味着"前 $n-1$ 次试验中成功了 $r-1$ 次,同时第 n 次试验成功",因是独立试验,故所求概率为

$$C_{n-1}^{r-1} p^{r-1} (1-p)^{(n-1)-(r-1)} \cdot p = C_{n-1}^{r-1} p^r (1-p)^{n-r}.$$

答案为(C).

(三)计算题

1.将 3 个球随机放在 4 个杯子中,求杯子中球的最大个数分别为 1,2,3 的概率.

解　将 3 个球随机地放在 4 个盒子中共有 $4\times 4\times 4=4^3$ 种不同的放法,杯子中球的最大个数为 1 的概率 $\dfrac{4\times 3\times 2}{4^3}=\dfrac{3}{8}$;

杯子中球的最大个数为 2 的概率 $\dfrac{4\times 3\times 3}{4^3}=\dfrac{9}{16}$;

杯子中球的最大个数为 3 的概率 $\dfrac{C_4^1}{4^3}=\dfrac{1}{16}$.

2.抛两粒骰子,若 $A=\{$朝上的点数之和是 $6\}$,$B=\{$朝上的点数之和是 6 且有一粒的点数超过 $3\}$,$C=\{$已知朝上的点数之和是 6,在此条件下有一粒的点数超过 $3\}$,试求 $P(A),P(B),P(C)$.

解 抛两粒骰子产生的样本空间为
$$\Omega=\{(1,1),(1,2),\cdots,(1,6),(2,1),(2,2),\cdots,(2,6),\cdots,(6,1),(6,2),\cdots(6,6)\},$$

其包含的基本事件数为 $6\times 6=36$,事件 A,B 分别为
$$A=\{(1,5),(2,4),(3,3),(4,2),(5,1)\},$$
$$B=\{(1,5),(2,4),(4,2),(5,1)\},$$

故
$$P(A)=\dfrac{5}{36};P(B)=\dfrac{4}{36}=\dfrac{1}{9};$$

$$P(C)=\dfrac{\text{事件 }C\text{ 在 }\Omega_A\text{ 中所含的基本事件数}}{\text{缩减的样本空间 }\Omega_A\text{ 中所含的基本事件总数}}=\dfrac{4}{5}.$$

3.袋中有 4 个红球 3 个白球,如果每次取一个球,取后放回,共取两次,试求(1)第二次取出红球的概率;(2)两次都取出红球的概率.

解 试验"每次取一个球,取后放回,共取两次"产生的基本事件总数为 $C_7^1\cdot C_7^1=49$,(1)事件"第二次取出红球"包含的基本事件数为 $C_7^1 C_4^1=28$,其概率为 $\dfrac{28}{49}=\dfrac{4}{7}$;(2)事件"两次都取出红球"包含的基本事件数为 $C_4^1 C_4^1=16$,其概率为 $\dfrac{16}{49}$.

4.从一付 52 张的扑克牌中任选 4 张,求下列各事件的概率:(1)4 张花色各不相同;(2)4 张是同一花色;(3)4 张花色不全相同.

解 (1)事件"4 张花色各不相同"的概率为 $\dfrac{13^4}{C_{52}^4}$;(2)事件"4 张是同

一花色"的概率为 $\dfrac{C_4^1 C_{13}^4}{C_{52}^4}$；(3)事件"4 张花色不全相同"的概率为 $1 - \dfrac{C_4^1 C_{13}^4}{C_{52}^4}$.

5. 将 2 封信向 3 个邮箱中投寄，求第一个邮箱内没信的概率.

解 2 封信投入 3 个邮箱中共有 $3 \times 3 = 9$ 种不同的投法，事件"第一个邮箱内没有信"意味着"2 封信投入其余的 2 个邮箱中"，其所包含的基本事件数为 $2 \times 2 = 4$，故所求事件的概率为 $\dfrac{4}{9}$.

6. 在区间 $(0,1)$ 中随机地取两个数，求事件"两数之和小于 $\dfrac{6}{5}$"的概率.

解 设 x, y 表示在区间 $[0,1]$ 内随机抽取的两个数，显然有 $x, y \in [0, 1]$，所有基本事件可用图 1.3 中边长为 1 的正方形区域 G 内的点表示出来，即 $G = \{(x, y) \mid 0 \leqslant x, y \leqslant 1\}$，又设事件 $A = \{$两数 x 与 y 之和小于 $\dfrac{6}{5}\}$，事件 A 对应的区域为 D，即 D 是正方形内阴影部分对应的区域（即多边形 $OABDE$）.

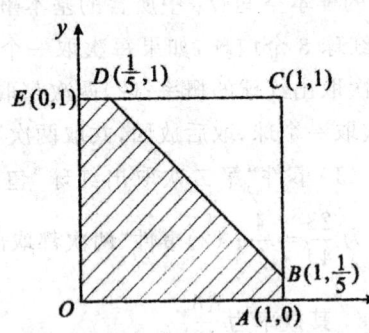

图 1.3

故事件 A 的概率为

$$P(A) = \dfrac{D \text{ 的几何测度}}{G \text{ 的几何测度}} = 1 - \dfrac{1}{2} \times \left(\dfrac{4}{5}\right)^2 = \dfrac{17}{25}.$$

7.已知 A,B 两个事件满足条件 $P(AB)=P(\overline{A}\overline{B})$,且 $P(A)=p$,求 $P(B)$.

解 由 $P(AB)=P(\overline{A}\overline{B})=1-P(A\cup B)=1-[P(A)+P(B)-P(AB)]$ 可知

$$P(B)=1-P(A)=1-p.$$

8.盒中有 12 个新乒乓球,每场比赛任取 3 个,用完后放回去,共赛 3 场,假设球均未损坏.试求:(1)3 场比赛取到的都是新球的概率;(2)第二场比赛取到两新一旧 3 个球,而第三场比赛取到一新两旧 3 个球的概率.

解 (1)设 $A_i(i=1,2,3)$ 表示第 i 场比赛取到新球,则 3 场比赛取到的都是新球的概率

$$P(A_1A_2A_3)=P(A_1)P(A_2|A_1)P(A_3|A_1A_2)=\frac{C_{12}^3}{C_{12}^3}\times\frac{C_9^3}{C_{12}^3}\times\frac{C_6^3}{C_{12}^3}\approx 0.034\ 7.$$

(2)第二场比赛取到两新一旧 3 个球,而第三场比赛取到一新两旧 3 个球的概率为

$$\frac{C_{12}^3}{C_{12}^3}\times\frac{C_9^2C_3^1}{C_{12}^3}\times\frac{C_7^1C_5^2}{C_{12}^3}\approx 0.156\ 2.$$

9.设三箱同类型产品各由三家工厂生产,已知第一家、第二家工厂产品的废品率均为 2%,第三家工厂产品的废品率为 4%,现任取一箱,从该箱中任取一件产品,(1)试求所取产品为废品的概率;(2)若取到的该件产品是废品,求它是由第一个厂家生产的概率.

解 用 $A_i(i=1,2,3)$ 表示取到第 i 家工厂生产的一箱产品,B 表示取到废品,则

(1)所取产品为废品的概率为

$$P(B)=\sum_{i=1}^{3}P(A_i)P(B|A_i)$$
$$=\frac{1}{3}\times 0.02+\frac{1}{3}\times 0.02+\frac{1}{3}\times 0.04\approx 0.026\ 7.$$

(2)若取到的该件产品是废品,它是由第一个厂家生产的概率为

$$P(A_1 \mid B) = \frac{P(A_1)P(B \mid A_1)}{\sum_{i=1}^{3} P(A_i)P(B \mid A_i)}$$

$$= \frac{1/3 \times 0.02}{1/3 \times 0.02 + 1/3 \times 0.02 + 1/3 \times 0.04} = 0.25.$$

10. 甲、乙两人射击,甲击中的概率为 0.6,乙击中的概率为 0.8,二人同时射击,并假定中靶与否是独立的,求(1)中靶的概率;(2)甲中乙不中的概率;(3)甲乙同时都不中的概率.

解 设事件 $A = \{甲中靶\}$,事件 $B = \{乙中靶\}$.

(1)中靶的概率为

$$P(A \cup B) = P(A) + P(B) - P(AB)$$
$$= P(A) + P(B) - P(A)P(B)$$
$$= 0.6 + 0.8 - 0.6 \times 0.8 = 0.92;$$

(2)甲中乙不中的概率为

$$P(A\overline{B}) = P(A) \cdot P(\overline{B}) = P(A) \cdot [1 - P(B)]$$
$$= 0.6 \times (1 - 0.8) = 0.12;$$

(3)甲乙同时都不中的概率为

$$P(\overline{A}\overline{B}) = P(\overline{A}) \cdot P(\overline{B}) = [1 - P(A)] \cdot [1 - P(B)]$$
$$= (1 - 0.6) \times (1 - 0.8) = 0.08.$$

11. 对某种药物的疗效进行研究,假定这药物对某种疾病的治愈率为 0.8,现在 10 个患此病的病人同时服用此药,求其中至少有 6 个病人治愈的概率.

解 由题设可知本题研究的试验为 $n = 10, p = 0.8$ 的 10 重伯努利概型,故所求事件的概率为

$$\sum_{i=6}^{10} C_{10}^i \, 0.8^i \, 0.2^{10-i} \approx 0.967\ 2.$$

12. 电灯泡使用寿命在 1 000 小时以上的概率为 0.2,试求 3 个灯泡在使用 1 000 小时后,最多有 1 个损坏的概率.

解 由题设可知本题研究的试验为 $n = 3, p = 0.8$ 的 3 重伯努利概型,而事件"3 个灯泡在使用 1 000 小时后,最多有 1 个损坏"意味着"0

个损坏和 1 个损坏",因而所求概率为
$$C_3^0 \times 0.8^0 \times 0.2^3 + C_3^1 \times 0.8 \times 0.2^2 = 0.176.$$

六、模拟试题

(一)填空题(共 5 小题,每小题 3 分,共 15 分)

1. 设事件 A 与事件 B 相互独立,且有 $P(\overline{A}B) = \dfrac{1}{9}, P(A\overline{B}) = P(\overline{A}B)$,则 $P(A) = $ _____.

2. 设两两相互独立的事件 A, B, C 满足:$ABC = \varphi, P(A) = P(B) = P(C) < \dfrac{1}{2}$ 且 $P(A \cup B \cup C) = \dfrac{9}{16}$,则 $P(A) = $ _____.

3. $P(A) = 0.5, P(B) = 0.6, P(B|A) = 0.8$,则 $P(A \cup B) = $ _____.

4. 设 10 件产品中有 4 件不合格品,从中任取两次,每次取一件,取后不放回,两次都取到不合格品的概率为 _____.

5. 已知 $P(\overline{A}) = 0.2, P(B|A) = 0.8$,则 $P(AB) = $ _____.

(二)选择题(共 5 小题,每小题 3 分,共 15 分)

1. 设事件 A 与事件 B 互斥,且有 $P(A) > 0, P(B) > 0$,则以下结论正确的是( ).
   (A) $\overline{A}$ 与 $\overline{B}$ 不相容 (B) $\overline{A}$ 与 $\overline{B}$ 相容
   (C) $P(AB) = P(A)P(B)$ (D) $P(A - B) = P(A)$

2. 已知事件 A, B 满足 $A \subset B, P(B) > 0$,则以下选项成立的是( ).
   (A) $P(A) < P(A|B)$ (B) $P(A) \leqslant P(A|B)$
   (C) $P(A) > P(A|B)$ (D) $P(A) \geqslant P(A|B)$

3. 设 A 与 B 是两个事件,则 $P(A - B) = ($).
   (A) $P(A) - P(B)$ (B) $P(A) - P(B) + P(AB)$
   (C) $P(A) - P(AB)$ (D) $P(A) + P(\overline{B}) + P(A\overline{B})$

4. 设 A 与 B 是两个相互独立的事件,且 $P(A) > 0, P(B) > 0$,则

$P(A \cup B) = ($ 　　$)$.

(A) $P(A) + P(B)$ 　　(B) $1 - P(\overline{A})P(\overline{B})$

(C) $1 + P(\overline{A})P(\overline{B})$ 　　(D) $1 - P(\overline{AB})$

5.每次试验失败的概率为 $p(0 < p < 1)$，则在 3 次独立重复试验中至少成功一次的概率是(　　).

(A) $3(1-p)$ 　　(B) $(1-p)^3$

(C) $1-p^3$ 　　(D) $C_3^1(1-p)p^2$

(三)计算题(共 70 分)

1.甲袋中有 9 只白球和 1 只黑球，乙袋中有 10 只白球，每次从甲、乙两袋中随机地各取一球交换放入另一袋中，重复 3 次，求黑球出现在甲袋中的概率.(10 分)

2.从 1 至 9 这 9 个数字中，有放回地取 3 次，每次任取 1 个，求所取的 3 个数之积能被 10 整除的概率.(10 分)

3.10 个考签中有 4 个难签，3 人参加抽签考试，不重复地抽取，每人任取一次，甲先、乙次、丙最后，试分别求出 3 人抽到难签的概率.(10 分)

4.一袋中装有 $N-1$ 个黑球和 1 个白球，每次从袋中随机地摸出一球，并换入 1 个黑球，这样继续下去，求第 k 次摸球时摸到黑球的概率.(10 分)

5.(15 分)一工人看管三台机床，在一小时内甲、乙、丙三台机床需要工人照看的概率分别是 0.9，0.8 和 0.85，求在一小时中

(1)没有一台机床需要照看的概率；

(2)至少有一台机床需要照看的概率；

(3)至多有一台机床需要照看的概率.

6.设有两个箱子中装有同一种商品，第一箱内装有 50 件，其中 10 件优质品；第二箱内装有 30 件，其中有 18 件优质品.现在随意打开一箱，然后从箱中先后随意取出两件.(1)求先取出的是优质品的概率；(2)在先取出的是优质品的条件下，求后取出的商品也是优质品的概率.(15 分)

七、模拟试题参考答案

(一) 填空题

1. $\dfrac{2}{3}$ 2. $\dfrac{1}{4}$ 3. 0.7   4. $\dfrac{2}{15}$ 5. 0.64

(二) 选择题

1.(D)   2.(B)   3.(C)   4.(B)   5.(C)

(三) 计算题

1.解 设 $A_i = \{i$ 次交换后黑球出现在甲袋中$\}$,$\overline{A}_i = \{i$ 次交换后黑球出现在乙袋中$\}$ $(i = 1,2,3)$,则

$$P(A_2) = \frac{9}{10} \times \frac{9}{10} + \frac{1}{10} \times \frac{1}{10} = 0.82.$$

$$P(A_3) = P(A_2)P(A_3 | A_2) + P(\overline{A}_2)P(A_3 | \overline{A}_2)$$

$$= 0.82 \times \frac{9}{10} + 0.18 \times \frac{1}{10}$$

$$= 0.756.$$

2.解 设 $A_1 = \{$所取的 3 个数中含有数字 5$\}$,$A_2 = \{$所取的 3 个数中含有偶数$\}$,$A = \{$所取的 3 个数之积能被 10 整除$\}$,则 $A = A_1 A_2$,故

$$P(A) = P(A_1 A_2) = 1 - P(\overline{A_1 A_2}) = 1 - P(\overline{A}_1 \cup \overline{A}_2)$$

$$= 1 - [P(\overline{A}_1) + P(\overline{A}_2) - P(\overline{A}_1 \overline{A}_2)]$$

$$= 1 - (\frac{8}{9})^3 - (\frac{5}{9})^3 + (\frac{4}{9})^3$$

$$= 0.214.$$

3.解 设 A, B, C 分别表示甲、乙、丙抽到难签,则

$$P(A) = \frac{4}{10} = 0.4;$$

$$P(B) = P(AB + \overline{A}B) = P(A)P(B|A) + P(\overline{A})P(B|\overline{A})$$

$$= \frac{4}{10} \times \frac{3}{9} + \frac{6}{10} \times \frac{4}{9} = 0.4;$$

$$P(C) = P(ABC + \overline{A}BC + A\overline{B}C + \overline{A}\,\overline{B}C)$$

$$= P(A)P(B|A)P(C|AB) + P(\overline{A})P(B|\overline{A})P(C|\overline{A}B)$$
$$+ P(A)P(\overline{B}|A)P(C|A\overline{B}) + P(\overline{A})P(\overline{B}|\overline{A})P(C|\overline{A}\overline{B})$$
$$= \frac{4}{10} \times \frac{3}{9} \times \frac{2}{8} + \frac{6}{10} \times \frac{4}{9} \times \frac{3}{8} + \frac{4}{10} \times \frac{6}{9} \times \frac{3}{8} + \frac{6}{10} \times \frac{5}{9} \times \frac{4}{8}$$
$$= 0.4.$$

4.解 设 $A_i = \{$第 i 次摸球时摸到黑球$\}$ $(i=1,2,\cdots,k)$，则所求概率为
$$P(A_k) = 1 - P(\overline{A}_k) = 1 - P(\overline{A}_1 \overline{A}_2 \cdots \overline{A}_{k-1} A_k)$$
$$= 1 - (1 - \frac{1}{N})^{k-1} \frac{1}{N}.$$

5.解 设 A,B,C 分别表示甲、乙、丙三台机床需要照看，则 $P(A) = 0.9, P(B) = 0.8, P(C) = 0.85$，且

(1)没有一台机床需要照看的概率为
$$P(\overline{A}\overline{B}\overline{C}) = P(\overline{A})P(\overline{B})P(\overline{C}) = 0.1 \times 0.2 \times 0.15 = 0.003;$$

(2)至少有一台机床需要照看的概率为
$$P(A \cup B \cup C) = 1 - P(\overline{A \cup B \cup C})$$
$$= 1 - P(\overline{A})P(\overline{B})P(\overline{C})$$
$$= 0.997;$$

(3)至多有一台机床需要照看的概率为
$$P(\overline{A}\overline{B}\overline{C} + A\overline{B}\overline{C} + \overline{A}B\overline{C} + \overline{A}\overline{B}C) = 0.003 + 0.9 \times 0.2 \times 0.15 +$$
$$0.1 \times 0.8 \times 0.15 + 0.1 \times 0.2 \times 0.85$$
$$= 0.059.$$

6.解 设 $A_i = \{$第 i 箱优质品$\}$，$B_i = \{$挑到第 i 箱$\}$ $(i=1,2)$，则
(1)先取出的是优质品的概率为
$$P(A_1) = P(B_1)P(A_1|B_1) + P(B_2)P(A_1|B_2)$$
$$= \frac{1}{2} \times \frac{10}{50} + \frac{1}{2} \times \frac{18}{30} = \frac{2}{5}.$$

(2)在先取出的是优质品的条件下，后取出的商品也是优质品的概率为 $P(A_2|A_1) = \dfrac{P(A_1 A_2)}{P(A_1)}$，而

$$P(A_1A_2) = P(B_1)P(A_1A_2 \mid B_1) + P(B_2)P(A_1A_2 \mid B_2)$$
$$= \frac{1}{2} \times \frac{10}{50} \times \frac{9}{49} + \frac{1}{2} \times \frac{18}{30} \times \frac{17}{29} = 0.194\ 23,$$

故所求概率为

$$P(A_2 \mid A_1) = \frac{P(A_1A_2)}{P(A_1)} = \frac{0.194\ 23}{0.4} = 0.485\ 6.$$

第二章 一维随机变量及其分布

一、知识结构

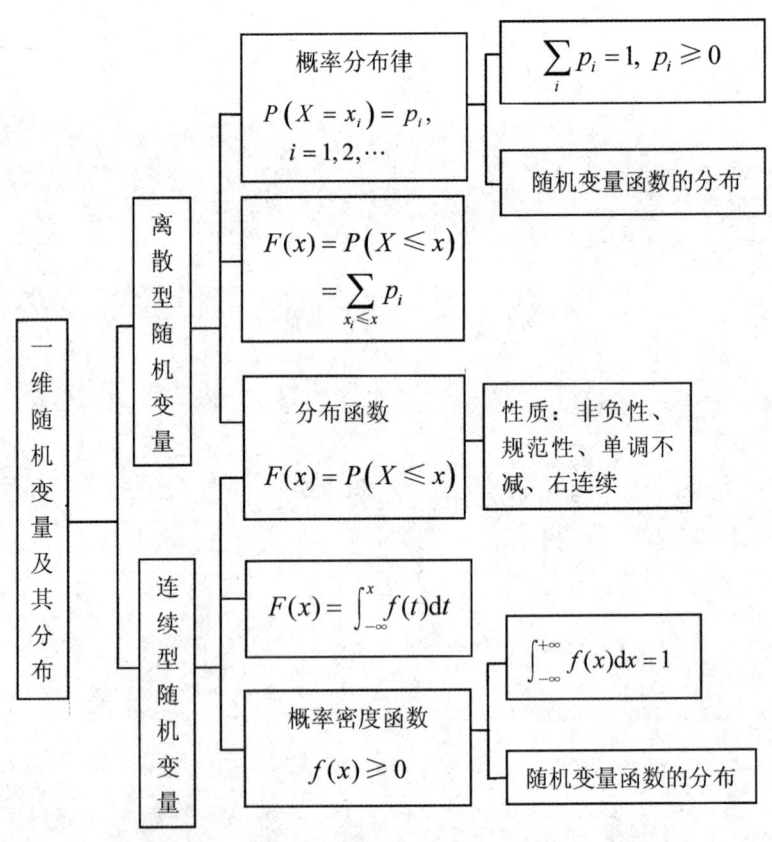

第二章 一维随机变量及其分布   33

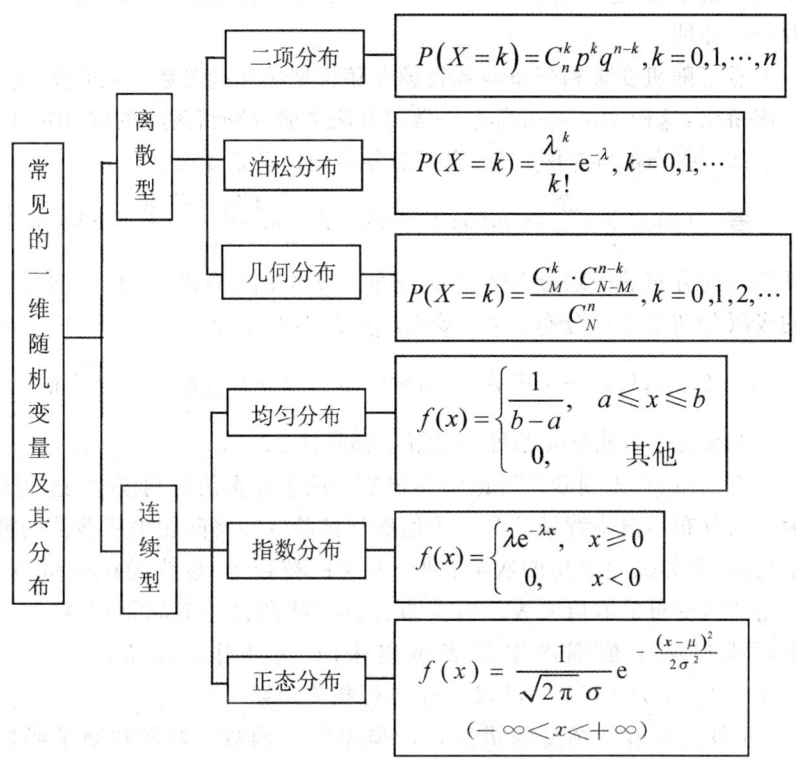

二、释难解惑

1.分布函数是什么样的函数?

答 分布函数是这样形成的:对任意一个实数 x,总对应一个随机事件"$X \leqslant x$",此事件的概率 $P(X \leqslant x)$ 就对应于 x 的函数值 $F(x)$(即随机变量 X 的取值落在点 x 左侧(包含 x 点)的概率).因此,随机变量 X 的分布函数是通常意义下的一元函数,它的定义域是 $(-\infty,+\infty)$,值域是 $[0,1]$.

在计算随机变量的分布函数时,要注意到它是对实轴上每一点定义的,在许多情况下(如离散型随机变量),它是一个分段函数,这时整个分段函数的定义域为 $(-\infty,+\infty)$,不同函数表达式相应的定义域要一一注明.

有了随机变量和分布函数就像在随机现象和高等数学之间架起了一座桥梁,这样就可以用高等数学的方法来研究随机现象的统计规律.

2.二项分布与泊松分布、超几何分布的关系是什么?

答 (1)若 $\lim\limits_{N\to\infty}\dfrac{M}{N}=p$ (n,k 不变),则 $\lim\limits_{N\to\infty}\dfrac{C_M^k \cdot C_{N-M}^{n-k}}{C_N^n}=C_n^k p^k q^{n-k}$,即超几何分布的极限分布是二项分布.(2)由泊松定理可知,二项分布的极限分布是泊松分布;当 n 较大,p 较小时,有 $C_n^k p^k (1-p)^{n-k} \approx \dfrac{\lambda^k}{k!}e^{-\lambda}$,$k=0,1,2,\cdots$(其中 $\lambda=np$),即二项分布近似于泊松分布.

3.涉及二项分布的题目的求解步骤是什么?

答 (1)首先判断所讨论的问题是否属于 n 重伯努利概型,这是因为二项分布的概率背景就是 n 重伯努利试验;(2)将问题中所涉及的数量指标(例如试验成功的次数,种子发芽的粒数等)设为随机变量 X,且用随机变量的取值来表示有关事件;(3)将所讨论的问题用 X 的某个值或在某个范围内取值表示出来;(4)利用公式 $P(X=k)=C_n^k p^k (1-p)^{n-k}$ ($k=0,1,2,\cdots$)进行相关计算.

4.如何理解连续型随机变量的概率密度函数?如何判断某函数 $f(x)$ 是否为概率密度函数?

答 (1)连续型随机变量 X 的概率密度函数 $f(x)$ 为相应的分布函数 $F(x)$ 的导数,即表示分布函数随区间长度的变化率,且对于连续型随机变量 X 有 $P(x\leqslant X<x+\mathrm{d}x)=\int_x^{x+\mathrm{d}x}f(x)\mathrm{d}x$,当 $\mathrm{d}x$ 充分小时,$\int_x^{x+\mathrm{d}x}f(x)\mathrm{d}x\approx f(x)\mathrm{d}x$,故 $f(x)\mathrm{d}x$ 可以看成随机变量 X 落在小区间 $[x,x+\mathrm{d}x]$ 上的概率,称之为离散化.由此可见 $f(x)\mathrm{d}x$ 与离散型的 p_k 作用一样,都描述了随机变量的分布情况.

(2)当 $f(x)\geqslant 0$ 且 $\int_{-\infty}^{+\infty}f(x)\mathrm{d}x=1$ 时,$f(x)$ 为概率密度函数.

5.正态分布有哪些应用?

答 (1)对称性的应用

若 $X \sim N(\mu,\sigma^2)$,

①对任意的常数 $k > 0$,有
$$P(\mu - k < X < \mu) = P(\mu < X < \mu + k).$$

② $P(X \leqslant \mu) = P(X > \mu) = \dfrac{1}{2}.$

(2)3σ 原理的应用

若 $X \sim N(\mu,\sigma^2)$,对于任意的 $\mu,\sigma > 0$,均有
$$P(|X - \mu| \leqslant \sigma) = P(\mu - \sigma \leqslant X \leqslant \mu + \sigma)$$
$$= P(-1 \leqslant \frac{X - \mu}{\sigma} \leqslant 1) = 2\Phi(1) - 1 \approx 0.6826;$$
$$P(|X - \mu| \leqslant 2\sigma) = P(\mu - 2\sigma \leqslant X \leqslant \mu + 2\sigma)$$
$$= P(-2 \leqslant \frac{X - \mu}{\sigma} \leqslant 2) = 2\Phi(2) - 1 \approx 0.9544;$$
$$P(|X - \mu| \leqslant 3\sigma) = P(\mu - 3\sigma \leqslant X \leqslant \mu + 3\sigma)$$
$$= P(-3 \leqslant \frac{X - \mu}{\sigma} \leqslant 3) = 2\Phi(3) - 1 \approx 0.9974.$$

(3)正态随机变量的线性函数性质的应用

①若 $X \sim N(\mu,\sigma^2)$,则 $Y = \dfrac{X - \mu}{\sigma} \sim N(0,1)$.

②若 $X \sim N(0,1)$,则 $Y = \sigma X + \mu \sim N(\mu,\sigma^2)$.

③若 $X \sim N(\mu,\sigma^2)$,则 $Y = aX + b \sim N(a\mu + b, (a\sigma)^2)$.

三、典型例题

题型 I 利用古典概率的计算方法及运算法则求事件 $\{X = k\}$ 的概率(即离散型随机变量 X 的分布列),并进一步求 X 的分布函数

例 2.1 一台设备由三大部件构成,在设备运转中各部件要调整的概率分别为 0.1,0.2,0.3,假设各部件的状态相互独立,以 X 表示同时需要调整的部件数,试求:(1) X 的分布列;(2) X 的分布函数 $F(x)$;(3) $P(X = 2.5); P(X \leqslant 1); P(1 < X < 3).$

解 设事件 $A_i = \{$部件 i 需要调整$\}$ $(i=1,2,3)$，由题设知
$$P(A_1)=0.1, P(A_2)=0.2, P(A_3)=0.3,$$
X 的可能取值为 $0,1,2,3$，由于 A_1, A_2, A_3 相互独立，得到

(1) $P(X=0) = P(\overline{A}_1 \overline{A}_2 \overline{A}_3) = 0.9 \times 0.8 \times 0.7 = 0.504,$

$P(X=1) = P(A_1 \overline{A}_2 \overline{A}_3 + \overline{A}_1 A_2 \overline{A}_3 + \overline{A}_1 \overline{A}_2 A_3)$
$= 0.1 \times 0.8 \times 0.7 + 0.9 \times 0.2 \times 0.7 + 0.9 \times 0.8 \times 0.3$
$= 0.398,$

$P(X=2) = P(A_1 A_2 \overline{A}_3 + A_1 \overline{A}_2 A_3 + \overline{A}_1 A_2 A_3)$
$= 0.1 \times 0.2 \times 0.7 + 0.1 \times 0.8 \times 0.3 + 0.9 \times 0.2 \times 0.3$
$= 0.092.$

$P(X=3) = P(A_1 A_2 A_3) = 0.1 \times 0.2 \times 0.3 = 0.006.$

故 X 的分布列为

X	0	1	2	3
P	0.504	0.398	0.092	0.006

(2) X 的分布函数为

$$F(x) = \begin{cases} 0, & x < 0; \\ 0.504, & 0 \leqslant x < 1; \\ 0.902, & 1 \leqslant x < 2; \\ 0.994, & 2 \leqslant x < 3; \\ 1, & x \geqslant 3. \end{cases}$$

(3) $P(X=2.5) = 0,$

$P(X \leqslant 1) = P(X=0) + P(X=1)$
$= 0.504 + 0.398 = 0.902,$

$P(1 < X < 3) = P(X=2) = 0.092.$

题型 Ⅱ 讨论常见的离散型随机变量的分布

例 2.2 某公司生产某种产品 300 件．根据历史生产记录知该种产品的废品率为 0.01．问这 300 件产品中废品数大于 5 的概率是多少？

解 将检验每件产品看作一次伯努利试验，它有两个可能的结果：$A = \{$正品$\}, \overline{A} = \{$废品$\}$，那么检验 300 件产品就是做 300 次独立的伯

努利试验. 用 X 表示检验的废品数, 则 $X \sim B(300, 0.01)$, 故 300 件产品中废品数大于 5 的概率为 $P(X>5) = \sum_{k=6}^{300} C_{300}^k \cdot 0.01^k \cdot 0.99^{300-k}$, 由于 n 较大, p 较小时, 二项分布近似于泊松分布, 且 $\lambda = np = 300 \times 0.01 = 3$, 因此有

$$P(X>5) = \sum_{k=6}^{300} C_{300}^k \cdot 0.01^k \cdot 0.99^{300-k} \approx \sum_{k=6}^{300} \frac{e^{-3}}{k!} 3^k \approx \sum_{k=6}^{\infty} \frac{e^{-3}}{k!} 3^k.$$

查泊松分布表知 $P(X>5) = P(X \geqslant 6) \approx 0.0839$.

题型 Ⅲ 有关随机变量的分布函数的计算

例 2.3 设随机变量 X 的绝对值不大于 1, 且 $P(X=-1) = \frac{1}{8}$, $P(X=1) = \frac{1}{4}$, 在事件 $\{-1 < X < 1\}$ 出现的条件下, X 在 $(-1, 1)$ 内的任一子区间上取得的条件概率与该子区间的长度成正比, 求 X 的分布函数.

解 (1) 当 $x < -1$ 时, $F(x) = P(X \leqslant x) = 0$.

(2) 当 $-1 \leqslant x < 1$ 时,

$$F(x) = P(X \leqslant x) = P(X \leqslant -1) + P(-1 < X \leqslant x)$$
$$= P(X=-1) + P(-1 < X \leqslant x)$$
$$= \frac{1}{8} + P(-1 < X \leqslant x).$$

而 $1 = P(-1 \leqslant X \leqslant 1) = 2k$, 故 $k = \frac{1}{2}$, 又

$$P(-1 < X \leqslant x) = P(-1 < X \leqslant x, -1 < x < 1)$$
$$= P(-1 < X < 1) \cdot P(-1 < X \leqslant x \mid -1 < X < 1)$$
$$= [P(-1 \leqslant X \leqslant 1) - P(X=-1) - P(X=1)] \cdot \frac{x+1}{2}$$
$$= (1 - \frac{1}{8} - \frac{1}{4}) \cdot \frac{x+1}{2} = \frac{5(x+1)}{16}.$$

故当 $-1 \leqslant x < 1$ 时,

$$F(x) = \frac{1}{8} + P(-1 < X \leqslant x) = \frac{1}{8} + \frac{5(x+1)}{16} = \frac{5x+7}{16}.$$

(3)当 $x \geqslant 1$ 时,$F(x) = P(X \leqslant x) = 1$.
因此,得到

$$F(x) = \begin{cases} 0, & x < -1; \\ \dfrac{5x+7}{16}, & -1 \leqslant x < 1; \\ 1, & x \geqslant 1. \end{cases}$$

题型 Ⅳ 已知含待定系数的连续型随机变量的概率密度函数,求待定系数的值并求其分布函数

例 2.4 设 X 是连续型随机变量,已知 X 的概率密度函数为

$$f(x) = \begin{cases} Ax(1-x)^3, & 0 \leqslant x \leqslant 1; \\ 0, & \text{其他}. \end{cases}$$

(1)求常数 A;

(2)求 X 的分布函数;

(3)求 $P(X > 1)$.

解 (1)由概率密度的性质得

$$1 = \int_{-\infty}^{+\infty} f(x)\mathrm{d}x = \int_0^1 Ax(1-x)^3 \mathrm{d}x,$$

而

$$\int_0^1 Ax(1-x)^3 \mathrm{d}x = -A\int_0^1 (1-x)^4 \mathrm{d}x + A\int_0^1 (1-x)^3 \mathrm{d}x$$

$$= -\frac{A}{5} + \frac{A}{4} = \frac{A}{20},$$

故 $A = 20$.

(2)由连续型随机变量的定义 $F(x) = \int_{-\infty}^{x} f(t)\mathrm{d}t$ 得

当 $x < 0$ 时,$F(x) = \int_{-\infty}^{x} 0 \mathrm{d}t = 0$;

当 $0 \leqslant x < 1$ 时,

$$F(x) = \int_{-\infty}^{x} f(t)\mathrm{d}t = \int_0^x 20t(1-t)^3 \mathrm{d}t = 1 - (1+4x)(1-x)^4;$$

当 $x \geqslant 1$ 时,

$$F(x) = \int_{-\infty}^{x} f(t)\,\mathrm{d}t = \int_{0}^{1} 20t\,(1-t)^{3}\,\mathrm{d}t = 1.$$

因此，X 的分布函数为

$$F(x) = \begin{cases} 0, & x < -1; \\ 1 - (1+4x)(1-x)^{4}, & -1 \leqslant x < 1; \\ 1, & x \geqslant 1. \end{cases}$$

$P(X > 1) = 1 - P(X \leqslant 1) = 1 - F(1) = 1 - 1 = 0.$

题型 Ⅴ 已知含待定系数的连续型随机变量的分布函数，求待定系数的值并求其概率密度函数

例 2.5 设 X 是连续型随机变量，已知 X 的分布函数为

$$F(x) = \begin{cases} A + B\mathrm{e}^{-2x}, & x \geqslant 0; \\ 0, & x < 0. \end{cases}$$

(1) 求常数 A, B 的值；

(2) 求 $P(-1 \leqslant X \leqslant 1)$；

(3) 求 X 的概率密度函数.

解 (1) 由分布函数的性质 $F(+\infty) = 1$ 得

$$1 = \lim_{x \to +\infty}(A + B\mathrm{e}^{-2x}) = A.$$

又由于 X 是连续型随机变量，因此 $F(x)$ 连续，即

$\lim\limits_{x \to 0^{+}} F(x) = \lim\limits_{x \to 0^{+}}(A + B\mathrm{e}^{-2x}) = A + B = \lim\limits_{x \to 0^{-}} F(x) = 0$，从而 $B = -1$，于是

$$F(x) = \begin{cases} 1 - \mathrm{e}^{-2x}, & x \geqslant 0; \\ 0, & x < 0. \end{cases}$$

(2) $P(-1 \leqslant X \leqslant 1) = P(-1 < X \leqslant 1) = F(1) - F(-1) = 1 - \mathrm{e}^{-2}.$

(3) X 的概率密度函数为

$$f(x) = F'(x) = \begin{cases} 2\mathrm{e}^{-2x}, & x > 0; \\ 0, & x < 0. \end{cases}$$

题型 Ⅵ 讨论常见的连续型随机变量的概率分布问题

例 2.6 设 $X \sim N(-1, 4)$，试求：

(1) $P(X \leqslant 0)$；

(2) $P(|X| \leqslant 2)$；

(3) $P(|X+1|>1)$.

解 由 $X \sim N(-1,4)$,得到 $\dfrac{X+1}{2} \sim N(0,1)$,则

(1) $P(X \leqslant 0) = P(\dfrac{X+1}{2} \leqslant \dfrac{1}{2}) = \Phi(\dfrac{1}{2}) = 0.691\ 5.$

(2) $P(|X| \leqslant 2) = P(-2 \leqslant X \leqslant 2) = P(\dfrac{-2+1}{2} \leqslant \dfrac{X+1}{2} \leqslant \dfrac{2+1}{2})$
$= \Phi(1.5) - \Phi(-0.5) = \Phi(1.5) - [1 - \Phi(0.5)]$
$= 0.624\ 7.$

(3) $P(|X+1|>1) = P(\left|\dfrac{X+1}{2}\right| > \dfrac{1}{2}) = 1 - P(\left|\dfrac{X+1}{2}\right| \leqslant \dfrac{1}{2})$
$= 1 - [\Phi(0.5) - \Phi(-0.5)] = 2[1 - \Phi(0.5)] = 0.617.$

例 2.7 设随机变量 X,Y 均服从正态分布:$X \sim N(\mu,4^2)$,$Y \sim N(\mu,5^2)$.又设 $p_1 = P(X \leqslant \mu - 4)$,$p_2 = P(Y \geqslant \mu + 5)$,证明:$p_1 = p_2$.

证明 由 $X \sim N(\mu,4^2)$ 知 $p_1 = P(X \leqslant \mu - 4) = P(\dfrac{X-\mu}{4} \leqslant -1) = \Phi(-1) = 1 - \Phi(1)$,由 $Y \sim N(\mu,5^2)$ 得到 $p_2 = P(Y \geqslant \mu + 5) = P(\dfrac{Y-\mu}{5} \geqslant 1) = 1 - P(\dfrac{Y-\mu}{5} < 1) = 1 - \Phi(1)$,

故 $p_1 = p_2$.

例 2.8 假设一电路装有三个同种电气元件,其工作状态相互独立,且无故障工作时间都服从参数为 $\lambda(\lambda > 0)$ 的指数分布.当三个元件都无故障时,电路工作正常,否则整个电路不能正常工作,试求电路正常工作的时间 T 的概率分布.

解 设 $X_k(k=1,2,3)$ 表示第 k 个电子元件正常工作的时间.由题设知,X_1,X_2,X_3 相互独立且同分布,其分布函数为

$$F(x) = \begin{cases} 1 - e^{-\lambda x}, & x \geqslant 0; \\ 0, & x < 0. \end{cases}$$

设 $G(t)$ 为 T 的分布函数,则当 $t \leqslant 0$ 时,$G(t) = 0$;当 $t > 0$ 时,
$G(t) = P(T \leqslant t) = 1 - P(T > t) = 1 - P(X_1 > t, X_2 > t, X_3 > t)$

$$= 1 - P(X_1 > t)P(X_2 > t)P(X_3 > t)$$
$$= 1 - [1 - P(X_1 \leqslant t)][1 - P(X_2 \leqslant t)][1 - P(X_3 \leqslant t)]$$
$$= 1 - [1 - F(t)]^3 = 1 - e^{-3\lambda t}.$$

即

$$G(t) = \begin{cases} 1 - e^{-3\lambda t}, & t \geqslant 0; \\ 0, & t < 0. \end{cases}$$

故 T 服从参数为 3λ 的指数分布.

题型 Ⅶ 离散型随机变量和连续型随机变量的概率分布的综合运用问题

例 2.9 某种型号的电灯泡使用时间(单位:小时)为一随机变量 X,X 的概率密度函数为

$$f(x) = \begin{cases} \dfrac{1}{5\,000} e^{-\frac{x}{5\,000}}, & x > 0; \\ 0, & x \leqslant 0. \end{cases}$$

试求:3 个这种型号的灯泡使用了 1 000 小时后至少有 2 个仍可继续使用的概率.

解 每一个该型号的灯泡使用寿命超过 1 000 小时的概率为

$$P(X > 1\,000) = \int_{1\,000}^{+\infty} f(x)\mathrm{d}x = \int_{1\,000}^{+\infty} \frac{1}{5\,000} e^{-\frac{x}{5\,000}} \mathrm{d}x = e^{-0.2} \approx 0.82.$$

设 Y 表示 3 个灯泡中使用寿命超过 1 000 小时的个数,则 Y 服从二项分布,即 $Y \sim B(3, 0.82)$,故所求概率为

$$P(Y \geqslant 2) = P(Y = 2) + P(Y = 3)$$
$$= C_3^2 (0.82)^2 (0.18)^1 + (0.82)^3 \approx 0.914.$$

题型 Ⅷ 已知随机变量的分布,讨论随机变量函数的分布

例 2.10 设 $X \sim f(x) = \begin{cases} \dfrac{2}{\pi(1+x^2)}, & x > 0, \\ 0, & x \leqslant 0, \end{cases}$ 又 $Y = \ln X$,试求 Y 的概率密度函数.

解 设 $f_Y(y)$ 是 Y 的概率密度函数,$F_Y(y)$ 是 Y 的分布函数.

(1) 先求随机变量 Y 的分布函数 $F_Y(y)$:

$F_Y(y) = P(Y \leqslant y) = P\{\ln X \leqslant y\} = P\{X \leqslant e^y\} = F_X(e^y)$,其中 $F_X(x)$ 为 X 的分布函数.

(2) 根据 $f_Y(y) = F_Y'(y)$,求导可得随机变量 Y 的概率密度:
$$f_Y(y) = F_Y'(y) = [F_X(e^y)]' = f_X(e^y) \cdot e^y,$$
而
$$f_X(e^y) = \begin{cases} \dfrac{2}{\pi(1+e^{2y})}, & e^y > 0 \quad (-\infty < y < +\infty); \\ 0, & e^y \leqslant 0 \quad (\text{不可能}). \end{cases}$$
故所求概率为
$$f_Y(y) = \frac{2e^y}{\pi(1+e^{2y})} \quad (-\infty < y < +\infty).$$

例 2.11 设随机变量 X 服从指数分布,讨论随机变量 $Y = \min\{X, 2\}$ 的分布函数有几个间断点.

解 设 $F_Y(y)$ 是 Y 的分布函数,$F_X(x)$ 为 X 的分布函数.

先求随机变量 Y 的分布函数 $F_Y(y)$:
$$F_Y(y) = P(Y \leqslant y) = P\{\min(X, 2) \leqslant y\},$$
当 $y \geqslant 2$ 时,$F_Y(y) = P(Y \leqslant y) = P\{\min(X, 2) \leqslant y\} = P(\Omega) = 1$;

当 $0 \leqslant y < 2$ 时,
$F_Y(y) = P(Y \leqslant y) = P\{\min(X, 2) \leqslant y\} = 1 - P\{\min(X, 2) > y\}$
$= 1 - P\{X > y, 2 > y\} = 1 - P(X > y) = P(X \leqslant y) = F_X(y)$;

当 $y < 0$ 时,$F_Y(y) = P(Y \leqslant y) = P\{\min(X, 2) \leqslant y\} = P(\Phi) = 0.$

由题设知 $X \sim E(\lambda)$,即 X 的分布函数为 $F_X(x) = \begin{cases} 1 - e^{-\lambda x}, & x \geqslant 0; \\ 0, & x < 0. \end{cases}$

故
$$F_Y(y) = \begin{cases} 0, & y < 0; \\ 1 - e^{-\lambda y}, & 0 \leqslant y < 2; \\ 1, & y \geqslant 2. \end{cases}$$

因为 $\lim\limits_{y \to 2^-} F_Y(y) = \lim\limits_{y \to 2^-}(1 - e^{-\lambda y}) = 1 - e^{-2\lambda} \neq 1 = F_Y(2)$,从而 $F_Y(y)$ 仅在 $y = 2$ 处间断,故随机变量 $Y = \min\{X, 2\}$ 的分布函数仅有一个间断点.

四、考研真题

1.(2006 年数学三)设随机变量 X,Y 均服从正态分布
$$X \sim N(\mu_1,\sigma_1^2), \quad Y \sim N(\mu_2,\sigma_2^2),$$
且 $P\{|X-\mu_1|<1\} > P\{|Y-\mu_2|<1\}$,则必有( ).

(A) $\sigma_1 < \sigma_2$ (B) $\sigma_1 > \sigma_2$

(C) $\mu_1 < \mu_2$ (D) $\mu_1 > \mu_2$

解 由 $P\{|X-\mu_1|<1\} > P\{|Y-\mu_2|<1\}$,得
$$P\left\{\left|\frac{X-\mu_1}{\sigma_1}\right| < \frac{1}{\sigma_1}\right\} > P\left\{\left|\frac{Y-\mu_2}{\sigma_2}\right| < \frac{1}{\sigma_2}\right\},$$
$$2\Phi\left(\frac{1}{\sigma_1}\right) - 1 > 2\Phi\left(\frac{1}{\sigma_2}\right) - 1,$$
$$\Phi\left(\frac{1}{\sigma_1}\right) > \Phi\left(\frac{1}{\sigma_2}\right),$$
$$\frac{1}{\sigma_1} > \frac{1}{\sigma_2},$$
$$\sigma_1 < \sigma_2,$$

故选(A).

2.(2008 年数学一、三、四)设随机变量 X,Y 独立同分布,且 X 的分布函数为 $F(x)$,则 $Z = \max\{X,Y\}$ 的分布函数为( ).

(A) $F^2(z)$ (B) $F(x)F(y)$

(C) $1-[1-F(x)]^2$ (D) $[1-F(x)][1-F(y)]$

解 设随机变量 $Z = \max\{X,Y\}$ 的分布函数为 $G(z)$,则
$$G(z) = P(Z \leqslant z) = P(\max\{X,Y\} \leqslant z) = P(X \leqslant z, Y \leqslant z)$$
$$= P(X \leqslant z) \cdot P(Y \leqslant z) = F^2(z),$$

故选(A).

3.(2010 年数学一、三)设随机变量 X 的分布函数为
$$F(x) = \begin{cases} 0, & x < 0; \\ \dfrac{1}{2}, & 0 \leqslant x < 1; \\ 1 - e^{-x}, & x \geqslant 1. \end{cases}$$

则 $P(X=1)=(\quad)$.

解 $P(X=1) = \lim\limits_{\varepsilon \to 0^+} P(1-\varepsilon < X \leqslant 1) = \lim\limits_{\varepsilon \to 0^+}[F(1)-F(1-\varepsilon)]$
$$= F(1) - \lim\limits_{\varepsilon \to 0^+} F(1-\varepsilon) = 1 - e^{-1} - \frac{1}{2} = \frac{1}{2} - e^{-1}.$$

4.(2010 年数学一、三)设 $f_1(x)$ 为标准正态分布的概率密度函数,$f_2(x)$ 为 $[-1,3]$ 上均匀分布的概率密度函数.若
$$f(x) = \begin{cases} af_1(x), & x \leqslant 0; \\ bf_2(x), & x > 0 \end{cases} \quad (a > 0, b > 0)$$
为概率密度函数,则 a,b 应满足(　　).

(A) $2a+3b=4$　　　　(B) $3a+2b=4$
(C) $a+b=1$　　　　　(D) $a+b=2$

解 由 $\int_{-\infty}^{+\infty} f(x)\mathrm{d}x = 1$,得 $a\int_{-\infty}^{0} f_1(x)\mathrm{d}x + b\int_{0}^{+\infty} f_2(x)\mathrm{d}x = 1$,而

$f_1(x) = \dfrac{1}{\sqrt{2\pi}} e^{-\frac{x^2}{2}} \quad (-\infty < x < +\infty), f_2(x) = \begin{cases} \dfrac{1}{4}, & x \in [-1,3]; \\ 0, & \text{其他}. \end{cases}$

故 $a\int_{-\infty}^{0} \dfrac{1}{\sqrt{2\pi}} e^{-\frac{x^2}{2}} \mathrm{d}x + b\int_{0}^{3} \dfrac{1}{4} \mathrm{d}x = 1$,解之得 $\dfrac{3}{4}b + \dfrac{a}{2} = 1$,即 $2a+3b=4$,因而选(A).

5.(2011 年数学一)设 $F_1(x),F_2(x)$ 为两个分布函数,其相应的概率密度函数为 $f_1(x),f_2(x)$ 是连续函数,则必为概率密度函数的是(　　).

(A) $f_1(x)f_2(x)$　　　　(B) $2f_2(x)F_2(x)$
(C) $f_1(x)F_2(x)$　　　　(D) $f_1(x)F_2(x) + f_2(x)F_1(x)$

解 由题设知 $F_1'(x) = f_1(x), F_2'(x) = f_2(x)$,因而
$$[F_1(x)F_2(x)]' = F_1'(x)F_2(x) + F_1(x)F_2'(x)$$
$$= f_1(x)F_2(x) + f_2(x)F_1(x),$$

故 $f_1(x)F_2(x) + f_2(x)F_1(x)$ 为概率密度函数,因而选(D).

6.(2013 年数学一)设 X_1, X_2, X_3 是随机变量,且 $X_1 \sim N(0,1)$,$X_2 \sim N(0,2^2), X_3 \sim N(5,3^2), P_i = P\{-2 \leqslant X_i \leqslant 2\} \; (i=1,2,3)$,

则( ).

(A) $P_1 > P_2 > P_3$ (B) $P_2 > P_1 > P_3$
(C) $P_3 > P_2 > P_1$ (D) $P_1 > P_3 > P_2$

解 由题设知

$$P_1 = P\{-2 \leqslant X_1 \leqslant 2\} = \Phi(2) - \Phi(-2) = 2\Phi(2) - 1 \approx 0.9544;$$

$$P_2 = P\{-2 \leqslant X_2 \leqslant 2\} = P\left\{-1 \leqslant \frac{X_2}{2} \leqslant 1\right\} = \Phi(1) - \Phi(-1)$$

$$= 2\Phi(1) - 1 \approx 0.6826;$$

$$P_3 = P\{-2 \leqslant X_3 \leqslant 2\} = P\left\{\frac{-2-5}{3} \leqslant \frac{X_3-5}{3} \leqslant \frac{2-5}{3}\right\}$$

$$= \Phi(-1) - \Phi(-\frac{7}{3}) = 1 - \Phi(1) - [1 - \Phi(\frac{7}{3})]$$

$$= \Phi(\frac{7}{3}) - \Phi(1) = 0.9901 - 0.8413 = 0.1488.$$

故 $P_1 > P_2 > P_3$，因而选(A).

7.(2013 年数学一)设随机变量 Y 服从参数为 1 的指数分布，a 为常数且大于零，求 $P(Y \leqslant a+1 | Y > a)$.

解 由题设知 Y 的分布函数为 $F(x) = \begin{cases} 1 - e^{-x}, & x \geqslant 0, \\ 0, & x < 0, \end{cases}$ 故

$$P(Y \leqslant a+1 | Y > a) = \frac{P(Y \leqslant a+1, Y > a)}{P(Y > a)}$$

$$= \frac{P(a < Y \leqslant a+1)}{1 - P(Y \leqslant a)} = \frac{F(a+1) - F(a)}{1 - F(a)}$$

$$= \frac{1 - e^{-(a+1)} - [1 - e^{-a}]}{1 - [1 - e^{-a}]} = 1 - \frac{1}{e}.$$

8.(2014 年数学一、三)设随机变量 X 的概率分布为

$$P(X=1) = P(X=2) = \frac{1}{2},$$

在给定 $X=i$ 的条件下，随机变量 Y 服从均匀分布 $[0,i]$ $(i=1,2)$，求 Y 的分布函数 $F_Y(y)$.

解 Y 的分布函数

$$F_Y(y) = P(Y \leqslant y) = P(X=1)P(Y \leqslant y \mid X=1)$$
$$+ P(X=2)P(Y \leqslant y \mid X=2)$$
$$= \frac{1}{2}P(Y \leqslant y \mid X=1) + \frac{1}{2}P(Y \leqslant y \mid X=2),$$

(1)当 $y<0$ 时,$F_Y(y)=0$.

(2)当 $0 \leqslant y < 1$ 时,

若 $X=1$,有 $Y \sim U[0,1]$,故 $f_Y(y) = \begin{cases} 1, & y \in [0,1]; \\ 0, & \text{其他}, \end{cases}$ 则

$$P(Y \leqslant y \mid X=1) = \int_{-\infty}^{y} f_Y(t)dt = \int_0^y 1 dt = y;$$

若 $X=2$,有 $Y \sim U[0,2]$,故 $f_Y(y) = \begin{cases} \dfrac{1}{2}, & y \in [0,2]; \\ 0, & \text{其他}, \end{cases}$ 则

$$P(Y \leqslant y \mid X=2) = \int_{-\infty}^{y} f_Y(t)dt = \int_{-\infty}^{0} 0 dt + \int_0^y \frac{1}{2} dt = \frac{y}{2},$$

因此有 $F_Y(y) = \dfrac{1}{2} P(Y \leqslant y \mid X=1) + \dfrac{1}{2} P(Y \leqslant y \mid X=2) = \dfrac{1}{2}\left(y + \dfrac{y}{2}\right) = \dfrac{3}{4}y.$

(3)当 $1 \leqslant y < 2$ 时,

若 $X=1$,有 $Y \sim U[0,1]$,故 $f_Y(y) = \begin{cases} 1, & y \in [0,1]; \\ 0, & \text{其他}, \end{cases}$ 则

$$P(Y \leqslant y \mid X=1) = \int_{-\infty}^{y} f_Y(t)dt = \int_{-\infty}^{0} 0 dt + \int_0^1 1 dt + \int_1^y 0 dt = 1;$$

若 $X=2$,有 $Y \sim U[0,2]$,故 $f_Y(y) = \begin{cases} \dfrac{1}{2}, & y \in [0,2]; \\ 0, & \text{其他}, \end{cases}$ 则

$$P(Y \leqslant y \mid X=2) = \int_{-\infty}^{y} f_Y(t)dt = \int_{-\infty}^{0} 0 dt + \int_0^y \frac{1}{2} dt = \frac{y}{2},$$

因此有 $F_Y(y) = \dfrac{1}{2}P(Y \leqslant y \mid X=1) + \dfrac{1}{2}P(Y \leqslant y \mid X=2) =$

$\frac{1}{2}\left(1+\frac{y}{2}\right)=\frac{1}{2}+\frac{y}{4}.$

(4) 当 $y \geqslant 2$ 时,

若 $X=1$, 有 $Y \sim U[0,1]$, 故 $f_Y(y)=\begin{cases}1, & y\in[0,1];\\ 0, & \text{其他},\end{cases}$ 则

$$P(Y\leqslant y\,|\,X=1)=\int_{-\infty}^{y}f_Y(t)\mathrm{d}t=\int_{-\infty}^{0}0\mathrm{d}t+\int_{0}^{1}1\mathrm{d}t+\int_{1}^{y}0\mathrm{d}t=1;$$

若 $X=2$, 有 $Y \sim U[0,2]$, 故 $f_Y(y)=\begin{cases}\dfrac{1}{2}, & y\in[0,2];\\ 0, & \text{其他},\end{cases}$ 则

$$P(Y\leqslant y\,|\,X=2)=\int_{-\infty}^{y}f_Y(t)\mathrm{d}t=\int_{-\infty}^{0}0\mathrm{d}t+\int_{0}^{2}\frac{1}{2}\mathrm{d}t+\int_{2}^{y}0\mathrm{d}t=1,$$

因此有 $F_Y(y)=\dfrac{1}{2}P(Y\leqslant y\,|\,X=1)+\dfrac{1}{2}P(Y\leqslant y\,|\,X=2)=\dfrac{1}{2}(1+1)=1.$

故 Y 的分布函数为

$$F(x)=\begin{cases}0, & y<0;\\ \dfrac{3}{4}y, & 0\leqslant y<1;\\ \dfrac{1}{2}+\dfrac{y}{4}, & 1\leqslant y<2;\\ 1, & y\geqslant 2.\end{cases}$$

9.(2015 年数学一、三) 设随机变量 X 的概率密度函数为

$$f(x)=\begin{cases}2^{-x}\ln 2, & x>0;\\ 0, & x\leqslant 0.\end{cases}$$

对 X 进行独立重复的观测, 直到第 2 个大于 3 的观测值出现时停止, 记 Y 为观测次数, 求 Y 的概率分布.

解 由题意知

$$P(X>3)=\int_{3}^{+\infty}f(x)\mathrm{d}x=\int_{3}^{+\infty}2^{-x}\ln 2\mathrm{d}x=-2^{-x}\Big|_{3}^{+\infty}=\frac{1}{8},$$

故 Y 的概率分布列为

$$P(Y=k) = C_{k-1}^1 \left(\frac{1}{8}\right)^2 \left(1-\frac{1}{8}\right)^{k-2} = \frac{k-1}{64}\left(\frac{7}{8}\right)^{k-2}, \quad k=2,3,\cdots.$$

五、习题精解

(一)填空题

1. 函数 $f(k) = \dfrac{c}{k+1}$ ($k=0,1,2,3$) 是某离散型随机变量的概率分布,则 $c=$ _____.

解 由题设知 $\sum\limits_{k=0}^{3} \dfrac{c}{k+1} = 1$,即 $c(1+\dfrac{1}{2}+\dfrac{1}{3}+\dfrac{1}{4})=1$,得到 $c=\dfrac{12}{25}$.

2. 设随机变量 $X \sim \begin{pmatrix} 1 & 2 & 3 & 4 \\ 0.2+a & 0.1 & 0.3+b & c \end{pmatrix}$,则 a,b,c 应满足 _____.

解 由题设知 $0.2+a+0.1+0.3+b+c=1$,得到
$a+b+c=0.4, a>-0.2, b>-0.3, c>0$.

3. 设随机变量 X 的概率分布为 $P(X=k)=5A\left(\dfrac{1}{2}\right)^k$ ($k=1,2,\cdots$),则 $A=$ _____.

解 由题设知 $\sum\limits_{k=1}^{+\infty} 5A\left(\dfrac{1}{2}\right)^k = 1$,即 $5A \cdot \dfrac{\frac{1}{2}}{1-\frac{1}{2}} = 1$,得到 $A=\dfrac{1}{5}$.

4. 设随机变量 X 的绝对值不大于 1,且 $P(X=-1)=\dfrac{1}{3}$,$P(X=1)=\dfrac{1}{6}$,则 $P(-1<X<1)=$ _____.

解 由题设知 $P(-1\leqslant X \leqslant 1) = 1$,故
$P(-1<X<1) = P(-1\leqslant X \leqslant 1) - P(X=-1) - P(X=1)$
$= 1 - \dfrac{1}{3} - \dfrac{1}{6} = 0.5.$

5. 游船上有水龙头 20 个,每一龙头被打开的可能性为 $\frac{1}{10}$,记 X 为同时被打开的水龙头个数,则 $P(X \geqslant 2) =$ _____.

解 由题设知 $X \sim B(20, 0.1)$,故
$$P(X \geqslant 2) = 1 - P(X=0) - P(X=1)$$
$$= 1 - 0.9^{20} - C_{20}^1 0.1 \times 0.9^{19} = 0.608.$$

6. 设随机变量 $X \sim B(3, p), Y \sim B(4, p)$,若 $P(X \geqslant 1) = \frac{7}{8}$,则 $P(Y \geqslant 1) =$ _____.

解 由题设知 $\frac{7}{8} = P(X \geqslant 1) = 1 - P(X=0) = 1 - (1-p)^3$,得到 $p = \frac{1}{2}$.

故 $P(Y \geqslant 1) = 1 - P(Y=0) = 1 - (1-p)^4 = \frac{15}{16}$.

7. 设随机变量 X 的分布函数为 $F(x) = A + B \arctan x, x \in R$,则 $(A, B) =$ _____,X 的概率密度函数 $f(x) =$ _____.

解 由 $F(x)$ 的性质有 $F(+\infty) = 1, F(-\infty) = 0$,可得 $A + B(-\frac{\pi}{2}) = 0, A + B\frac{\pi}{2} = 1$,从而 $A = \frac{1}{2}, B = \frac{1}{\pi}$. X 的概率密度函数为
$$f(x) = F'(x) = \frac{1}{\pi(1+x^2)}.$$

8. 设随机变量 $X \sim N(0,1)$,$\Phi(0.35) = 0.636\,8$,则 $P(X > 0.35) =$ _____,$P(-0.35 < X < 0.35) =$ _____.

解 $P(X > 0.35) = 1 - P(X \leqslant 0.35) = 1 - 0.636\,8 = 0.363\,2$;
$P(-0.35 < X < 0.35) = \Phi(0.35) - \Phi(-0.35)$
$$= 2\Phi(0.35) - 1 = 0.273\,6.$$

9. 设 $X \sim N(2, \sigma^2)$,且 $P(2 < X < 4) = 0.3$,则 $P(X < 0) =$ _____.

解 由于 $Y = \frac{X-2}{\sigma} \sim N(0, 1)$,所以

$$P(2 \leqslant X \leqslant 4) = P\left(\frac{2-2}{\sigma} \leqslant \frac{X-2}{\sigma} \leqslant \frac{4-2}{\sigma}\right)$$

$$= P\left(0 \leqslant Y \leqslant \frac{2}{\sigma}\right) = \Phi\left(\frac{2}{\sigma}\right) - \Phi(0)$$

$$= \Phi\left(\frac{2}{\sigma}\right) - \frac{1}{2} = 0.3,$$

因此 $\Phi\left(\frac{2}{\sigma}\right) = 0.8$,故

$$P(X < 0) = P\left(\frac{X-2}{\sigma} \leqslant \frac{0-2}{\sigma}\right) = \Phi\left(-\frac{2}{\sigma}\right) = 1 - \Phi\left(\frac{2}{\sigma}\right) = 0.2.$$

10. 设随机变量 X 的密度为 $\varphi(x) = \begin{cases} 4x^3, & 0 < x < 1 \\ 0, & 其他 \end{cases}$,则使 $P\{X > a\} = P\{X < a\}$ 成立的常数 $a = \underline{\qquad}$; $P(0.5 < X < 1.5) = \underline{\qquad}$.

解 由 $P\{X > a\} = P\{X < a\}$ 知

$$\int_{-\infty}^{a} f(x) dx = \int_{a}^{+\infty} f(x) dx, \text{即} \int_{0}^{a} 4x^3 dx = \int_{a}^{1} 4x^3 dx, \text{故} \ a = \frac{1}{\sqrt[4]{2}};$$

$$P(0.5 < X < 1.5) = \int_{0.5}^{1.5} f(x) dx = \int_{0.5}^{1} 4x^3 dx = \frac{15}{16}.$$

(二)选择题

1. 设 a, b 为任意实数,$a < b$,已知 $P(X \leqslant b) \leqslant 1 - \beta$,$P(X > a) \leqslant 1 - \alpha$,则必有 $P(a < X \leqslant b)$ ( ).

(A) $\geqslant 1 - (\alpha + \beta)$ (B) $\geqslant \alpha + \beta$

(C) $\leqslant 1 - (\alpha + \beta)$ (D) $\leqslant \alpha + \beta$

解 由题设 $P(X > a) \leqslant 1 - \alpha$ 知 $P(X \leqslant a) = 1 - P(X > a) \geqslant \alpha$,$P(a < X \leqslant b) = P(X \leqslant b) - P(X \leqslant a) \leqslant 1 - \beta - \alpha = 1 - (\alpha + \beta)$. 故答案为(C).

2. 下列各函数中可以作为某个随机变量的分布函数的是( ).

(A) $F(x) = \dfrac{1}{1+x^2}$ (B) $F(x) = \sin x$

(C) $F(x) = \begin{cases} \dfrac{1}{1+x^2}, & x \leqslant 0, \\ 1, & x > 0 \end{cases}$ (D) $F(x) = \begin{cases} 0, & x < 0, \\ 1.1, & x = 0, \\ 1, & x > 0 \end{cases}$

解 若 $F(x)$ 是某个随机变量的分布函数,则 $F(x)$ 需满足以下四个性质:(1) $0 \leqslant F(x) \leqslant 1$;(2) $F(x)$ 在 $(-\infty,+\infty)$ 内单调非减;(3) $F(-\infty) = 0, F(+\infty) = 1$;(4) $F(x)$ 在 $(-\infty,+\infty)$ 内处处右连续.

答案(A)不满足(2)(3);答案(B)不满足(1)(2)(3);答案(D)不满足(2)(4);经验证答案(C)满足四个性质,故答案为(C).

3. $F_1(x), F_2(x)$ 都是分布函数,为使 $C_1 F_1(x) - C_2 F_2(x)$ 也是分布函数,C_1, C_2 应取( ).

(A) $C_1 = \dfrac{2}{3}, C_2 = \dfrac{1}{3}$ (B) $C_1 = \dfrac{2}{5}, C_2 = \dfrac{3}{5}$

(C) $C_1 = \dfrac{2}{3}, C_2 = -\dfrac{1}{3}$ (D) $C_1 = \dfrac{3}{2}, C_2 = -\dfrac{1}{2}$

解 若 $F(x)$ 是某个随机变量的分布函数,则 $F(x)$ 需满足以下四个性质:(1) $0 \leqslant F(x) \leqslant 1$;(2) $F(x)$ 在 $(-\infty,+\infty)$ 内单调非减;(3) $F(-\infty) = 0, F(+\infty) = 1$;(4) $F(x)$ 在 $(-\infty,+\infty)$ 内处处右连续.

由已知得 $F_1(-\infty) = 0, F_1(+\infty) = 1; F_2(-\infty) = 0, F_2(+\infty) = 1$. 经验证答案(C)满足四个性质,故答案为(C).

4. 设随机变量 X 的概率分布为 $P(X=k) = b\lambda^k, (k=0,1,2,\cdots)$,$|\lambda| < 1$,则下列正确的是( ).

(A) $\lambda > 0$ 为任意实数   (B) $\lambda = \dfrac{1}{1+b}$

(C) $\lambda = 1 - b$ (D) $\lambda = \dfrac{1}{1-b}$

解 由题设知 $\sum\limits_{k=0}^{+\infty} b\lambda^k = 1$,即 $b \cdot \dfrac{1}{1-\lambda} = 1$,得到 $\lambda = 1 - b$,故答案为(C).

5. 如下四个函数,能作为随机变量 X 的密度函数的是( ).

(A) $f(x)=\begin{cases}2x, 0<x<1\\ 0, \text{其他}\end{cases}$ (B) $f(x)=\begin{cases}\dfrac{1}{1+x^2}, & x>0\\ 0, & x\leqslant 0\end{cases}$

(C) $f(x)=e^{-|x|}, x\in R$ (D) $f(x)=\begin{cases}1-e^{-x}, & x>0\\ 0, & x\leqslant 0\end{cases}$

解 若 $f(x)$ 是某个随机变量的密度函数,则 $f(x)$ 需满足性质:(1) $f(x)\geqslant 0$;(2) $\int_{-\infty}^{+\infty}f(x)\mathrm{d}x=1$.

经一一验证,答案(A)满足,故答案为(A).

6.设 X 的密度函数为 $f(x)$,分布函数为 $F(x)$,且 $f(x)=f(-x)$,那么对任意给定的 a 都有( ).

(A) $f(-a)=1-\int_0^a f(x)\mathrm{d}x$ (B) $F(-a)=\dfrac{1}{2}-\int_0^a f(x)\mathrm{d}x$

(C) $F(a)=F(-a)$ (D) $F(-a)=2F(a)-1$

解 $F(-a)=\int_{-\infty}^{-a}f(x)\mathrm{d}x\xrightarrow{\text{令}x=-t}\int_{+\infty}^{a}f(-t)\mathrm{d}(-t)$

$=\int_a^{+\infty}f(t)\mathrm{d}t=\int_a^0 f(t)\mathrm{d}t+\int_0^{+\infty}f(t)\mathrm{d}t$

$=-\int_0^a f(t)\mathrm{d}t+\dfrac{1}{2}=\dfrac{1}{2}-\int_0^a f(x)\mathrm{d}x.$

故答案为(B).

7.设随机变量 X 的密度函数为 $f(x)=\begin{cases}\sin x, 0\leqslant x\leqslant a\\ 0, \text{其他}\end{cases}$,则常数 $a=($).

(A) π (B) $\pi/2$ (C) 2π (D) $3\pi/2$

解 若 $f(x)$ 是某个随机变量的密度函数,则 $f(x)$ 需满足性质:(1) $f(x)\geqslant 0$;(2) $\int_{-\infty}^{+\infty}f(x)\mathrm{d}x=1$.

经一一验证,答案(B)满足,故答案为(B).

8.设随机变量 X 在区间 $[1,6]$ 上服从均匀分布,则方程 $t^2+Xt+1=0$ 有实根的概率为( ).

(A)4/5 (B)2/5 (C)1/5 (D)1/6

解 随机变量 X 在区间 $[1,6]$ 上服从均匀分布,所以 X 的概率密度函数为

$$f(x) = \begin{cases} \dfrac{1}{5}, & 1 \leqslant x \leqslant 6, \\ 0, & \text{其他}, \end{cases}$$

而方程 $t^2 + Xt + 1 = 0$ 有实根的概率为

$$P(X^2 - 4 \geqslant 0) = 1 - P(-2 \leqslant X \leqslant 2) = 1 - \int_{-2}^{2} f(x)\,\mathrm{d}x$$
$$= 1 - \int_{1}^{2} \frac{1}{5}\,\mathrm{d}x = \frac{4}{5},$$

故答案为(A).

9. 随机变量 X 服从参数 $\lambda = \dfrac{1}{8}$ 的指数分布,则 $P(2 < X < 8) =$ ( ).

(A) $\dfrac{2}{8}\int_{2}^{8} \mathrm{e}^{-\frac{x}{8}}\,\mathrm{d}x$ (B) $\int_{2}^{8} \mathrm{e}^{-\frac{x}{8}}\,\mathrm{d}x$

(C) $\dfrac{1}{8}(\mathrm{e}^{-\frac{1}{4}} - \mathrm{e}^{-1})$ (D) $\mathrm{e}^{-\frac{1}{4}} - \mathrm{e}^{-1}$

解 由题设知 X 的分布函数为

$$F(x) = \begin{cases} 1 - \mathrm{e}^{-\frac{1}{8}x}, & x \geqslant 0; \\ 0, & x < 0. \end{cases}$$

$P(2 < X < 8) = F(8) - F(2) = [1 - \mathrm{e}^{-\frac{1}{8} \times 8}] - [1 - \mathrm{e}^{-\frac{1}{8} \times 2}] = \mathrm{e}^{-\frac{1}{4}} - \mathrm{e}^{-1}$,故答案为(D).

10. 设 $X \sim N(\mu, \sigma^2)$,那么当 σ 增大时,$P(|X - \mu| < \sigma) =$ ( ).
(A)增大 (B)减少 (C)不变 (D)增减不定

解 由题设知 $P(|X - \mu| < \sigma) = P\left(\left|\dfrac{X - \mu}{\sigma}\right| < 1\right) = 2\Phi(1) - 1$,故答案为(C).

11. 当 $c = ($) 时,$f(x) = c\mathrm{e}^{-\frac{(x+1)^2}{4}}$ 为正态随机变量 X 的概率密度.

(A) $\dfrac{1}{\sqrt{2\pi}}$ (B) $\dfrac{1}{2\sqrt{\pi}}$ (C) $\dfrac{1}{2\sqrt{2\pi}}$ (D) $\dfrac{1}{4\sqrt{2\pi}}$

解 由题设知 $f(x)=c\mathrm{e}^{-\frac{(x+1)^2}{4}}=\dfrac{1}{\sqrt{2\pi}\times\sqrt{2}}\mathrm{e}^{-\frac{(x+1)^2}{2\times(\sqrt{2})^2}}$ 时，$f(x)=c\mathrm{e}^{-\frac{(x+1)^2}{4}}$ 为正态随机变量 X 的概率密度，此时 $c=\dfrac{1}{2\sqrt{\pi}}$，故答案为(B).

12. 设随机变量 $X\sim N(\mu,\sigma^2)$，其概率密度函数为 $f(x)=\dfrac{1}{\sqrt{6\pi}}\mathrm{e}^{\frac{4x-x^2-4}{6}}(x\in R)$，则 μ,σ^2 分别为( ).

(A) 2,2   (B) 2,3   (C) 1,3   (D) 1,4

解 由题设知 $f(x)=\dfrac{1}{\sqrt{6\pi}}\mathrm{e}^{\frac{4x-x^2-4}{6}}=\dfrac{1}{\sqrt{2\pi}\times\sqrt{3}}\mathrm{e}^{-\frac{(x-2)^2}{2\times(\sqrt{3})^2}}$，即 $\mu=2$，$\sigma=\sqrt{3}$，故答案为(B).

13. 设 $X\sim N(\mu,\sigma^2)$，则下面关于其概率密度 $f(x)$ 的描述中错误的是( ).

(A) $f(x)$ 是以 $x=\mu$ 为对称轴的钟形曲线

(B) $f(x)$ 未必是偶函数

(C) σ 取值越大，密度曲线越陡峭

(D) 不管 μ 如何变化，$f(x)$ 在 $(-\infty,\mu)$ 上积分值为一定数

解 由于 σ 取值越大，密度曲线越平缓，故答案为(C).

(三) 计算题

1. 一袋中装有 5 只球，编号分别为 1,2,3,4,5，在袋中同时取 3 只，以 X 表示取出的 3 只球中的最大号码，求：

(1) X 的概率分布列；

(2) X 的分布函数.

解 (1) 从 5 只球中任取 3 只，有 $C_5^3=10$ 种取法；X 的可能值为 3,4,5，则 X 的分布列为

X	3	4	5
p_k	$\dfrac{1}{10}$	$\dfrac{3}{10}$	$\dfrac{6}{10}$

第二章 一维随机变量及其分布

(2) X 的分布函数为

$$F(x) = \begin{cases} 0, & x < 3; \\ \dfrac{1}{10}, & 3 \leqslant x < 4; \\ \dfrac{2}{5}, & 4 \leqslant x < 5; \\ 1, & x \geqslant 5. \end{cases}$$

2.投掷一个骰子 4 次,求出现 6 点的次数的分布概率.

解 设 X 表示出现 6 点,则 $X \sim B(4, \dfrac{1}{6})$,故出现 6 点的次数的分布概率为

$$P(X=k) = C_4^k \left(\dfrac{1}{6}\right)^k \left(\dfrac{5}{6}\right)^{4-k}, \quad k=0,1,2,3,4.$$

3.一电话交换台每分钟收到呼唤的次数服从参数为 4 的泊松分布,求:

(1)每分钟的呼唤次数大于 10 的概率;

(2)每分钟的呼唤次数恰好为 8 次的概率.

解 设 X 表示每分钟收到呼唤的次数,则由题设知 $X \sim P(4)$,查泊松分布表得到

(1)每分钟的呼唤次数大于 10 的概率为

$$P(X > 10) = P(X \geqslant 11) = \sum_{k=11}^{\infty} \dfrac{4^k}{k!} e^{-4} = 0.002\ 84;$$

(2)每分钟的呼唤次数恰好为 8 次的概率.

$$P(X=8) = P(X \geqslant 8) - P(X \geqslant 9)$$
$$= 0.051\ 134 - 0.021\ 363 = 0.029\ 771.$$

4.在区间 $[0,a]$ 上任意投掷一个质点,以 X 表示这个质点的坐标,设这个质点落在 $[0,a]$ 中任一子区间内的概率与该子区间的长度成正比,求 X 的分布函数.

解 (1)当 $x < 0$ 时,$F(x) = P(X \leqslant x) = P(\Phi) = 0$.

(2)当 $0 \leqslant x < a$ 时,$F(x) = P(X \leqslant x) = k(x-0) = kx$;又当

$x=a$ 时,$X \leqslant x$ 为必然事件,故 $1=P(X \leqslant a)=ka$,即 $k=\dfrac{1}{a}$,因而 $F(x)=P(X \leqslant x)=kx=\dfrac{x}{a}$.

(3)当 $x \geqslant a$ 时,$F(x)=P(X \leqslant x)=P(\Omega)=1$.

因此,得到 X 的分布函数为

$$F(x)=\begin{cases}0, & x<0;\\ \dfrac{x}{a}, & 0 \leqslant x<a;\\ 1, & x \geqslant a.\end{cases}$$

5.已知随机变量 X 的概率密度函数为 $f(x)=\begin{cases}Ax, & 0 \leqslant x \leqslant 2;\\ 0, & \text{其他}.\end{cases}$
求(1)常数 A;(2)分布函数 $F(x)$;(3)概率 $P(1<X<3)$.

解 (1)由 $\int_{-\infty}^{+\infty} f(x)\mathrm{d}x = \int_0^2 Ax\,\mathrm{d}x = 1$ 可得 $A=\dfrac{1}{2}$;

(2)由连续型随机变量的定义 $F(x)=\int_{-\infty}^{x} f(t)\mathrm{d}t$ 得

当 $x<0$ 时,$F(x)=\int_{-\infty}^{x} 0\,\mathrm{d}t=0$;

当 $0 \leqslant x<2$ 时,$F(x)=\int_{-\infty}^{x} f(t)\mathrm{d}t=\int_{-\infty}^{0} f(t)\mathrm{d}t+\int_0^x f(t)\mathrm{d}t=$
$\int_{-\infty}^{0} 0\,\mathrm{d}t+\int_0^x \dfrac{1}{2}t\,\mathrm{d}t=\dfrac{x^2}{4}$;

当 $x \geqslant 2$ 时,$F(x)=\int_{-\infty}^{x} f(t)\mathrm{d}t=\int_0^2 \dfrac{1}{2}t\,\mathrm{d}t=1$.

因此,X 的分布函数为

$$F(x)=\begin{cases}0, & x<0,\\ \dfrac{x^2}{4}, & 0 \leqslant x<2,\\ 1, & x \geqslant 2.\end{cases}$$

(3)概率 $P(1<X<3)=\int_1^3 f(x)\mathrm{d}x=\int_1^2 \dfrac{1}{2}x\,\mathrm{d}x=\dfrac{3}{4}$.

6.已知随机变量 X 的密度函数为 $f(x)=\begin{cases} Ae^x, & x<0 \\ \dfrac{1}{4}, & 0 \leqslant x < 2 \\ 0, & x \geqslant 2 \end{cases}$,求

(1)常数 A ;(2)分布函数 $F(x)$;(3)概率 $P(-0.5 < X < 1)$.

解 (1)由 $1 = \int_{-\infty}^{+\infty} f(x) dx = \int_{-\infty}^{0} Ae^x dx + \int_{0}^{2} \dfrac{1}{4} dx + \int_{2}^{+\infty} 0 dx = A + \dfrac{1}{2}$ 可得 $A = \dfrac{1}{2}$;

(2)由连续型随机变量的定义 $F(x) = \int_{-\infty}^{x} f(t) dt$ 得

当 $x < 0$ 时, $F(x) = \int_{-\infty}^{x} \dfrac{1}{2} e^t dt = \dfrac{1}{2} e^x$;

当 $0 \leqslant x < 2$ 时,

$$F(x) = \int_{-\infty}^{x} f(t) dt = \int_{-\infty}^{0} f(t) dt + \int_{0}^{x} f(t) dt$$
$$= \int_{-\infty}^{0} \dfrac{1}{2} e^t dt + \int_{0}^{x} \dfrac{1}{4} dt = \dfrac{1}{2} + \dfrac{x}{4} ;$$

当 $x \geqslant 2$ 时,

$$F(x) = \int_{-\infty}^{x} f(t) dt = \int_{-\infty}^{0} f(t) dt + \int_{0}^{2} f(t) dt + \int_{2}^{x} f(t) dt$$
$$= \int_{-\infty}^{0} \dfrac{1}{2} e^t dt + \int_{0}^{2} \dfrac{1}{4} dt + 0 = 1.$$

因此,X 的分布函数为

$$F(x) = \begin{cases} \dfrac{e^x}{2}, & x < 0, \\ \dfrac{1}{2} + \dfrac{x}{4}, & 0 \leqslant x < 2, \\ 1, & x \geqslant 2. \end{cases}$$

(3) $P(-0.5 < X < 1) = \int_{-0.5}^{1} f(t) dt = \int_{-0.5}^{0} \dfrac{e^x}{2} dt + \int_{0}^{1} \dfrac{1}{4} dt = \dfrac{3}{4} - \dfrac{e^{-0.5}}{2}$.

7. 设 X 是连续型随机变量,已知 X 的分布函数为
$$F(x) = \begin{cases} 0, & x \leqslant 1; \\ k\ln x, & 1 < x < e; \\ 1, & x \geqslant e. \end{cases}$$

(1) 求常数 k 的值;

(2) 求 $P(X < 2), P(0 < X \leqslant 3), P(2 < X < \frac{5}{2})$;

(3) 求 X 的概率密度函数.

解 (1) 由于 X 是连续型随机变量,因此 $F(x)$ 连续,即
$$1 = F(e) = \lim_{x \to e^-} F(x) = \lim_{x \to e^-} k\ln x = k,$$
所以 $k = 1$,于是
$$F(x) = \begin{cases} 0, & x \leqslant 1; \\ \ln x, & 1 < x < e; \\ 1, & x \geqslant e. \end{cases}$$

(2) $P(X < 2) = P(X \leqslant 2) = F(2) = \ln 2;$

$P(0 < X \leqslant 3) = F(3) - F(0) = 1;$

$P(2 < X < \frac{5}{2}) = P(2 < X \leqslant \frac{5}{2}) = F(\frac{5}{2}) - F(2) = \ln \frac{5}{4}.$

(3) X 的概率密度函数为
$$f(x) = \begin{cases} \dfrac{1}{x}, & 1 < x < e; \\ 0, & \text{其他}. \end{cases}$$

8. 某自动机床生产的齿轮的直径 $X \sim N(10.05, 0.06^2)$(单位: cm),规定直径在 10.05 ± 0.12 内为合格,求齿轮不合格的概率.

解 由于 $X \sim N(10.05, 0.06^2)$,故 $\dfrac{X - 10.05}{0.06} \sim N(0,1)$,于是得到齿轮合格的概率为
$$P(10.05 - 0.12 < X < 10.05 + 0.12) = P(-2 < \frac{X - 10.05}{0.06} < 2)$$
$$= 2\Phi(2) - 1 = 0.954\ 4.$$

故所求概率为 $1 - 0.9544 = 0.0456$.

9.设测量的误差 $X \sim N(7.5, 100)$(单位:m),问要进行多少次独立测量,才能使至少有一次误差的绝对值不超过 10 m 的概率大于 0.9?

解 由于 $X \sim N(7.5, 100)$,故 $\dfrac{X-7.5}{10} \sim N(0,1)$,于是

$$p = P(|X| \leqslant 10) = P(-10 \leqslant X \leqslant 10)$$
$$= P(\dfrac{-10-7.5}{10} \leqslant \dfrac{X-7.5}{10} \leqslant \dfrac{10-7.5}{10})$$
$$= \Phi(0.25) - \Phi(-1.75) = 0.5586.$$

设 Y 表示误差的绝对值不超过 10 m(即 $|X| \leqslant 10$)的次数,n 表示独立测量的次数,显然 $Y \sim B(n, 0.5586)$,故 $P(Y \geqslant 1) = 1 - P(Y=0) = 1-(1-0.5586)^n$,欲使 $P(Y \geqslant 1) > 0.9$,即需 $1-(1-0.5586)^n > 0.9$,亦即 $n=4$.

10.设顾客在某银行的窗口等待服务的时间 X(单位:分)服从参数为 $\dfrac{1}{5}$ 的指数分布.某顾客在窗口等待服务,若超过 10 分钟,他就离开,他一个月要到银行 5 次,又设顾客每次去银行是独立的,以 Y 表示一个月内他未等到服务而离开窗口的次数,求 Y 的概率分布列,并求 $P(Y \geqslant 1)$.

解 由于 X 服从参数为 $\dfrac{1}{5}$ 的指数分布,故 X 的分布函数为

$$F(x) = \begin{cases} 1-\mathrm{e}^{-\frac{x}{5}}, & x \geqslant 0; \\ 0, & \text{其他}. \end{cases}$$

因而该顾客在一个月内未等到服务而离开的概率为

$$p = P(X > 10) = 1 - P(X \leqslant 10) = 1 - F(10) = \mathrm{e}^{-2}.$$

由于顾客每次去银行是独立的,又由题意可知 Y 服从二项分布,即 $Y \sim B(5, \mathrm{e}^{-2})$,因此 Y 的概率分布列为

$$P(Y=k) = C_5^k (\mathrm{e}^{-2})^k (1-\mathrm{e}^{-2})^{5-k}, \quad k=0,1,2,3,4,5.$$

而

$P(Y \geqslant 1) = 1 - P(Y=0) = 1 - (1-e^{-2})^5 \approx 0.5167$.

11. 设随机变量 X 的概率分布列为

X	-2	-1	0	1	3
p_k	$\dfrac{1}{5}$	$\dfrac{1}{6}$	$\dfrac{1}{5}$	$\dfrac{1}{15}$	$\dfrac{11}{30}$

求 $Y=X^2$ 的概率分布列.

解 由于 X 的所有可能取值为 $-2,-1,0,1,3$,所以 $Y=X^2$ 的所有可能取值为 $0,1,4,9$,故 $Y=X^2$ 的概率分布列为

$$P(Y=0) = P(X=0) = \frac{1}{5},$$

$$P(Y=1) = P(X=-1) + P(X=1) = \frac{7}{30},$$

$$P(Y=4) = P(X=-2) = \frac{1}{5},$$

$$P(Y=9) = P(X=3) = \frac{11}{30}.$$

12. 设随机变量 $X \sim U[-2,2]$,求随机变量 $Y = \dfrac{1}{2}X + 1$ 的密度函数 $f_Y(y)$.

解 设 $f_X(x)$ 表示 X 的密度函数,$F_X(x)$ 表示 X 的分布函数,$f_Y(y)$ 表示 Y 的概率密度函数,$F_Y(y)$ 表示 Y 的分布函数.

(1) 先求随机变量 Y 的分布函数 $F_Y(y)$:

$$F_Y(y) = P(Y \leqslant y) = P\left\{\frac{X}{2} + 1 \leqslant y\right\}$$
$$= P\{X \leqslant 2(y-1)\} = F_X(2y-2).$$

(2) 根据 $f_Y(y) = F_Y'(y)$,求导可得随机变量 Y 的概率密度:

$$f_Y(y) = F_Y'(y) = F_X'(2y-2) = 2f_X(2y-2).$$

由于 $X \sim U[-2,2]$,故 $f_X(x) = \begin{cases} \dfrac{1}{4}, & x \in [-2,2]; \\ 0, & \text{其他}, \end{cases}$

而

$$f_X(2y-2) = \begin{cases} \dfrac{1}{4}, & 2y-2 \in [-2,2]; \\ 0, & \text{其他}, \end{cases}$$

即

$$f_X(2y-2) = \begin{cases} \dfrac{1}{4}, & y \in [0,2]; \\ 0, & \text{其他}, \end{cases}$$

故所求概率为

$$f_Y(y) = 2f_X(2y-2) = \begin{cases} \dfrac{1}{2}, & 0 \leqslant y \leqslant 2, \\ 0, & \text{其他}. \end{cases}$$

13.设随机变量 X 的密度函数为 $f(x) = \begin{cases} ce^{-x}, & x \geqslant 0, \\ 0, & x < 0. \end{cases}$

(1)求常数 c;(2)求分布函数 $F(x)$;(3)求 $Y = 2X+1$ 的密度 $f_Y(y)$.

解 (1)由 $\int_{-\infty}^{+\infty} f(x)\mathrm{d}x = \int_0^{+\infty} ce^{-x}\mathrm{d}x = 1$ 可得 $c = 1$.

(2)由连续型随机变量的定义 $F(x) = \int_{-\infty}^{x} f(t)\mathrm{d}t$ 得

当 $x < 0$ 时,$F(x) = \int_{-\infty}^{x} 0\mathrm{d}t = 0$;

当 $x \geqslant 0$ 时,$F(x) = \int_{-\infty}^{x} f(t)\mathrm{d}t = \int_{-\infty}^{0} f(t)\mathrm{d}t + \int_{0}^{x} f(t)\mathrm{d}t = \int_{-\infty}^{0} 0\mathrm{d}t + \int_{0}^{x} e^{-t}\mathrm{d}t = 1 - e^{-x}$.故分布函数为

$$F(x) = \begin{cases} 0, & x < 0, \\ 1 - e^{-x}, & x \geqslant 0. \end{cases}$$

(3)设 $f_X(x)$ 表示 X 的密度函数,$F_X(x)$ 表示 X 的分布函数,$f_Y(y)$ 表示 Y 的概率密度函数,$F_Y(y)$ 表示 Y 的分布函数.

随机变量 Y 的分布函数 $F_Y(y)$ 为

$$F_Y(y) = P(Y \leqslant y) = P\{2X+1 \leqslant y\}$$

$$= P\left\{X \leqslant \frac{y-1}{2}\right\} = F_X(\frac{y-1}{2}).$$

根据 $f_Y(y) = F_Y'(y)$，求导可得随机变量 Y 的概率密度为

$$f_Y(y) = F_Y'(y) = F_X'(\frac{y-1}{2}) = \frac{1}{2}f_X(\frac{y-1}{2}).$$

X 的概率密度函数为

$$f_X(x) = \begin{cases} e^{-x}, & x \geqslant 0, \\ 0, & x < 0. \end{cases}$$

而

$$f_X(\frac{y-1}{2}) = \begin{cases} e^{-\frac{y-1}{2}}, & \frac{y-1}{2} \geqslant 0; \\ 0, & \text{其他}, \end{cases}$$

即

$$f_X(\frac{y-1}{2}) = \begin{cases} e^{-\frac{y-1}{2}}, & y \geqslant 1; \\ 0, & \text{其他}, \end{cases}$$

故所求概率为

$$f_Y(y) = \frac{1}{2}f_X(\frac{y-1}{2}) = \begin{cases} \frac{1}{2}e^{-\frac{y-1}{2}}, & y \geqslant 1; \\ 0, & \text{其他}. \end{cases}$$

14.对圆直径做近似测量，设其值均匀分布在区间 $[a,b]$ 内，求圆面积的概率密度函数.

解 设 X 表示圆直径的测量值，$f_X(x)$ 表示 X 的密度函数，$F_X(x)$ 表示 X 的分布函数，Y 表示圆面积，$f_Y(y)$ 是 Y 的概率密度函数，$F_Y(y)$ 是 Y 的分布函数.

(1) 先求圆面积随机变量 Y 的分布函数 $F_Y(y)$：

$$F_Y(y) = P(Y \leqslant y) = P\left\{\pi(\frac{X}{2})^2 \leqslant y\right\} = P\left\{X^2 \leqslant \frac{4y}{\pi}\right\}.$$

当 $y \leqslant 0$ 时，$F_Y(y) = P\left\{X^2 \leqslant \frac{4y}{\pi}\right\} = 0$；

当 $y > 0$ 时，$F_Y(y) = P\left(X^2 \leqslant \frac{4y}{\pi}\right)$

第二章 一维随机变量及其分布

$$= P\left(-2\sqrt{\frac{y}{\pi}} \leqslant X \leqslant 2\sqrt{\frac{y}{\pi}}\right)$$

$$= F_X\left(2\sqrt{\frac{y}{\pi}}\right) - F_X\left(-2\sqrt{\frac{y}{\pi}}\right).$$

(2) 根据 $f_Y(y) = F_Y'(y)$，求导可得随机变量 Y 的概率密度：

当 $y \leqslant 0$ 时，$f_Y(y) = F_Y'(y) = 0$；

当 $y > 0$ 时，

$$f_Y(y) = F_Y'(y) = F_X'\left(2\sqrt{\frac{y}{\pi}}\right) - F_X'\left(-2\sqrt{\frac{y}{\pi}}\right)$$

$$= f_X\left(2\sqrt{\frac{y}{\pi}}\right) \cdot \left(2\sqrt{\frac{y}{\pi}}\right)' - f_X\left(-2\sqrt{\frac{y}{\pi}}\right)\left(-2\sqrt{\frac{y}{\pi}}\right)'$$

$$= \frac{1}{\sqrt{\pi y}}\left[f_X\left(2\sqrt{\frac{y}{\pi}}\right) + f_X\left(-2\sqrt{\frac{y}{\pi}}\right)\right].$$

由于 $X \sim U[a,b]$，故 $f(x) = \begin{cases} \dfrac{1}{b-a}, & x \in [a,b]; \\ 0, & \text{其他}, \end{cases}$

而

$$f_X\left(2\sqrt{\frac{\pi}{y}}\right) = \begin{cases} \dfrac{1}{b-a}, & 2\sqrt{\dfrac{y}{\pi}} \in [a,b], \\ 0, & \text{其他}, \end{cases} \qquad f_X\left(-2\sqrt{\frac{y}{\pi}}\right) = 0.$$

即

$$f_X\left(2\sqrt{\frac{y}{\pi}}\right) = \begin{cases} \dfrac{1}{b-a}, & \dfrac{\pi a^2}{4} \leqslant y \leqslant \dfrac{\pi b^2}{4}; \\ 0, & \text{其他}. \end{cases}$$

故所求概率为

$$f_Y(y) = \begin{cases} \dfrac{1}{(b-a)\sqrt{\pi y}}, & \dfrac{\pi a^2}{4} \leqslant y \leqslant \dfrac{\pi b^2}{4}; \\ 0, & \text{其他}. \end{cases}$$

六、模拟试题

(一)填空题(共 4 小题,每小题 3 分,共 12 分)

1. 已知离散型随机变量 X 的概率分布列为 $P(X=k)=a\left(\dfrac{2}{3}\right)^k$ ($k=0,1,2$),则 $a=$ _____ .

2. 设随机变量 X 的分布函数为 $F(x)=\begin{cases}0, & x<0;\\ x+0.3, & 0\leqslant x<0.6;\\ 1, & x\geqslant 0.6.\end{cases}$ 则 $P(X=0.6)=$ _____ .

3. 设随机变量 X 的分布函数为 $F(x)=\begin{cases}A+Be^{-\lambda x}, & x\geqslant 0,\\ 0, & x<0,\end{cases}$ 则 $A=$ _____ ,$B=$ _____ .

4. 设随机变量 X 的概率密度函数为 $f(x)=\begin{cases}3x^2, & 0<x\leqslant 1,\\ 0, & 其他,\end{cases}$ 则 $P(X\leqslant 0.3)=$ _____ ,$P(0.3<X<0.6)=$ _____ ,$P(X=0.6)=$ _____ .

(二)选择题(共 5 小题,每小题 3 分,共 15 分)

1. 设随机变量 X 的概率密度函数与分布函数分别为 $f(x)$,$F(x)$,则有( ).

(A) $F(x)=\displaystyle\int_0^x f(t)\mathrm{d}t$ (B) $F(x)=\displaystyle\int_{-\infty}^{+\infty} f(x)\mathrm{d}x$

(C) $F(x)=1-\displaystyle\int_x^{+\infty} f(t)\mathrm{d}t$ (D) $F(x)=1+\displaystyle\int_x^{+\infty} f(t)\mathrm{d}t$

2. 若随机变量 X 的可能值充满区间( ),而在此区间外取值的概率为零,则 $f(x)=\cos x$ 可以成为 X 的概率密度函数.

(A) $[0,\pi]$ (B) $\left[\dfrac{\pi}{2},\pi\right]$

(C) $\left[-\dfrac{\pi}{2},\dfrac{\pi}{2}\right]$ (D) $\left[-\dfrac{\pi}{2},0\right]$

3. 若随机变量 X 为离散型随机变量,则下列各式一定成立的是

( ).

(A) $P(a \leqslant X \leqslant b) = F(b) - F(a)$
(B) $P(a \leqslant X \leqslant b) = P(a \leqslant X < b)$
(C) $P(X = a) = 0$
(D) $P(a < X \leqslant b) = F(b) - F(a)$

4.设随机变量 $X \sim N(1,2)$, $f(x)$, $F(x)$ 分别为 X 的概率密度函数与分布函数,则下列结论中错误的是( ).

(A) $f(x)$ 是以 $x=1$ 为对称轴的钟形曲线

(B) $f(x)$ 的最大值为 $\dfrac{1}{2\sqrt{\pi}}$

(C) $F(0) = \dfrac{1}{2}$

(D) $F(x) = \displaystyle\int_{-\infty}^{x} f(t)\,\mathrm{d}t$

5.设随机变量 X 的概率密度函数为 $f(x) = \begin{cases} 2x, & 0 < x \leqslant 1, \\ 0, & \text{其他}, \end{cases}$
则 $Y = X^2$ 服从( ).

(A)参数为 1 的指数分布 (B) 参数为 2 的指数分布
(C)参数为 0,1 的均匀分布 (D) 参数为 0,2 的均匀分布

(三)计算题(共 73 分)

1.设 10 件同类型的零件中有 2 件次品,现从中任取 1 件,若为次品,则不再放回,从其余零件中再取 1 件,如此继续,直到取到合格品为止,试求抽取次数的概率分布列以及至多抽取两次的概率.(10 分)

2.已知试验的成功率为 p,进行 4 次伯努利试验,求在没有全部失败的情况下,试验成功不止一次的概率.(10 分)

3.(10 分)设随机变量 X 服从 $[1,5]$ 上的均匀分布,在下面两种情况下分别求 $P(x_1 < X < x_2)$:

(1) $x_1 < 1 < x_2 < 5$; (2) $1 < x_1 < 5 < x_2$.

4.设随机变量 X 的概率密度函数为 $f(x) = \dfrac{a}{\pi(1+x^2)}$ ($-\infty < x <$

$+\infty$),试确定 a 的值并求其分布函数 $F(x)$ 以及 $P(|X|<1)$. (13 分)

5.某种晶体管的使用时间(单位:小时)为一随机变量 X,X 的概率密度函数为

$$f(x)=\begin{cases}\dfrac{1}{1\,000}e^{-\frac{x}{1\,000}}, & x>0;\\ 0, & x\leqslant 0.\end{cases}$$

某电子仪器装有 5 个该晶体管,且每个晶体管损坏与否相互独立.试求:此仪器在 1 000 小时内恰好有 2 个晶体管损坏的概率.(15 分)

6.设(1)随机变量 X 的概率密度函数为 $f(x)(-\infty<x<+\infty)$,求随机变量 $Y=X^3$ 的概率密度函数;(2)随机变量 X 的概率密度函数为 $f(x)=\begin{cases}e^{-x}, & x>0,\\ 0, & x\leqslant 0,\end{cases}$ 求 $Y=X^2$ 的概率密度函数.(15 分)

七、模拟试题参考答案

(一)填空题

1.$\dfrac{9}{19}$ 2.0.1   3. 1,-1 4. 0.027, 0.189, 0

(二)选择题

1.(C)   2.(D)   3.(D)   4.(C)   5.(C)

(三)计算题

1.**解** 设 X 表示抽取次数,则 X 的概率分布列为

$$P(X=1)=\frac{8}{10}=\frac{4}{5},$$

$$P(X=2)=\frac{2}{10}\times\frac{8}{9}=\frac{8}{45},$$

$$P(X=3)=\frac{2}{10}\times\frac{1}{9}\times\frac{8}{8}=\frac{1}{45}.$$

至多抽取两次的概率为

$$P(X\leqslant 2)=P(X=1)+P(X=2)=\frac{4}{5}+\frac{8}{45}=\frac{44}{45}.$$

2.**解** 设 X 表示 4 重伯努利试验中成功的次数,则 $X\sim B(4,p)$,

所求概率为

$$P(X \geqslant 2 \mid X \geqslant 1) = \frac{P(X \geqslant 1, X \geqslant 2)}{P(X \geqslant 1)} = \frac{P(X \geqslant 2)}{P(X \geqslant 1)}$$

$$= \frac{1 - P(X=0) - P(X=1)}{1 - P(X=0)}$$

$$= \frac{1 - (1-p)^4 + 4p(1-p)^3}{1 - (1-p)^4}.$$

3.解 由题设知随机变量 X 的概率密度函数为

$$f(x) = \begin{cases} \dfrac{1}{4}, & x \in [1,5]; \\ 0, & \text{其他}. \end{cases}$$

(1) 当 $x_1 < 1 < x_2 < 5$ 时,

$$P(x_1 < X < x_2) = \int_{x_1}^{x_2} f(x) \mathrm{d}x = \int_{x_1}^{1} 0 \mathrm{d}x + \int_{1}^{x_2} \frac{1}{4} \mathrm{d}x = \frac{1}{4}(x_2 - 1).$$

(2) 当 $1 < x_1 < 5 < x_2$ 时,

$$P(x_1 < X < x_2) = \int_{x_1}^{x_2} f(x) \mathrm{d}x = \int_{x_1}^{5} \frac{1}{4} \mathrm{d}x + \int_{5}^{x_2} 0 \mathrm{d}x = \frac{1}{4}(5 - x_1).$$

4.解 $1 = \int_{-\infty}^{+\infty} f(x) \mathrm{d}x = \int_{-\infty}^{+\infty} \dfrac{a}{\pi(1+x^2)} \mathrm{d}x = \dfrac{a}{\pi} \arctan x \Big|_{-\infty}^{+\infty}$

$$= \frac{a}{\pi}\left[\frac{\pi}{2} - \left(-\frac{\pi}{2}\right)\right] = a.$$

$$F(x) = \int_{-\infty}^{x} f(t) \mathrm{d}t = \int_{-\infty}^{x} \frac{1}{\pi(1+t^2)} \mathrm{d}t = \frac{1}{\pi} \arctan t \Big|_{-\infty}^{x}$$

$$= \frac{1}{\pi}\left[\arctan x + \frac{\pi}{2}\right] \quad (-\infty < x < +\infty).$$

$$P(|X| < 1) = F(1) - F(-1)$$

$$= \frac{1}{\pi}\left[\arctan 1 + \frac{\pi}{2}\right] - \frac{1}{\pi}\left[\arctan(-1) + \frac{\pi}{2}\right]$$

$$= 0.5.$$

5. 解 设 X_i 表示"第 i 只晶体管的寿命"($i=1,2,3,4,5$),由题设知

$$P(X_i > 1\,000) = \int_{1\,000}^{+\infty} f(x)\mathrm{d}x = \int_{1\,000}^{+\infty} \frac{1}{1\,000}\mathrm{e}^{-\frac{x}{1\,000}}\mathrm{d}x$$
$$= \mathrm{e}^{-1}\,(i=1,2,3,4,5).$$

设 Y 表示 5 只晶体管中寿命不小于 1 000 小时的只数,则 Y 服从二项分布,即 $Y \sim B(5,\mathrm{e}^{-1})$,故所求概率为

$$P(Y=3) = C_5^3\,(\mathrm{e}^{-1})^3\,(1-\mathrm{e}^{-1})^2 = 10\mathrm{e}^{-3}\,(1-\mathrm{e}^{-1})^2.$$

6. 解 设 $f_Y(y)$ 是 Y 的概率密度函数,$F_Y(y)$ 是 Y 的分布函数.

(1) 先求随机变量 $Y=X^3$ 的分布函数 $F_Y(y)$:

$$F_Y(y) = P(Y \leqslant y) = P\{X^3 \leqslant y\} = P\{X \leqslant \sqrt[3]{y}\} = F_X(\sqrt[3]{y}),$$

其中 $F_X(x)$ 为 X 的分布函数.

根据 $f_Y(y) = F_Y'(y)$,求导可得随机变量 Y 的概率密度:

$$f_Y(y) = F_Y'(y) = [F_X(\sqrt[3]{y})]' = f(\sqrt[3]{y}) \cdot (\sqrt[3]{y})'$$
$$= \frac{1}{3}y^{-\frac{2}{3}}f(\sqrt[3]{y}) \quad (y \neq 0).$$

由于 $f(x) = \begin{cases} \mathrm{e}^{-x}, & x > 0, \\ 0, & x \leqslant 0, \end{cases}$ 故所求概率为

$$f_Y(y) = \begin{cases} \dfrac{1}{3}y^{-\frac{2}{3}}\mathrm{e}^{-\sqrt[3]{y}}, & y > 0, \\ 0, & \text{其他}. \end{cases}$$

(2) 先求随机变量 $Y=X^2$ 的分布函数 $F_Y(y)$:

$$F_Y(y) = P(Y \leqslant y) = P\{X^2 \leqslant y\}.$$

当 $y \leqslant 0$ 时,$F_Y(y) = P\{X^2 \leqslant y\} = 0$;

当 $y > 0$ 时,$F_Y(y) = P(X^2 \leqslant y)$
$$= P(-\sqrt{y} \leqslant X \leqslant \sqrt{y})$$
$$= F_X(\sqrt{y}) - F_X(-\sqrt{y}),$$

其中 $F_X(x)$ 为 X 的分布函数.

当 $y \leqslant 0$ 时,$f_Y(y) = F_Y'(y) = 0$;

当 $y > 0$ 时,

$$f_Y(y) = F_Y{'}(y) = F_X{'}(\sqrt{y}) - F_X{'}(-\sqrt{y})$$
$$= f(\sqrt{y}) \cdot (\sqrt{y}){'} - f(-\sqrt{y})(-\sqrt{y}){'}$$
$$= \frac{1}{2\sqrt{y}}[f(\sqrt{y}) + f(-\sqrt{y})].$$

由于 $f(x) = \begin{cases} e^{-x}, & x > 0, \\ 0, & 其他, \end{cases}$

故所求概率密度函数为

$$f_Y(y) = \begin{cases} \dfrac{1}{2\sqrt{y}} e^{-\sqrt{y}}, & y > 0; \\ 0, & 其他. \end{cases}$$

第三章 多维随机变量及其分布

一、知识结构

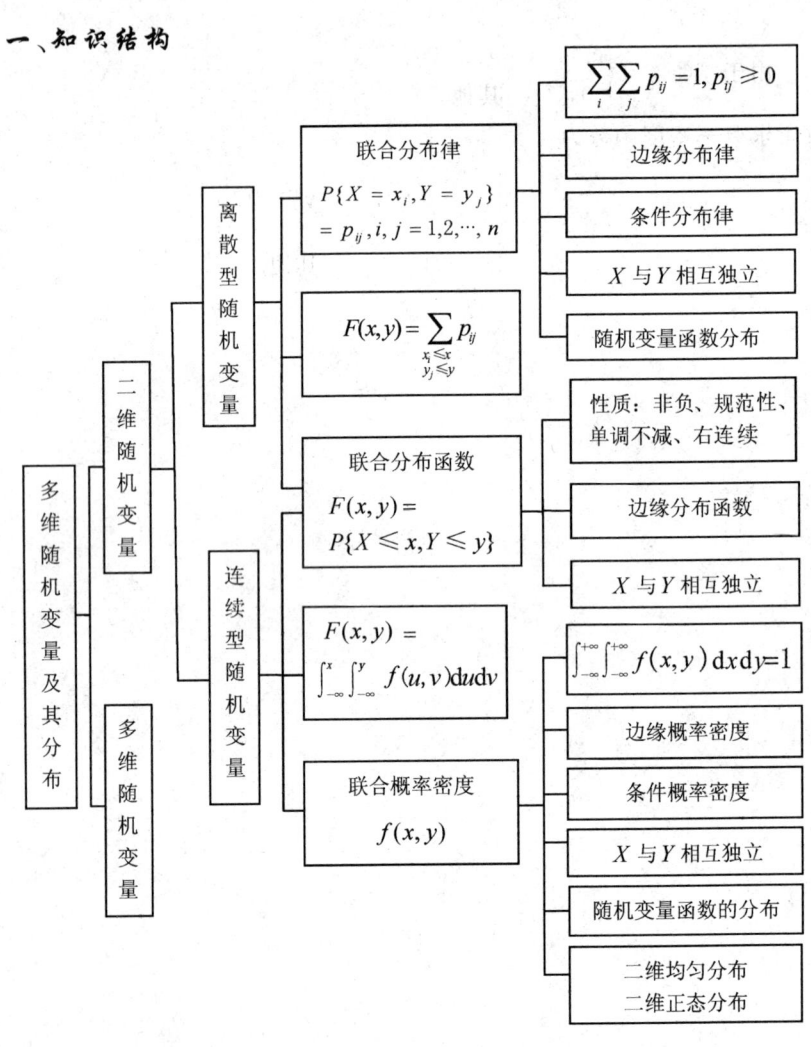

二、释难解惑

1. 如何求二维离散型随机变量的联合分布列?

答 分三个步骤:

(1) 求出 (X,Y) 的所有可能取值.

(2) 求 p_{ij}.

方法一 用乘法公式
$$p_{ij} = P(X=x_i) \cdot P(Y=y_j \mid X=x_i)$$
$$= P(Y=y_j) \cdot P(X=x_i \mid Y=y_j).$$

当 X 与 Y 独立时,有 $p_{ij} = P(X=x_i) \cdot P(Y=y_j)$.

方法二 用古典概型计算.

(3) 验证是否有 $\sum_i \sum_j p_{ij} = 1$.

2. 如何求二维随机变量 (X,Y) 的联合分布函数 $F(x,y)$?

答 若 (X,Y) 为离散型随机变量,且其分布列为
$$p_{ij} = P(X=x_i, Y=y_j) \quad (i,j=1,2,\cdots),$$
则 $F(x,y) = \sum_{x_i \leqslant x} \sum_{y_j \leqslant y} p_{ij}$.

若 (X,Y) 为连续型随机变量,且其概率密度为 $f(x,y)$,则
$$F(x,y) = \int_{-\infty}^{x} \int_{-\infty}^{y} f(u,v) \mathrm{d}u \mathrm{d}v.$$

(1) 如果 $f(x,y)$ 分区域定义时,对 (x,y) 需分区域计算 $F(x,y)$,具体步骤:首先在 xOy 平面上绘出 $f(x,y)$ 取值非零的区域 D,然后过 D 的各个边界交点分别作平行于 x 轴和 y 轴的直线,这些直线将平面分成若干个小区域(设为 $D_i, i=1,2,\cdots,s$),对每个 D_i 分别求 $F(x,y)$ 的表达式.

(2) 若 (X,Y) 的两分量 X 与 Y 独立时,则
$$F(x,y) = F_X(x) \cdot F_Y(y),$$
其中 $F_X(x), F_Y(y)$ 分别是 (X,Y) 关于 X 和关于 Y 的边缘分布函数.

3. 二维随机变量的边缘分布与一维随机变量的分布有何联系和区别?

答 联系:二维随机变量的边缘分布可以认为是对应的一维随机变量的分布,并且边缘分布具有一维随机变量分布的所有性质.

例如若 $(X,Y) \sim N(\mu_1,\mu_2,\sigma_1^2,\sigma_2^2,0)$,则 $X \sim N(\mu_1,\sigma_1^2)$,$Y \sim N(\mu_2,\sigma_2^2)$.

区别:二维随机变量的边缘分布定义在平面上,而一维随机变量的分布则定义在实数轴上,例如 (X,Y) 关于 X 的边缘分布函数 $F_X(x) = P(X \leqslant x, Y < +\infty)$ 表示 (X,Y) 落在区域 $\{(X,Y) | X \leqslant x, Y\text{任意}\}$ 上的概率,而 X 的分布函数 $F(x) = P(X \leqslant x)$ 则表示 X 落在区间 $(-\infty, x]$ 上的概率.

4.如何判断二维离散型随机变量的两个分量的独立性?

答 方法一:由随机试验的独立性直接判断两随机变量的独立性.随机变量的取值与随机试验相对应,因而由随机试验的独立性可判断随机变量的独立性.直观上,如果一个随机变量的取值情况与另一个随机变量的取值情况毫无关系,互不影响,则一般可认为它们相互独立.

方法二:由联合分布列与边缘分布列的关系判别.

5.二维随机变量的条件分布与第一章的条件概率有什么区别?

答 第一章中随机事件用字母 A 等表示,条件概率为 $P(A|B)$,第三章中随机事件用 $\{X \leqslant x\}$ 等表示,条件概率为 $P\{X \leqslant x | Y \leqslant y\}$,两者表示形式不同;且有各自的计算方法,用 $P(A|B) = \dfrac{P(AB)}{P(B)}$ 计算时用古典概型和乘法公式,用 $P(X \leqslant x | Y \leqslant y) = \dfrac{P(X \leqslant x, Y \leqslant y)}{P(X \leqslant x)}$ 计算时往往需要计算二重积分、乘法公式或古典概型.

6.如何计算二维随机变量函数的边缘密度函数?

答 (1)画出有关函数的定义域的图形;(2)根据随机变量的取值范围确定是 X 型区域还是 Y 型区域,若是 X 型区域,需要固定随机变量 X,对另一个随机变量 Y 进行积分,积分时一定要注意积分上下限的选取;(3)所得的密度函数由于 X 取值范围不同往往是分段函数.

三、典型例题

题型 I 求二维离散型随机变量的联合分布列、边缘分布列及判断两个分量的独立性

例 3.1 两封信随机地投入四个邮筒,用 X,Y 分别表示前两个邮筒内信的数目,求二维随机变量 (X,Y) 的联合分布及边缘分布,并判断 X 与 Y 是否独立.

解 由题设知 X,Y 的可能取值为 $0,1,2$,且

$$P(X=0,Y=0)=\frac{2^2}{4^2}=\frac{1}{4};$$

$$P(X=0,Y=1)=P(X=1,Y=0)=\frac{C_2^1 C_2^1}{4^2}=\frac{1}{4};$$

$$P(X=0,Y=2)=P(X=2,Y=0)=\frac{1}{4^2}=\frac{1}{16};$$

$$P(X=1,Y=1)=\frac{C_2^1}{4^2}=\frac{1}{8};$$

$$P(X=1,Y=2)=P(X=2,Y=1)=P(X=2,Y=2)=0.$$

(X,Y) 的联合分布及边缘分布如表 3.1 所示.

表 3.1

X \ Y	0	1	2	$p_{i\cdot}$
0	$\frac{1}{4}$	$\frac{1}{4}$	$\frac{1}{16}$	$\frac{9}{16}$
1	$\frac{1}{4}$	$\frac{1}{8}$	0	$\frac{3}{8}$
2	$\frac{1}{16}$	0	0	$\frac{1}{16}$
$p_{\cdot j}$	$\frac{9}{16}$	$\frac{3}{8}$	$\frac{1}{16}$	

由 $p_{11}=P(X=0,Y=0)=\frac{1}{4}\neq\frac{9}{16}\times\frac{9}{16}=p_{1\cdot}\cdot p_{\cdot 1}$ 得 X 与 Y 不独立.

题型 Ⅱ　利用独立性确定概率分布中的待定系数

例 3.2　设二维离散型随机变量 (X,Y) 联合分布列如表 3.2 所示.

表 3.2

X \ Y	1	2	3
1	$\frac{1}{6}$	$\frac{1}{9}$	$\frac{1}{18}$
2	$\frac{1}{3}$	α	β

问 α,β 为何值时，X 与 Y 相否独立？

解　由题设知 (X,Y) 关于 X 和 Y 的边缘分布分别如表 3.3 和表 3.4 所示.

表 3.3

X	1	2
$p_{i\cdot}$	$\frac{1}{3}$	$\alpha+\beta+\frac{1}{3}$

表 3.4

Y	1	2	3
$p_{\cdot j}$	$\frac{1}{2}$	$\alpha+\frac{1}{9}$	$\beta+\frac{1}{18}$

若 X 与 Y 相互独立，则必有 $p_{ij}=p_{i\cdot}\cdot p_{\cdot j}$ 成立，又因待定常数只有两个，故只需建立两个方程，且最好是建立仅含一个待定常数的方程，因此由

$$p_{12}=p_{1\cdot}\cdot p_{\cdot 2};\ p_{13}=p_{1\cdot}\cdot p_{\cdot 3}$$

得到

$$\begin{cases}\dfrac{1}{9}=\dfrac{1}{3}\left(\alpha+\dfrac{1}{9}\right),\\ \dfrac{1}{18}=\dfrac{1}{3}\left(\beta+\dfrac{1}{18}\right).\end{cases}$$

解之得 $\alpha=\dfrac{2}{9},\beta=\dfrac{1}{9}$. 易验证此时有

$$p_{ij}=p_{i\cdot}\cdot p_{\cdot j}\quad (i=1,2;j=1,2,3)$$

成立.即当 $\alpha = \dfrac{2}{9}, \beta = \dfrac{1}{9}$ 时,X 与 Y 相互独立.

题型Ⅲ 求二维连续型随机变量的边缘密度并判断两个分量的独立性

例 3.3 设二维随机变量 (X,Y) 的联合概率密度为
$$f(x,y) = \begin{cases} e^{-x-y}, & x \geqslant 0, y \geqslant 0; \\ 0, & \text{其他}. \end{cases}$$

(1) 求 (X,Y) 关于 X,Y 的边缘概率密度函数;(2) 判断 X 与 Y 是否独立;(3) 求 (X,Y) 的联合分布函数 $F(x,y)$.

解 (1) 由题设得到关于 X 的边缘概率密度函数为
$$f_X(x) = \int_{-\infty}^{+\infty} f(x,y)\,\mathrm{d}y = \begin{cases} \int_{-\infty}^{+\infty} 0\,\mathrm{d}y, & x < 0; \\ \int_{-\infty}^{0} 0\,\mathrm{d}y + \int_{0}^{+\infty} e^{-x-y}\,\mathrm{d}y, & x \geqslant 0 \end{cases}$$
$$= \begin{cases} 0, & x < 0; \\ -e^{-x}\left[e^{-y}\right]_0^{+\infty}, & x \geqslant 0 \end{cases} = \begin{cases} 0, & x < 0; \\ e^{-x}, & x \geqslant 0. \end{cases}$$

同理可求得关于 Y 的边缘概率密度函数为
$$f_Y(y) = \begin{cases} 0, & y < 0; \\ e^{-y}, & y \geqslant 0. \end{cases}$$

(2) 可验证 $f(x,y) = f_X(x)f_Y(y)$,故 X 与 Y 相互独立.

(3) 当 $x < 0$ 或 $y < 0$ 时,$f(u,v) = 0$,

故 $F(x,y) = \int_{-\infty}^{x}\int_{-\infty}^{y} f(u,v)\,\mathrm{d}u\,\mathrm{d}v = 0$;

当 $x \geqslant 0, y \geqslant 0$ 时,
$$F(x,y) = \int_0^x \int_0^y e^{-u-v}\,\mathrm{d}v\,\mathrm{d}u = \int_0^x e^{-u}\,\mathrm{d}u \int_0^y e^{-v}\,\mathrm{d}v$$
$$= (e^{-u}\big|_0^x)(e^{-v}\big|_0^y) = (1-e^{-x})(1-e^{-y}).$$

综上所述,(X,Y) 的联合分布函数为
$$F(x,y) = \begin{cases} (1-e^{-x})(1-e^{-y}), & x \geqslant 0, y \geqslant 0; \\ 0, & \text{其他}. \end{cases}$$

题型 Ⅳ 求二维连续型随机变量落入平面区域的概率

例 3.4 设二维随机变量 (X,Y) 的联合概率密度函数为

$$f(x,y) = \begin{cases} k(R - \sqrt{x^2+y^2}), & x^2+y^2 < R^2; \\ 0, & \text{其他.} \end{cases}$$

求 (1) 常数 k；(2) (X,Y) 落在圆域 $x^2+y^2 \leqslant a^2 (a<R)$ 内的概率.

解 (1) 由

$$1 = \int_{-\infty}^{+\infty}\int_{-\infty}^{+\infty} f(x,y)\,dxdy = \iint\limits_{x^2+y^2<R^2} k(R-\sqrt{x^2+y^2})\,dxdy$$

$$= \iint\limits_{x^2+y^2<R^2} kR\,dxdy - \iint\limits_{x^2+y^2<R^2} k\sqrt{x^2+y^2}\,dxdy$$

$$= \pi R^2 \cdot kR - k\int_0^R \int_0^{2\pi} r^2\,drd\theta = \frac{k\pi R^3}{3}.$$

得 $k = \dfrac{3}{\pi R^3}$.

(2) 由 $P((X,Y) \in D) = \iint\limits_D f(x,y)\,dxdy$ 可知，所求概率为

$$P((X,Y) \in D) = \iint\limits_{x^2+y^2 \leqslant a^2} \frac{3}{\pi R^3}(R-\sqrt{x^2+y^2})\,dxdy$$

$$= \frac{3}{\pi R^3} \iint\limits_{x^2+y^2 \leqslant a^2} R\,dxdy - \iint\limits_{x^2+y^2 \leqslant a^2} \sqrt{x^2+y^2}\,dxdy$$

$$= \frac{3}{\pi R^3}\left[\pi a^2 R - \int_0^a\int_0^{2\pi} r^2\,drd\theta\right]$$

$$= \frac{3a^2}{R^2} - \frac{2a^3}{R^3} = \frac{a^2(3R-2a)}{R^3}.$$

题型 Ⅴ 求二维连续型随机变量的分布函数

例 3.5 设二维随机变量 (X,Y) 的联合概率密度函数为

$$f(x,y) = \begin{cases} 2, & (x,y) \in D; \\ 0, & \text{其他.} \end{cases}$$

其中 D 是由 $x=0, y=0$ 及 $x+y=1$ 所围成的三角形区域，求 (X,Y) 的分布函数.

解 由于 $f(x,y)$ 是分区域给出，$F(x,y)$ 也需要分区域计算. 为

计算方便,将 $f(x,y)$ 的非零取值表示在图 3.1(a)中,过 $f(x,y)$ 取值非零的三角形各顶点(边界交点)分别作平行于 x 轴和 y 轴的直线,将平面分成七个区域:

(1) $x \leqslant 0$;

(2) $y \leqslant 0$;

(3) $0 \leqslant x < 1, 0 \leqslant y < 1, x+y \leqslant 1$;

(4) $0 < x \leqslant 1, 0 < y \leqslant 1, x+y > 1$;

(5) $x > 1, 0 \leqslant y \leqslant 1$;

(6) $0 \leqslant x < 1, y > 1$;

(7) $x > 1, y > 1$.

下面对上述七个区域分别求出 $F(x,y)$ 的表达式,为此需要在 $f(x,y)$ 取值非零的区域 D 与 $F(x,y)=\int_{-\infty}^{x}\int_{-\infty}^{y}f(u,v)\mathrm{d}u\mathrm{d}v$ 中的积分区域的交集上计算二重积分.

(1) $x \leqslant 0$[图 3.1(b)]

$$F(x,y) = \int_{-\infty}^{x}\int_{-\infty}^{y}f(u,v)\mathrm{d}u\mathrm{d}v = \int_{-\infty}^{x}\int_{-\infty}^{y}0\mathrm{d}u\mathrm{d}v = 0;$$

(2) $y \leqslant 0$[图 3.1(c)]

$$F(x,y) = \int_{-\infty}^{x}\int_{-\infty}^{y}f(u,v)\mathrm{d}u\mathrm{d}v = \int_{-\infty}^{x}\int_{-\infty}^{y}0\mathrm{d}u\mathrm{d}v = 0;$$

(3) $0 \leqslant x < 1, 0 \leqslant y < 1, x+y \leqslant 1$[图 3.1(d)]

$$F(x,y) = \int_{-\infty}^{x}\int_{-\infty}^{y}f(u,v)\mathrm{d}u\mathrm{d}v = \int_{0}^{x}\int_{0}^{y}2\mathrm{d}u\mathrm{d}v = 2xy;$$

(4) $0 < x \leqslant 1, 0 < y \leqslant 1, x+y > 1$[图 3.1(e)]

$$F(x,y) = \int_{-\infty}^{x}\int_{-\infty}^{y}f(u,v)\mathrm{d}u\mathrm{d}v = \int_{0}^{1-y}\mathrm{d}u\int_{0}^{y}2\mathrm{d}v + \int_{1-y}^{x}\mathrm{d}u\int_{0}^{1-u}2\mathrm{d}v$$

$$= 2(1-y)y + \int_{1-y}^{x}2(1-u)\mathrm{d}u = 2(1-y)y - (1-x)^2 + y^2$$

$$= 1 - (1-x)^2 - (1-y)^2;$$

(5) $x > 1, 0 \leqslant y \leqslant 1$[图 3.1(f)]

$$F(x,y) = \int_{-\infty}^{x}\int_{-\infty}^{y}f(u,v)\mathrm{d}u\mathrm{d}v = \int_{0}^{y}\mathrm{d}v\int_{0}^{1-v}2\mathrm{d}u$$

$$= \int_0^y 2(1-v)\mathrm{d}v = 1-(1-y)^2;$$

(6) $0 \leqslant x < 1, y > 1$ [图 3.1(g)]

$$F(x,y) = \int_{-\infty}^x \int_{-\infty}^y f(u,v)\mathrm{d}u\mathrm{d}v = \int_0^x \mathrm{d}u \int_0^{1-u} 2\mathrm{d}v = 1-(1-x)^2;$$

(7) $x > 1, y > 1$ [图 3.1(h)]

$$F(x,y) = \int_{-\infty}^x \int_{-\infty}^y f(u,v)\mathrm{d}u\mathrm{d}v = \int_0^1 \mathrm{d}u \int_0^{1-u} 2\mathrm{d}v = 1.$$

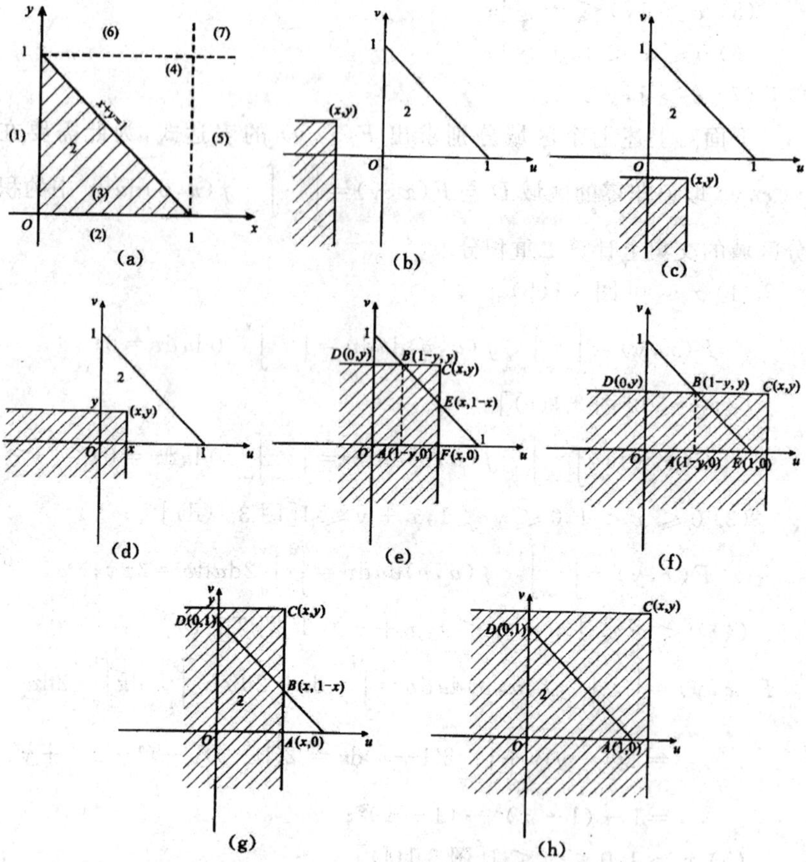

图 3.1

即 (X,Y) 的分布函数为

$$F(x,y) = \begin{cases} 0, & x \leqslant 0 \text{ 或 } y \leqslant 0; \\ 2xy, & 0 \leqslant x < 1, 0 \leqslant y < 1, x+y \leqslant 1; \\ 1-(1-x)^2-(1-y)^2, & 0 < x \leqslant 1, 0 < y \leqslant 1, x+y > 1; \\ 1-(1-y)^2, & x > 1, 0 \leqslant y \leqslant 1; \\ 1-(1-x)^2, & y > 1, 0 \leqslant x \leqslant 1; \\ 1, & x > 1, y > 1. \end{cases}$$

题型 Ⅵ 讨论常见的二维连续型随机变量的概率分布问题及二维随机变量的条件分布问题

例 3.6 设二维随机变量 (X,Y) 的联合概率密度函数为

$$f(x,y) = \frac{1}{2\pi \times 5^2} e^{-\frac{1}{2}\left(\frac{x^2}{5^2}+\frac{y^2}{5^2}\right)} \quad (-\infty < x < +\infty).$$

讨论 X, Y 是否独立.

解 由题设知

$$(X,Y) \sim N(0,0,5^2,5^2,0),$$

其中 $\rho = 0$, 而 X 与 Y 相互独立的充分必要条件为 $\rho = 0$, 故 X 与 Y 相互独立.

题型 Ⅶ 求二维随机变量的条件分布问题

例 3.7 将某一制药公司 8 月份和 9 月份收到的青霉素针剂的订货单数分别记为 X 和 Y. 据以往的资料知 X 和 Y 的联合分布律如表 3.5 所示.

表 3.5

X Y	51	52	53	54	55
51	0.06	0.05	0.05	0.01	0.01
52	0.07	0.05	0.01	0.01	0.01
53	0.05	0.10	0.10	0.05	0.05
54	0.05	0.02	0.01	0.01	0.03
55	0.05	0.06	0.05	0.01	0.03

(1) 求边缘分布律;

(2) 求 8 月份的订单数为 51 时, 9 月份订单数的条件分布律.

解 (1) X 的边缘分布律如表 3.6 所示.

表 3.6

X	51	52	53	54	55
$p_{i\cdot}$	0.28	0.28	0.22	0.09	0.13

Y 的边缘分布律如表 3.7 所示.

表 3.7

Y	51	52	53	54	55
$p_{\cdot j}$	0.18	0.15	0.35	0.12	0.20

(2) $P(Y=k|X=51)=\dfrac{P(X=51,Y=k)}{P(X=51)}$,故条件分布律如表 3.8 所示.

表 3.8

$Y=k$	51	52	53	54	55
$P(Y=k\mid X=51)$	0.18	0.15	0.35	0.12	0.20

例 3.8 设二维随机变量 (X,Y) 在圆域 $D=\{(x,y)|x^2+y^2\leqslant 1\}$ 上服从均匀分布,求其条件概率密度函数.

解 由题设知

$$(X,Y)\sim f(x,y)=\begin{cases}\dfrac{1}{\pi}, & x^2+y^2\leqslant 1;\\ 0, & \text{其他}.\end{cases}$$

又 (X,Y) 关于 X 的边缘概率密度为

$$f_X(x)=\int_{-\infty}^{+\infty}f(x,y)\mathrm{d}y=\begin{cases}\int_{-\sqrt{1-x^2}}^{\sqrt{1-x^2}}\dfrac{1}{\pi}\mathrm{d}y, & -1\leqslant x\leqslant 1;\\ 0, & \text{其他}\end{cases}$$

$$=\begin{cases}\dfrac{2}{\pi}\sqrt{1-x^2}, & -1\leqslant x\leqslant 1;\\ 0, & \text{其他}.\end{cases}$$

同理可求得 (X,Y) 关于 Y 的边缘概率密度为

$$f_Y(y)=\int_{-\infty}^{+\infty}f(x,y)\mathrm{d}y=\begin{cases}\int_{-\sqrt{1-y^2}}^{\sqrt{1-y^2}}\dfrac{1}{\pi}\mathrm{d}x, & -1\leqslant y\leqslant 1;\\ 0, & \text{其他}\end{cases}$$

$$= \begin{cases} \dfrac{2}{\pi}\sqrt{1-y^2}, & -1 \leqslant y \leqslant 1; \\ 0, & \text{其他}. \end{cases}$$

故当 $-1 \leqslant y \leqslant 1$ 时,在 $Y=y$ 条件下 X 的条件概率密度函数为

$$f_{X|Y}(x|y) = \dfrac{f(x,y)}{f_Y(y)} = \begin{cases} \dfrac{1}{2\sqrt{1-y^2}}, & |x| \leqslant \sqrt{1-y^2}; \\ 0, & \text{其他}. \end{cases}$$

当 $-1 \leqslant x \leqslant 1$ 时,在 $X=x$ 条件下 Y 的条件概率密度函数为

$$f_{Y|X}(y|x) = \dfrac{f(x,y)}{f_X(x)} = \begin{cases} \dfrac{1}{2\sqrt{1-x^2}}, & |y| \leqslant \sqrt{1-x^2}; \\ 0, & \text{其他}. \end{cases}$$

题型 Ⅷ 求二维随机变量函数的分布

例 3.9 设二维随机变量 (X,Y) 的联合概率密度函数为

$$f(x,y) = \begin{cases} 1, & 0 < x < 1, 0 < y < 2-2x; \\ 0, & \text{其他}. \end{cases}$$

求 $Z = X+Y$ 的概率密度函数.

解 方法一:由题设知 $Z = X+Y$ 的概率密度函数为

$$f_z(z) = \int_{-\infty}^{+\infty} f(x, z-x) \, \mathrm{d}x.$$

又 $f(x, z-x)$ 中的自变量必须满足:

$$\begin{cases} 0 < x < 1, \\ 0 < z-x < 2-2x, \end{cases} \quad \text{即} \quad \begin{cases} 0 < x < 1, \\ x < z < 2-x. \end{cases}$$

如图 3.2 阴影部分所示时,有 $f(x, z-x) = 1$,否则 $f(x, z-x) = 0$. 因此有

$$f_z(z) = \begin{cases} 0, & z < 0; \\ \int_0^z 1 \mathrm{d}x, & 0 \leqslant z < 1; \\ \int_0^{2-z} 1 \mathrm{d}x, & 1 \leqslant z < 2; \\ 0, & z \geqslant 2. \end{cases}$$

整理得到

$$f_z(z) = \begin{cases} z, & 0 \leqslant z < 1; \\ 2-z, & 1 \leqslant z < 2; \\ 0, & 其他. \end{cases}$$

方法二：先求 z 的分布函数

$$F_z(z) = P(X+Y \leqslant z) = \iint\limits_{x+y \leqslant z} f(x,y) \mathrm{d}x \mathrm{d}y,$$

如图 3.3 所示.

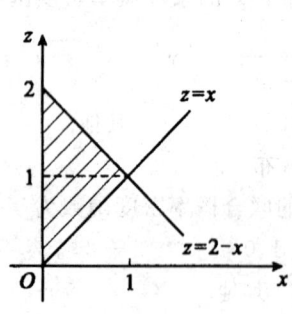
图 3.2

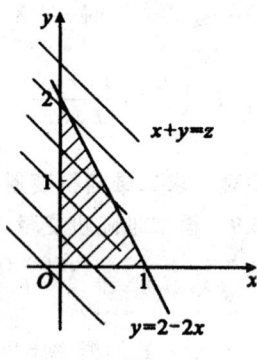
图 3.3

(1) 当 $z < 0$ 时, $F_z(z) = 0$;

(2) 当 $0 \leqslant z \leqslant 1$ 时, $F_z(z) = \int_0^z \mathrm{d}y \int_0^{z-y} 1 \mathrm{d}x = \dfrac{z^2}{2}$;

(3) 当 $1 \leqslant z < 2$ 时,

$$F_z(z) = \int_0^{2-z} \mathrm{d}x \int_0^{z-x} \mathrm{d}y + \int_{2-z}^1 \mathrm{d}x \int_0^{2-2x} \mathrm{d}y = -\dfrac{z^2}{2} + 2z - 1;$$

(4) 当 $z \geqslant 2$ 时, $F_z(z) = 1$.

故

$$f_z(z) = \begin{cases} 0, & z < 0; \\ \dfrac{z^2}{2}, & 0 \leqslant z < 1; \\ -\dfrac{z^2}{2} + 2z - 1, & 1 \leqslant z < 2; \\ 1, & z \geqslant 2. \end{cases}$$

因此 $Z = X + Y$ 的概率密度函数为

$$f_z(z) = \begin{cases} z, & 0 \leqslant z < 1; \\ 2-z, & 1 \leqslant z < 2; \\ 0, & 其他. \end{cases}$$

例 3.10 某电子仪器由四个相互独立的电子部件 L_{ij} 组成,组成方式如图 3.4 所示,已知每个电子部件的使用寿命 $X_{ij}(i,j=1,2)$ 都服从参数为 λ 的指数分布,求电子仪器的使用寿命 Z 的概率密度函数.

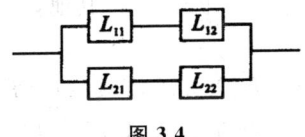

图 3.4

解 由于 $X_{ij}(i,j=1,2)$ 都服从参数为 λ 的指数分布,故其分布函数为

$$F_{X_{ij}}(x) = \begin{cases} 1 - e^{-\lambda x}, & x > 0; \\ 0, & x \leqslant 0. \end{cases}$$

下面先求两个串联组的使用寿命 $Y_i(i=1,2)$ 的分布函数,因为在串联时,只要 L_{i_1}, L_{i_2} 中任何一个部件损坏,其串联组就停止工作,故第 i 个串联组的使用寿命为 $Y_i = \min(X_{i_1}, X_{i_2})(i=1,2)$,其分布函数为

$$F_{Y_i}(y) = 1 - [1 - F_{X_{i_1}}(y)][1 - F_{X_{i_2}}(y)] = \begin{cases} 1 - e^{-2\lambda y}, & y > 0; \\ 0, & y \leqslant 0. \end{cases}$$

由于并联时只有当两个串联组都损坏时,仪器才停止工作,所以电子仪器的使用寿命为

$$Z = \max(Y_1, Y_2),$$

而其分布函数为

$$F_Z(z) = F_{Y_1}(z) F_{Y_2}(z) = \begin{cases} (1 - e^{-2\lambda z})^2, & z > 0; \\ 0, & z \leqslant 0. \end{cases}$$

于是 Z 的概率密度函数为

$$f_Z(z) = F_Z'(z) = \begin{cases} 4\lambda e^{-2\lambda z}(1 - e^{-2\lambda z}), & z > 0; \\ 0, & z \leqslant 0. \end{cases}$$

四、考研真题

1.(2006 年数学三) 设随机变量 X 与 Y 相互独立,且服从 $[0,3]$ 上的均匀分布,则 $P\{\max(X,Y) \leqslant 1\} = $ _____ .

解 随机变量 X,Y 的概率密度函数为

$$f(x) = \begin{cases} \dfrac{1}{3}, & x \in [0,3]; \\ 0, & \text{其他}, \end{cases}$$

而

$$P\{\max(X,Y) \leqslant 1\} = P(X \leqslant 1, Y \leqslant 1) = P(X \leqslant 1)P(Y \leqslant 1)$$
$$= \int_0^1 \frac{1}{3} \mathrm{d}x \int_0^1 \frac{1}{3} \mathrm{d}y = \frac{1}{9}.$$

2.(2006 年数学三) 设随机变量 X 的概率密度函数为

$$f(x) = \begin{cases} \dfrac{1}{2}, & -1 < x < 0; \\ \dfrac{1}{4}, & 0 < x < 2; \\ 0, & \text{其他}. \end{cases}$$

令 $Y = X^2$, $F(x,y)$ 为二维随机变量 (X,Y) 的分布函数,求:

(1) Y 的概率密度函数 $f_Y(y)$;

(2) $F\left(-\dfrac{1}{2}, 4\right)$;

(3) $\mathrm{Cov}(X,Y)$.

解 (1) Y 的分布函数为 $F_Y(y) = P(Y \leqslant y) = P(X^2 \leqslant y)$,故
当 $y < 0$ 时,$F_Y(y) = 0$;
当 $0 \leqslant y < 1$ 时,有 $F_Y(y) = P(X^2 \leqslant y) = P(-\sqrt{y} \leqslant X \leqslant \sqrt{y})$
$$= \int_{-\sqrt{y}}^0 \frac{1}{2} \mathrm{d}x + \int_0^{\sqrt{y}} \frac{1}{4} \mathrm{d}x = \frac{3}{4}\sqrt{y};$$

当 $1 \leqslant y < 4$ 时,有 $F_Y(y) = P(X^2 \leqslant y) = P(-\sqrt{y} \leqslant X \leqslant \sqrt{y})$
$$= \int_{-1}^0 \frac{1}{2} \mathrm{d}x + \int_0^{\sqrt{y}} \frac{1}{4} \mathrm{d}x = \frac{1}{2} + \frac{1}{4}\sqrt{y};$$

当 $y \geqslant 4$ 时,有 $F_Y(y) = P(X^2 \leqslant y) = P(-\sqrt{y} \leqslant X \leqslant \sqrt{y}) = 1$.
即 Y 的分布函数为

$$F_Y(y) = \begin{cases} 0, & y < 0; \\ \dfrac{3}{4}\sqrt{y}, & 0 \leqslant y < 1; \\ \dfrac{1}{2} + \dfrac{1}{4}\sqrt{y}, & 1 \leqslant y < 4; \\ 1, & y \geqslant 4. \end{cases}$$

故 Y 的概率密度函数为

$$f_Y(y) = F'_Y(y) \begin{cases} \dfrac{3}{8\sqrt{y}}, & 0 < y < 1; \\ \dfrac{1}{8\sqrt{y}}, & 1 \leqslant y < 4; \\ 0, & 其他. \end{cases}$$

(2) $F\left(-\dfrac{1}{2}, 4\right) = P\left(X \leqslant -\dfrac{1}{2}, Y \leqslant 4\right) = P\left(X \leqslant -\dfrac{1}{2}, X^2 \leqslant 4\right)$

$= P\left(X \leqslant -\dfrac{1}{2}, -2 \leqslant X \leqslant 2\right) = P\left(-2 \leqslant X \leqslant -\dfrac{1}{2}\right)$

$= \displaystyle\int_{-2}^{-1} 0 \mathrm{d}x + \int_{-1}^{-\frac{1}{2}} \dfrac{1}{2} \mathrm{d}x = \dfrac{1}{4}$.

(3) $\mathrm{Cov}(X, Y) = E(XY) - E(X)E(Y) = E(X^3) - E(X)E(X^2)$,

而

$EX = \displaystyle\int_{-\infty}^{+\infty} x f_X(x) \mathrm{d}x = \int_{-1}^{0} \dfrac{x}{2} \mathrm{d}x + \int_{0}^{2} \dfrac{x}{4} \mathrm{d}x = \dfrac{1}{4}$;

$EX^2 = \displaystyle\int_{-\infty}^{+\infty} x^2 f_X(x) \mathrm{d}x = \int_{-1}^{0} \dfrac{x^2}{2} \mathrm{d}x + \int_{0}^{2} \dfrac{x^2}{4} \mathrm{d}x = \dfrac{5}{6}$;

$EX^3 = \displaystyle\int_{-\infty}^{+\infty} x^3 f_X(x) \mathrm{d}x = \int_{-1}^{0} \dfrac{x^3}{2} \mathrm{d}x + \int_{0}^{2} \dfrac{x^3}{4} \mathrm{d}x = \dfrac{7}{8}$;

故 $\mathrm{Cov}(X, Y) = E(X^3) - E(X)E(X^2) = \dfrac{2}{3}$.

3.(2008 年数学三) 设随机变量 X 和 Y 相互独立且同分布,X 的

分布函数为 $F(x)$，则 $Z = \max\{X, Y\}$ 的分布函数为（　　）.

(A) $F^2(z)$ (B) $F(x)F(y)$

(C) $1 - [1 - F(x)]^2$ (D) $[1 - F(x)][1 - F(y)]$

解 $Z = \max\{X, Y\}$ 的分布函数为

$$F(z) = P(\max\{X, Y\} \leqslant z)$$
$$= P(X \leqslant z, Y \leqslant z) = P(X \leqslant z)P(Y \leqslant z) = F^2(z).$$

故应选(A).

4.(2008年数学三) 设随机变量 X 和 Y 相互独立，X 的概率分布为 $P(X = i) = \dfrac{1}{3}(i = -1, 0, 1)$，$Y$ 的概率密度为

$$f_Y(y) = \begin{cases} 1, & 0 \leqslant y < 1; \\ 0, & 其他. \end{cases}$$

记 $Z = X + Y$，求：

(1) $P(Z \leqslant \dfrac{1}{2} \mid X = 0)$；

(2) Z 的概率密度函数.

解 (1) $P(Z \leqslant \dfrac{1}{2} \mid X = 0) = \dfrac{P(Z \leqslant \dfrac{1}{2}, X = 0)}{P(X = 0)} = \dfrac{P(X + Y \leqslant \dfrac{1}{2}, X = 0)}{P(X = 0)}$

$= \dfrac{P(Y \leqslant \dfrac{1}{2})P(X = 0)}{P(X = 0)} = \int_0^{\frac{1}{2}} 1 \mathrm{d}y = \dfrac{1}{2}.$

(2) 设 Z 的分布函数为 $F(z)$，则

当 $z < -1$ 时，$F(z) = 0$；

当 $-1 \leqslant z \leqslant 2$ 时，有

$$F(z) = P(Z \leqslant z) = P(X + Y \leqslant z)$$
$$= P(X + Y \leqslant z \mid X = -1) \cdot P(X = -1)$$
$$+ P(X + Y \leqslant z \mid X = 0) \cdot P(X = 0)$$
$$+ P(X + Y \leqslant z \mid X = 1) \cdot P(X = 1)$$
$$= \dfrac{1}{3}[P(Y \leqslant z + 1) + P(Y \leqslant z) + P(Y \leqslant z - 1)]$$

$$= \frac{1}{3}[F_Y(z+1) + F_Y(z) + F_Y(z-1)].$$

所以 Z 的概率密度函数为

$$f(z) = F'(z) = \frac{1}{3}[f_Y(z+1) + f_Y(z) + f_Y(z-1)]$$

$$= \begin{cases} \frac{1}{3}, & -1 \leqslant z \leqslant 2; \\ 0, & \text{其他.} \end{cases}$$

5.(2009 年数学三) 袋中有一个红色球,两个黑色球,三个白色球,现有放回地从袋中取两次,每次取一球,以 X,Y,Z 分别表示两次取出的红色、黑色、白色球的个数. 求(1) $P(X=1|Z=0)$;(2)求二维随机变量 (X,Y) 的概率分布.

解 事件"$X=1|Z=0$"表示"在没有取到白色球的情况下,取到一次红色球",利用缩减的样本空间,相当于"只有 1 个红色球,2 个黑色球有放回地取两次,其中取到 1 个红色球",所以

(1) $P(X=1|Z=0) = \dfrac{2C_2^1}{3^2} = \dfrac{4}{9}.$

(2) X,Y 的取值范围为 $0,1,2$,故

$$P(X=0, Y=0) = \frac{C_3^1 \times C_3^1}{6^2} = \frac{1}{4},$$

$$P(X=1, Y=0) = \frac{C_2^1 \times C_3^1}{6^2} = \frac{1}{6};$$

$$P(X=2, Y=0) = \frac{1}{6^2} = \frac{1}{36},$$

$$P(X=0, Y=1) = \frac{C_2^1 \times C_2^1 \times C_3^1}{6^2} = \frac{1}{3};$$

$$P(X=1, Y=1) = \frac{C_2^1 \times C_2^1}{6^2} = \frac{1}{9},$$

$$P(X=2, Y=1) = 0;$$

$$P(X=0, Y=2) = \frac{C_2^1 \times C_2^1}{6^2} = \frac{1}{9},$$

$P(X=1,Y=2)=P(X=2,Y=2)=0.$

即二维随机变量 (X,Y) 的联合概率分布列如表 3.9 所示.

表 3.9

X \ Y	0	1	2
0	$\frac{1}{4}$	$\frac{1}{3}$	$\frac{1}{9}$
1	$\frac{1}{6}$	$\frac{1}{9}$	0
2	$\frac{1}{36}$	0	0

6.(2009 年数学三)设二维随机变量 (X,Y) 的概率密度为

$$f(x,y)=\begin{cases} e^{-x}, & 0<y<x; \\ 0, & 其他. \end{cases}$$

求(1)条件概率密度函数 $f_{Y|X}(y|x)$;

(2)条件概率 $P(X\leqslant 1|Y\leqslant 1).$

解 (1)由题设知 (X,Y) 关于 X 的边缘概率密度函数为

$$f_X(x)=\int_{-\infty}^{+\infty}f(x,y)\mathrm{d}y=\begin{cases} \int_0^x e^{-x}\mathrm{d}y, & x>0; \\ 0, & x<0 \end{cases}=\begin{cases} xe^{-x}, & x>0; \\ 0, & x<0. \end{cases}$$

故其条件概率密度函数为

$$f_{Y|X}(y|x)=\frac{f(x,y)}{f_X(x)}=\begin{cases} \dfrac{1}{x}, & 0<y<x; \\ 0, & 其他. \end{cases}$$

(2)条件概率 $P(X\leqslant 1|Y\leqslant 1)=\dfrac{P(X\leqslant 1,Y\leqslant 1)}{P(Y\leqslant 1)}$,而

$$P(X\leqslant 1,Y\leqslant 1)=\iint\limits_{\substack{x\leqslant 1 \\ y\leqslant 1}}f(x,y)\mathrm{d}x\mathrm{d}y=\int_0^1\mathrm{d}x\int_0^x e^{-x}\mathrm{d}y$$

$$=\int_0^1 xe^{-x}\mathrm{d}x=1-2e^{-1}.$$

又 (X,Y) 关于 Y 的边缘概率密度函数为

$$f_Y(x) = \int_{-\infty}^{+\infty} f(x,y)\mathrm{d}x = \begin{cases} \int_y^{+\infty} \mathrm{e}^{-x}\mathrm{d}x \\ 0 \end{cases} = \begin{cases} \mathrm{e}^{-y}, & y > 0; \\ 0, & y < 0. \end{cases}$$

即 Y 服从参数为 1 的指数分布,故 $P(Y \leqslant 1) = F(1) = 1 - \mathrm{e}^{-1}$.

于是 $P(X \leqslant 1 \mid Y \leqslant 1) = \dfrac{1 - 2\mathrm{e}^{-1}}{1 - \mathrm{e}^{-1}} = \dfrac{\mathrm{e} - 2}{\mathrm{e} - 1}$.

7.(2009 年数学三) 设随机变量 X 与 Y 相互独立,且 X 服从标准正态分布 $N(0,1)$,Y 的概率分布为 $P(Y=0) = P(Y=1) = \dfrac{1}{2}$,记 $F_Z(z)$ 为随机变量 $Z = XY$ 的分布函数,则 $F_Z(z)$ 的间断点个数为( ).

(A) 0   (B) 1   (C) 3   (D) 4

解 $F_Z(z) = P(XY \leqslant z) = P(XY \leqslant z \mid Y=0) \cdot P(Y=0)$
$\qquad\qquad + P(XY \leqslant z \mid Y=1) \cdot P(Y=1)$
$\qquad = \dfrac{1}{2}[P(XY \leqslant z \mid Y=0) + P(XY \leqslant z \mid Y=1)]$
$\qquad = \dfrac{1}{2}[P(0 \leqslant z) + P(X \leqslant z)]$.

当 $z < 0$ 时,$F_Z(z) = 0 + \dfrac{1}{2}P(X \leqslant z) = \dfrac{1}{2}\Phi(z)$.

当 $z \geqslant 0$ 时,$F_Z(z) = \dfrac{1}{2} + \dfrac{1}{2}P(X \leqslant z) = \dfrac{1}{2} + \dfrac{1}{2}\Phi(z)$.

所以 $z = 0$ 为 $F_Z(z)$ 的间断点,因而选(B).

8.(2011 年数学一) 设随机变量的概率分布分别如表 3.10 和表 3.11 所示.

表 3.10

X	0	1
p_k	$\dfrac{1}{3}$	$\dfrac{2}{3}$

表 3.11

Y	-1	0	1
p_k	$\dfrac{1}{3}$	$\dfrac{1}{3}$	$\dfrac{1}{3}$

且 $P(X^2 = Y^2) = 1$.

(1) 求二维随机变量 (X, Y) 的概率分布;

(2) 求 $Z = XY$ 的概率分布;

(3) 求 X 与 Y 的相关系数 ρ_{XY}.

解 (1) 由 $P(X^2 = Y^2) = 1$, 则 $P(X^2 \neq Y^2) = 0$. 即
$P(X=0, Y=1) = P(X=0, Y=-1) = P(X=1, Y=0) = 0$;
$P(X=1, Y=1) = P(X=0, Y=0) = P(X=1, Y=-1) = \dfrac{1}{3}$.

故二维随机变量 (X, Y) 的联合概率分布列如表 3.12 所示.

表 3.12

X \ Y	-1	0	1	$p_i.$
0	0	$\dfrac{1}{3}$	0	$\dfrac{1}{3}$
1	$\dfrac{1}{3}$	0	$\dfrac{1}{3}$	$\dfrac{2}{3}$
$p._j$	$\dfrac{1}{3}$	$\dfrac{1}{3}$	$\dfrac{1}{3}$	

(2) $Z = XY$ 的取值为 $-1, 0, 1$, 则

$$P(XY = -1) = P(X=1, Y=-1) = \dfrac{1}{3};$$

$P(XY = 0) = P(X=0, Y=0) + P(X=0, Y=1)$
$$+ P(X=0, Y=-1) + P(X=1, Y=0) = \dfrac{1}{3};$$

$$P(XY = 1) = P(X=1, Y=1) = \dfrac{1}{3}.$$

所以 $Z = XY$ 的概率分布如表 3.13 所示.

表 3.13

Z	-1	0	1
p_k	$\dfrac{1}{3}$	$\dfrac{1}{3}$	$\dfrac{1}{3}$

(3) $E(X) = \dfrac{2}{3}, E(Y) = 0, E(XY) = 0, \text{Cov}(X, Y) = 0, \rho_{XY} = 0$.

第三章 多维随机变量及其分布

9.(2011年数学三)随机变量(X,Y)在G上服从均匀分布,G由$x-y=0, x+y=2$与$y=0$围成.

(1)求二维随机变量(X,Y)的边缘概率密度函数$f_X(x)$;
(2)求$f_{X|Y}(x|y)$.

解 (1)区域G的面积为S,则$S=\dfrac{1}{2}\times 2\times 1=1$,从而$(X,Y)$的联合概率密度为

$$f(x,y)=\begin{cases}1, & (x,y)\in G;\\ 0, & (x,y)\notin G.\end{cases}$$

(X,Y)关于X的边缘概率密度函数为

$$f_X(x)=\int_{-\infty}^{+\infty}f(x,y)\mathrm{d}y=\begin{cases}\int_0^x 1\mathrm{d}y=x, & 0<x<1;\\ \int_0^{2-x}1\mathrm{d}y=2-x, & 1\leqslant x<2;\\ 0, & 其他.\end{cases}$$

即为

$$f_Y(x)=\begin{cases}x, & 0<x<1;\\ 2-x, & 1\leqslant x<2;\\ 0, & 其他.\end{cases}$$

(2)(X,Y)关于Y的边缘概率密度函数为

$$f_Y(y)=\int_{-\infty}^{+\infty}f(x,y)\mathrm{d}x=\begin{cases}\int_y^{2-y}1\mathrm{d}y=2-2y, & 0<y<1;\\ 0, & 其他.\end{cases}$$

故所求为

$$f_{X|Y}(x|y)=\dfrac{f(x,y)}{f_Y(y)}=\begin{cases}\dfrac{1}{2-2y}, & (x,y)\in G;\\ 0, & (x,y)\notin G.\end{cases}$$

10.(2012年数学一)设随机变量X与Y相互独立,且分别服从参数为1与参数为4的指数分布,则$P(X<Y)=(\quad)$.

(A) $\dfrac{1}{20}$ (B) $\dfrac{1}{5}$ (C) $\dfrac{2}{5}$ (D) $\dfrac{4}{5}$

解 由题设知(X,Y)的联合概率密度函数为

$$f(x,y) = \begin{cases} e^{-x-4y}, & x \geqslant 0, y \geqslant 0; \\ 0, & 其他. \end{cases}$$

则

$$P(X<Y) = \iint\limits_{x<y} f(x,y)\mathrm{d}x\mathrm{d}y = \int_0^{+\infty}\int_0^y e^{-x-4y}\mathrm{d}x\mathrm{d}y$$
$$= \int_0^{+\infty}(1-e^{-y})e^{-4y}\mathrm{d}y = \frac{1}{20}.$$

故选(A).

11.(2012年数学一)设二维随机变量(X,Y)的联合概率分布列如表 3.14 所示.

表 3.14

X\Y	0	1	2
0	$\frac{1}{4}$	0	$\frac{1}{4}$
1	0	$\frac{1}{3}$	0
2	$\frac{1}{12}$	0	$\frac{1}{12}$

(1)求$P(X=2Y)$;

(2)求$\text{Cov}(X-Y,Y)$与ρ_{XY}.

解 $P(X=2Y) = P(X=0,Y=0) + P(X=2,Y=1)$
$$= \frac{1}{4} + 0 = \frac{1}{4}.$$

(2)由于
$$\text{Cov}(X-Y,Y) = \text{Cov}(X,Y) - \text{Cov}(Y,Y),$$
$$\text{Cov}(X,Y) = E(XY) - E(X)E(Y), \text{Cov}(Y,Y) = D(Y).$$

又由题设知X,Y,XY的概率分布列分别如表 3.15、表 3.16、表 3.17 所示.

表 3.15

X	0	1	2
p_i.	$\frac{1}{2}$	$\frac{1}{3}$	$\frac{1}{6}$

表 3.16

Y	0	1	2
$p_{\cdot j}$	$\dfrac{1}{3}$	$\dfrac{1}{3}$	$\dfrac{1}{3}$

表 3.17

XY	0	1	2	4
(X,Y)	(0,0) (0,1) (0,2) (1,0) (2,0)	(1,1) (2,1)	(1,2)	(2,2)
p_k	$\dfrac{7}{12}$	$\dfrac{1}{3}$	0	$\dfrac{1}{12}$

故

$$E(X)=\frac{2}{3},\ E(X^2)=1,\ E(Y)=1,\ E(Y^2)=\frac{5}{3},$$

$$D(Y)=E(Y^2)-[E(Y)]^2=\frac{2}{3},$$

$$E(XY)=\frac{2}{3}.$$

所以

$$\mathrm{Cov}(X,Y)=E(XY)-E(X)E(Y)=0,$$

$$\mathrm{Cov}(Y,Y)=D(Y)=\frac{2}{3},$$

$$\mathrm{Cov}(X-Y,Y)=-\frac{2}{3},$$

$$\rho_{XY}=0.$$

12.(2012 年数学三)设随机变量 X 与 Y 相互独立,且均服从参数为 1 的指数分布,$V=\min(X,Y)$,$U=\max(X,Y)$,求(1)随机变量 V 的概率密度函数;(2) $E(U+V)$.

解 (1)由题设知 X 的分布函数为

$$F(x)=\begin{cases} 1-\mathrm{e}^{-x}, & x\geqslant 0;\\ 0, & \text{其他}.\end{cases}$$

则由 $V = \min(X, Y)$ 知 V 的分布函数为
$$\begin{aligned}F_V(v) &= P(V \leqslant v) = P(\min(X, Y) \leqslant v) \\ &= 1 - P(\min(X, Y) > v) = 1 - P(X > v, Y > v) \\ &= 1 - P(X > v)P(Y > v) = 1 - [1 - F(v)]^2 \\ &= \begin{cases} 1 - e^{-2v}, & v \geqslant 0; \\ 0, & \text{其他}. \end{cases}\end{aligned}$$

故随机变量 V 的概率密度函数为
$$f_V(v) = F'_V(v) = \begin{cases} 2e^{-2v}, & v \geqslant 0; \\ 0, & \text{其他}. \end{cases}$$

(2) 由 $U = \max(X, Y)$ 知 U 的分布函数为
$$\begin{aligned}F_U(u) &= P(U \leqslant u) = P(\max(X, Y) \leqslant u) = P(X \leqslant u, Y \leqslant u) \\ &= P(X \leqslant u)P(Y \leqslant u) = [F(u)]^2 \\ &= \begin{cases} (1 - e^{-u})^2, & u \geqslant 0; \\ 0, & \text{其他}. \end{cases}\end{aligned}$$

故随机变量 V 的概率密度函数为
$$f_U(u) = F'_U(u) = \begin{cases} 2(1 - e^{-u})e^{-u}, & u \geqslant 0; \\ 0, & \text{其他}. \end{cases}$$

因此
$$E(U) = \int_0^{+\infty} u 2(1 - e^{-u})e^{-u} du = \frac{3}{2},$$
$$E(V) = \int_0^{+\infty} v 2e^{-2v} dv = \frac{1}{2},$$
$$E(U + V) = E(U) + E(V) = 2.$$

13. (2013 年数学三) 设随机变量 X 和 Y 相互独立, 且 X 和 Y 的概率分布分别如表 3.18 和表 3.19 所示.

表 3.18

X	0	1	2	3
p_i	$\dfrac{1}{2}$	$\dfrac{1}{4}$	$\dfrac{1}{8}$	$\dfrac{1}{8}$

表 3.19

Y	-1	0	1
p_j	$\dfrac{1}{3}$	$\dfrac{1}{3}$	$\dfrac{1}{3}$

则 $P(X+Y=2) = ($ $)$.

(A) $\dfrac{1}{12}$ (B) $\dfrac{1}{8}$ (C) $\dfrac{1}{6}$ (D) $\dfrac{1}{2}$

解
$$P(X+Y=2) = P(X=1,Y=1) + P(X=2,Y=0)$$
$$+ P(X=3,Y=-1)$$
$$= P(X=1)P(Y=1) + P(X=2)P(Y=0)$$
$$+ P(X=3)P(Y=-1)$$
$$= \frac{1}{4} \times \frac{1}{3} + \frac{1}{8} \times \frac{1}{3} + \frac{1}{8} \times \frac{1}{3} = \frac{1}{6}.$$

故选(C).

14.(2015 年数学一)设二维随机变量 (X,Y) 服从正态分布 $N(1,0,1,1,0)$,则 $P(XY-Y<0) = $ _____.

解 由题设知 $X \sim N(1,1), Y \sim N(0,1)$,而且 X、Y 相互独立,从而
$$P(XY-Y<0) = P((X-1)Y<0)$$
$$= P(X-1>0,Y<0) + P(X-1<0,Y>0)$$
$$= P(X>1)P(Y<0) + P(X<1)P(Y>0)$$
$$= \frac{1}{2} \times \frac{1}{2} + \frac{1}{2} \times \frac{1}{2} = \frac{1}{2}.$$

五、习题精解

(一)填空题

1.设 (X,Y) 的联合分布律如表 3.20 所示.

表 3.20

X \ Y	1	2
1	0.1	0.2
2	0.2	0.5

则 $P(0<X\leqslant 3,1<Y\leqslant 4)=$ ＿＿＿＿．

解
$$P(0<X\leqslant 3,1<Y\leqslant 4)=P(X=1,Y=2)+P(X=2,Y=2)$$
$$=0.2+0.5=0.7.$$

2.箱子里装有 12 只开关,其中 2 只次品,无放回抽取两次,每次取一只,记 0 表示抽取到正品,1 表示抽取到次品,则抽取结果 (X,Y) 的联合分布律为＿＿＿＿．

解

表 3.21

X \ Y	0	1
0	$\dfrac{10}{12}\cdot\dfrac{9}{11}$	$\dfrac{10}{12}\cdot\dfrac{2}{11}$
1	$\dfrac{2}{12}\cdot\dfrac{10}{11}$	$\dfrac{2}{12}\cdot\dfrac{1}{11}$

3.设 (X,Y) 的分布函数为 $F(x,y)$,则 $F(-\infty,y)=$ ＿＿＿＿, $F(x_0+0,y_0)=$ ＿＿＿＿, $F(x,+\infty)=$ ＿＿＿＿．

解 本题考查的是分布函数的基本概念,$F(-\infty,y)=0$,
$$F(x_0+0,y_0)=\lim_{x\to x_0^+}F(x_0,y_0),F(x,+\infty)=F_X(x).$$

4.设 (X,Y) 为随机变量,且 $P(X\geqslant 0,Y\geqslant 0)=\dfrac{3}{7},P(X\geqslant 0)=P(Y\geqslant 0)=\dfrac{4}{7}$,则 $P(\max(X,Y)\geqslant 0)=$ ＿＿＿＿．

解
$$P(\max(X,Y)\geqslant 0)=P(X\geqslant 0\cup Y\geqslant 0)$$

第三章 多维随机变量及其分布

$$= P(X \geqslant 0) + P(Y \geqslant 0) - P(X \geqslant 0, Y \geqslant 0)$$
$$= \frac{4}{7} + \frac{4}{7} - \frac{3}{7} = \frac{5}{7}.$$

5.设 (X,Y) 的联合密度函数

$$f(x,y) = \begin{cases} k(6-x-y), & 0 < x < 2, 2 < y < 4; \\ 0, & \text{其他}. \end{cases}$$

则 $k = $ _____.

解 由 $1 = \int_{-\infty}^{+\infty}\int_{-\infty}^{+\infty} f(x,y)\mathrm{d}x\mathrm{d}y = \int_0^2 \mathrm{d}x \int_2^4 k(6-x-y)\mathrm{d}y = 8k$ 得到 $k = \dfrac{1}{8}$.

6.设 (X,Y) 的联合密度函数 $f(x,y) = \dfrac{6}{\pi^2(4+x^2)(9+y^2)}$ $(-\infty < x, y < +\infty)$,则 (X,Y) 关于 X 的边缘密度函数为_____.

解

$$f_1(x) = \int_{-\infty}^{+\infty} f(x,y)\mathrm{d}y = \int_{-\infty}^{+\infty} \frac{6}{\pi^2(4+x^2)(9+y^2)} \mathrm{d}y$$
$$= \frac{2}{\pi^2(4+x^2)} \left[\arctan \frac{y}{3}\right]_{-\infty}^{+\infty}$$
$$= \frac{2}{\pi(4+x^2)} \quad (-\infty < x < +\infty).$$

7.设 (X,Y) 服从区域 $D = \{(x,y) \mid x^2 + y^2 \leqslant 16\}$ 上的均匀分布,则 (X,Y) 的联合密度函数为 $f(x,y) = $ _____,$P(Y > X) = $ _____.

解 $f(x,y) = \begin{cases} \dfrac{1}{16\pi}, & (x,y) \in D \\ 0, & (x,y) \notin D \end{cases}$,

$P(Y > X) = \iint\limits_{Y > X} f(x,y)\mathrm{d}x\mathrm{d}y = \dfrac{1}{2}$(如从图形上看,圆域被等分成 $\{Y > X\}, \{Y < X\}$ 两部分).

8.设 X 与 Y 相互独立,$X \sim N(0,1), Y \sim N(0,1)$,则 (X,Y) 的

联合密度函数为 $f(x,y)=$ _____.

解 因为 X 与 Y 相互独立,故联合密度函数 $f(x,y)=f_X(x)f_Y(y)$.

$$f_X(x)=\frac{1}{\sqrt{2\pi}}e^{-\frac{x^2}{2}},-\infty<x<+\infty,f_Y(y)=\frac{1}{\sqrt{2\pi}}e^{-\frac{y^2}{2}},-\infty<y<+\infty,$$

则 $f(x,y)=\dfrac{1}{2\pi}e^{-\frac{x^2+y^2}{2}},-\infty<x,y<+\infty$.

9.已知 (X,Y) 的联合分布律如表 3.22 所示.

表 3.22

Y\X	-1	0	2
1	0.25	0.1	0.3
2	0.15	0.05	0.15

则 $Z=XY$ 的分布律为 _____,$P(-1<X\leqslant 1,0\leqslant Y\leqslant 2)=$ _____.

解 $Z=XY$ 的分布律如表 3.23 所示.

表 3.23

Z	-2	-1	0	2	4
P	0.15	0.25	0.15	0.3	0.15

$P(-1<X\leqslant 1,0\leqslant Y\leqslant 2)=P(X=1,Y=0)+P(X=1,Y=2)=0.4$.

10.设随机变量 X,Y 相互独立,其分布函数分别为 $F_X(x)$,$F_Y(y)$,则 $Z=\min\{X,Y\}$ 的分布函数为 _____.

解 $Z=\min\{X,Y\}$ 的分布函数为

$$\begin{aligned}F_Z(z)&=P(Z\leqslant z)=P(\min(X,Y)\leqslant z)\\&=1-P(\min(X,Y)>z)=1-P(X>z,Y>z)\\&=1-P(X>z)\cdot P(Y>z)\\&=1-[1-P(X\leqslant z)][1-P(Y\leqslant z)]\\&=1-[1-F_X(z)][1-F_Y(z)].\end{aligned}$$

(二)选择题

1.设(X,Y)的联合分布函数为$F(x,y)$,则$P(X>a,Y>b)=$ (　).

(A) $1-F(a,b)$

(B) $F(a,+\infty)+F(+\infty,b)$

(C) $F(a,b)+1-F(a,+\infty)-F(+\infty,b)$

(D) $F(a,b)+1+F(a,+\infty)-F(+\infty,b)$

解
$$P(X>a,Y>b)=1-P(X\leqslant a,Y\leqslant +\infty)-P(X\leqslant +\infty,Y\leqslant b)+P(X\leqslant a,Y\leqslant b)$$
$$=1-F(a,+\infty)-F(+\infty,b)+F(a,b).$$

故选(C).

2.设X,Y相互独立,且均服从$p=0.3$的$0-1$分布,则$X+Y$服从(　).

(A) $p=0.3$的$0-1$分布　　(B) $p=0.6$的$0-1$分布

(C) $B(2,0.3)$　　　　　　(D) $B(2,0.6)$

解　由题设知$X+Y$的概率分布为
$$P(X+Y=0)=P(X=0,Y=0)=P(X=0)\cdot P(Y=0)=0.49=0.7^2;$$
$$P(X+Y=1)=P(X=0,Y=1)+P(X=1,Y=0)=2\times 0.7\times 0.3=C_2^1 0.3\times 0.7;$$
$$P(X+Y=2)=P(X=1,Y=1)=P(X=1)\cdot P(Y=1)=0.09=0.3^2.$$

故$X+Y\sim B(2,0.3)$,因此答案为(C).

3.设X,Y相互独立,且X服从$P(3)$,Y服从$P(2)$,则$X+Y$服从(　).

(A) $P(1)$　　　　　　(B) $P(6)$

(C) $P(13)$　　　　　 (D) $P(5)$

解　由题设知$X+Y\sim P(5)$,故选(D).

4.设X,Y相互独立,且X服从$N(-3,1)$,Y服从$N(2,1)$,则

$X+Y$ 服从（　　）．

(A) $N(-1,2)$ (B) $N(-1,1)$

(C) $N(0,2)$ (D) $N(1,2)$

解 由题设知 $X+Y \sim N(-1,2)$，故选(A)．

5.设 X,Y 相互独立，且均服从标准正态分布 $N(0,1)$，则下列各式正确的是（　　）．

(A) $P(X+Y \geqslant 0) = \dfrac{1}{4}$ (B) $P(X-Y \geqslant 0) = \dfrac{1}{4}$

(C) $P(\max(X,Y) \geqslant 0) = \dfrac{1}{4}$ (D) $P(\min(X,Y) \geqslant 0) = \dfrac{1}{4}$

解 由题设知

$$P(\min(X,Y) > 0) = P(X > 0, Y > 0) = P(X > 0) \cdot P(Y > 0)$$
$$= [1 - P(X \leqslant 0)][1 - P(Y \leqslant 0)]$$
$$= [1 - \Phi(0)][1 - \Phi(0)] = \dfrac{1}{4},$$

故选(D)．

6.设 (X,Y) 的联合分布列如表 3.24 所示．

表 3.24

X \ Y	1	2	3
1	1/6	1/9	1/18
2	1/3	α	β

则 α 与 β 满足（　　）条件时，X 与 Y 相互独立．

(A) $\alpha + \beta = \dfrac{1}{2}$ (B) $\alpha + \beta = \dfrac{1}{3}$

(C) $\alpha - \beta = \dfrac{1}{2}$ (D) $\alpha - \beta = \dfrac{1}{3}$

解

$$P(X=1, Y=2) = P(X=1)P(Y=2), \dfrac{1}{9} = \dfrac{1}{3} \times \left(\dfrac{1}{9} + \alpha\right), \alpha = \dfrac{1}{9};$$

$$P(X=1,Y=3)=P(X=1)P(Y=3), \frac{1}{18}=\frac{1}{3}\times\left(\frac{1}{18}+\beta\right), \beta=\frac{2}{9}.$$

$\alpha+\beta=\frac{1}{3}$,故选(B).

7.设 X 与 Y 独立同分布,其概率密度为

$$f(x)=\begin{cases}\frac{3}{8}x^2, & 0\leqslant x\leqslant 2;\\ 0, & \text{其他},\end{cases}$$

若 $P\{(X>a)\cup(Y>a)\}=\frac{3}{4}$,则 $a=($).

(A) $\sqrt[3]{4}$ (B) $\sqrt[3]{16}$ (C) 2   (D) 4

解 按照题意分析,a 介于 $(0,2)$ 之间,故

$$P((X>a)\cup(Y>a))$$
$$=P(X>a)+P(Y>a)-P(X>a)P(Y>a)$$
$$=\int_a^2\frac{3}{8}x^2\mathrm{d}x+\int_a^2\frac{3}{8}y^2\mathrm{d}y-\int_a^2\frac{3}{8}x^2\mathrm{d}x\cdot\int_a^2\frac{3}{8}y^2\mathrm{d}y$$
$$=1-\frac{1}{8}a^3+1-\frac{1}{8}a^3-\left(1-\frac{1}{4}a^3+\frac{1}{64}a^6\right)=\frac{3}{4}.$$

$a^6=16, a=\sqrt[3]{4}$. 故选(A).

8.设 (X,Y) 服从区域 $D=\{(x,y)\mid 0\leqslant x\leqslant 1, 0\leqslant y\leqslant 1\}$ 上的均匀分布,若 $a<0<b<1$,则 $P(a<X<b, a<Y<b)=($).

(A) b^2 (B) $(b-a)^2$ (C) b^2-a^2 (D) 1

解 随机变量 (X,Y) 的联合密度函数

$$f(x,y)=\begin{cases}1, & (x,y)\in D;\\ 0, & (x,y)\notin D.\end{cases}$$

$$P(a<X<b, a<Y<b)=\int_a^b\int_a^b f(x,y)\mathrm{d}x\mathrm{d}y=\int_0^b\int_0^b 1\mathrm{d}x\mathrm{d}y=b^2.$$

故选(A).

9.设随机变量 X 与 Y 相互独立,且 $X\sim\begin{pmatrix}0 & 1\\ 0.2 & 0.8\end{pmatrix}$,$Y\sim$

$\begin{pmatrix} 0 & 1 \\ 0.2 & 0.8 \end{pmatrix}$,则必有( ).

(A) $X=Y$　　　　　　　　(B) $P(X=Y)=0$
(C) $P(X=Y)=0.68$　　　　(D) $P(X=Y)=1$

解
$P(X=Y=0)=P(X=0,Y=0)$
$\qquad\qquad =P(X=0)P(Y=0)=0.2\times0.2=0.04$,
$P(X=Y=1)=P(X=1,Y=1)$
$\qquad\qquad =P(X=1)P(Y=1)=0.8\times0.8=0.64$.
$P(X=Y)=P(X=Y=0)+P(X=Y=1)=0.04+0.64=0.68$.
故选(C).

10.设 (X,Y) 满足 $P(X\geqslant1,Y\geqslant1)=\dfrac{1}{7}$,$P(X\geqslant1)=\dfrac{2}{7}$,$P(Y\geqslant1)=\dfrac{2}{7}$,则 $P\{\max(X,Y)\geqslant1\}=$( ).

(A) $\dfrac{1}{7}$　　(B) $\dfrac{2}{7}$　　(C) $\dfrac{3}{7}$　　(D) $\dfrac{4}{7}$

解　$P(\max(X,Y)\geqslant1)=P((X\geqslant1)\bigcup(Y\geqslant1))$
$=P(X\geqslant1)+P(Y\geqslant1)-P(X\geqslant1)P(Y\geqslant1)$
$=\dfrac{2}{7}+\dfrac{2}{7}-\dfrac{1}{7}=\dfrac{3}{7}$.

故选(C)

(三)计算题

1.设二维连续型随机变量 (X,Y) 服从区域 $D=\{(x,y):x^2+y^2\leqslant 2x\}$ 上的均匀分布,求 (X,Y) 的联合密度函数和两个边缘密度函数.

解　区域 D 的面积为 S,则 $S=\pi$,从而 (X,Y) 的联合概率密度为

$$f(x,y)=\begin{cases}\dfrac{1}{\pi}, & (x,y)\in D;\\ 0, & (x,y)\notin D.\end{cases}$$

(X,Y) 关于 X 的边缘概率密度函数为

$$f_X(x) = \int_{-\infty}^{+\infty} f(x,y)\mathrm{d}y = \begin{cases} \int_{-\sqrt{2x-x^2}}^{\sqrt{2x-x^2}} \dfrac{1}{\pi}\mathrm{d}y, & 0 < x < 2; \\ 0, & \text{其他}. \end{cases}$$

即为

$$f_X(x) = \begin{cases} \dfrac{2}{\pi}\sqrt{2x - x^2}, & 0 < x < 2; \\ 0, & \text{其他}. \end{cases}$$

(X,Y) 关于 Y 的边缘概率密度函数为

$$f_Y(y) = \int_{-\infty}^{+\infty} f(x,y)\mathrm{d}x = \begin{cases} \int_{1-\sqrt{1-y^2}}^{1+\sqrt{1-y^2}} \dfrac{1}{\pi}\mathrm{d}x, & -1 < y < 1; \\ 0, & \text{其他}. \end{cases}$$

即为

$$f_Y(y) = \begin{cases} \dfrac{2}{\pi}\sqrt{1 - y^2}, & -1 < y < 1; \\ 0, & \text{其他}. \end{cases}$$

2. 已知随机变量 (X,Y) 的概率密度为 $f(x,y) = A\mathrm{e}^{-ax^2+bxy-cy^2}$，$a>0, c>0$，求 X,Y 的边缘概率密度，问在什么条件下，X,Y 相互独立？

解 (X,Y) 关于 X 的边缘概率密度函数为

$$\begin{aligned}
f_X(x) &= \int_{-\infty}^{+\infty} f(x,y)\mathrm{d}y = \int_{-\infty}^{+\infty} A\mathrm{e}^{-ax^2+bxy-cy^2}\mathrm{d}y \\
&= A\mathrm{e}^{-ax^2}\int_{-\infty}^{+\infty} \mathrm{e}^{-c(y-\frac{bx}{2c})^2} \cdot \mathrm{e}^{\frac{b^2x^2}{4c}}\mathrm{d}y = A\mathrm{e}^{-ax^2+\frac{b^2x^2}{4c}}\int_{-\infty}^{+\infty} \mathrm{e}^{-c(y-\frac{bx}{2c})^2}\mathrm{d}y \\
&= \frac{A}{\sqrt{c}}\mathrm{e}^{-ax^2+\frac{b^2x^2}{4c}}\int_{-\infty}^{+\infty} \mathrm{e}^{-(\sqrt{c}y-\frac{bx}{2\sqrt{c}})^2}\mathrm{d}(\sqrt{c}y - \frac{bx}{2\sqrt{c}}) = A\sqrt{\frac{\pi}{c}}\mathrm{e}^{-ax^2+\frac{b^2x^2}{4c}},
\end{aligned}$$

即为

$$f_X(x) = A\sqrt{\frac{\pi}{c}}\mathrm{e}^{-ax^2+\frac{b^2x^2}{4c}} \quad (-\infty < x < +\infty).$$

(X,Y) 关于 Y 的边缘概率密度函数为

$$f_Y(y) = \int_{-\infty}^{+\infty} f(x,y)\mathrm{d}x = \int_{-\infty}^{+\infty} A\mathrm{e}^{-ax^2+bxy-cy^2}\mathrm{d}x$$

$$= A\mathrm{e}^{-cy^2} \int_{-\infty}^{+\infty} \mathrm{e}^{-a(x-\frac{by}{2a})^2} \cdot \mathrm{e}^{\frac{b^2 y^2}{4a}} \mathrm{d}x$$

$$= A\mathrm{e}^{-cy^2+\frac{b^2 y^2}{4a}} \int_{-\infty}^{+\infty} \mathrm{e}^{-a(x-\frac{by}{2a})^2} \mathrm{d}x$$

$$= \frac{A}{\sqrt{a}} \mathrm{e}^{-cy^2+\frac{b^2 y^2}{4a}} \int_{-\infty}^{+\infty} \mathrm{e}^{-(\sqrt{a}x-\frac{by}{2\sqrt{a}})^2} \mathrm{d}(\sqrt{a}x - \frac{by}{2\sqrt{a}})$$

$$= A\sqrt{\frac{\pi}{a}} \mathrm{e}^{-cy^2+\frac{b^2 y^2}{4a}},$$

即为

$$f_Y(y) = A\sqrt{\frac{\pi}{a}} \mathrm{e}^{-cy^2+\frac{b^2 y^2}{4a}}.$$

当 $f(x,y) = f_X(x)f_Y(y)$ 时, X,Y 相互独立. 故当

$$A\mathrm{e}^{-ax^2+bxy-cy^2} = A\sqrt{\frac{\pi}{c}} \mathrm{e}^{-ax^2+\frac{b^2 x^2}{4c}} \cdot A\sqrt{\frac{\pi}{a}} \mathrm{e}^{-cy^2+\frac{b^2 y^2}{4a}}$$

$$= A^2 \frac{\pi}{\sqrt{ac}} \mathrm{e}^{(-a+\frac{b^2}{4c})x^2 + (-c+\frac{b^2}{4a})y^2},$$

即 $b = 0, A = \dfrac{\sqrt{ac}}{\pi}$ 时, X,Y 相互独立.

3. 设随机变量 (X,Y) 的联合概率密度为

$$f(x,y) = \begin{cases} \dfrac{1}{2}, & 0 \leqslant x \leqslant 1, 0 \leqslant y \leqslant 2; \\ 0, & \text{其他}. \end{cases}$$

求 X,Y 中至少有一个小于 $\dfrac{1}{2}$ 的概率.

解 (X,Y) 关于 X 的边缘概率密度函数为

$$f_X(x) = \int_{-\infty}^{+\infty} f(x,y) \mathrm{d}y = \begin{cases} \int_0^2 \dfrac{1}{2} \mathrm{d}y, & 0 \leqslant x \leqslant 1; \\ 0, & \text{其他}. \end{cases}$$

即为

$$f_X(x) = \begin{cases} 1, & 0 \leqslant x \leqslant 1; \\ 0, & \text{其他}. \end{cases}$$

(X,Y) 关于 Y 的边缘概率密度函数为

$$f_Y(y) = \int_{-\infty}^{+\infty} f(x,y)\,dx = \begin{cases} \int_0^1 \dfrac{1}{2}\,dx, & 0 \leqslant y \leqslant 2; \\ 0, & \text{其他}. \end{cases}$$

即为

$$f_Y(y) = \begin{cases} \dfrac{1}{2}, & 0 \leqslant y \leqslant 2; \\ 0, & \text{其他}. \end{cases}$$

X,Y 中至少有一个小于 $\dfrac{1}{2}$ 的概率为

$$P(X < \dfrac{1}{2} \cup Y < \dfrac{1}{2}) = P(X < \dfrac{1}{2}) + P(X < \dfrac{1}{2}) -$$

$$P(X < \dfrac{1}{2}, Y < \dfrac{1}{2})$$

$$= \int_0^{\frac{1}{2}} 1\,dx + \int_0^{\frac{1}{2}} \dfrac{1}{2}\,dy - \iint\limits_{\substack{0<x<\frac{1}{2} \\ 0<y<\frac{1}{2}}} \dfrac{1}{2}\,dx\,dy = \dfrac{5}{8}.$$

4.设随机变量 (X,Y) 的联合概率密度为

$$f(x,y) = \begin{cases} Axy^2, & 0 \leqslant x \leqslant 2, 0 \leqslant y \leqslant 1; \\ 0, & \text{其他}. \end{cases}$$

(1)求系数 A；(2)求关于 X 与 Y 的边缘概率密度；(3)证明 X 与 Y 相互独立.

解 (1)由题设知

$$1 = \int_{-\infty}^{+\infty}\int_{-\infty}^{+\infty} f(x,y)\,dx\,dy = \int_0^2 dx \int_0^1 Axy^2\,dy = \dfrac{2}{3}A,$$

故 $A = \dfrac{3}{2}$.

(2) (X,Y) 关于 X 的边缘概率密度函数为

$$f_X(x) = \int_{-\infty}^{+\infty} f(x,y)\,dy = \begin{cases} \int_0^1 \dfrac{3}{2}xy^2\,dy, & 0 \leqslant x \leqslant 2; \\ 0, & \text{其他}. \end{cases}$$

即为

$$f_X(x) = \begin{cases} \dfrac{x}{2}, & 0 \leqslant x \leqslant 2; \\ 0, & 其他. \end{cases}$$

(X,Y) 关于 Y 的边缘概率密度函数为

$$f_Y(y) = \int_{-\infty}^{+\infty} f(x,y) dx = \begin{cases} \int_0^2 \dfrac{3}{2} xy^2 dx, & 0 \leqslant y \leqslant 1; \\ 0, & 其他. \end{cases}$$

即为

$$f_Y(y) = \begin{cases} 3y^2, & 0 \leqslant y \leqslant 1; \\ 0, & 其他. \end{cases}$$

(3) 由于

$$f(x,y) = f_X(x) f_Y(y),$$

所以 X 与 Y 相互独立.

5. 设随机变量 (X,Y) 的联合概率密度为

$$f(x,y) = \begin{cases} Ay(2-x), & 0 \leqslant x \leqslant 1, 0 \leqslant y \leqslant x; \\ 0, & 其他. \end{cases}$$

求 (1) 常数 A; (2) 关于 X 与 Y 的边缘概率密度.

解 (1) 由题设知

$$1 = \int_{-\infty}^{+\infty} \int_{-\infty}^{+\infty} f(x,y) dx dy = \int_0^1 dx \int_0^x Ay(2-x) dy$$

$$= A \int_0^1 (2-x) \dfrac{x^2}{2} dx = \dfrac{5}{24} A,$$

故 $A = 4.8$.

(2) (X,Y) 关于 X 的边缘概率密度函数为

$$f_X(x) = \int_{-\infty}^{+\infty} f(x,y) dy = \begin{cases} \int_0^x 4.8 y(2-x) dy, & 0 \leqslant x \leqslant 1; \\ 0, & 其他. \end{cases}$$

即为

$$f_X(x) = \begin{cases} 2.4(2-x) x^2, & 0 \leqslant x \leqslant 1; \\ 0, & 其他. \end{cases}$$

(X,Y) 关于 Y 的边缘概率密度函数为

$$f_Y(y) = \int_{-\infty}^{+\infty} f(x,y)\mathrm{d}x = \begin{cases} \int_y^1 4.8y(2-x)\mathrm{d}x, & 0 \leqslant y \leqslant 1; \\ 0, & 其他. \end{cases}$$

即为

$$f_Y(y) = \begin{cases} 7.2y - 9.6y^2 + 2.4y^3, & 0 \leqslant y \leqslant 1; \\ 0, & 其他. \end{cases}$$

6.设 (X,Y) 的联合密度函数为

$$f(x,y) = \begin{cases} \dfrac{3}{2}xy^2, & 0 \leqslant x \leqslant 2, 0 \leqslant y \leqslant 1; \\ 0, & 其他. \end{cases}$$

证明 X 与 Y 相互独立.

证明 $f_X(x) = \begin{cases} \dfrac{x}{2}, & 0 \leqslant x \leqslant 2, \\ 0, & 其他 \end{cases}$

$f_Y(y) = \begin{cases} 3y^2, & 0 \leqslant y \leqslant 1 \\ 0, & 其他 \end{cases}$, $f(x,y) = f_X(x)f_Y(y)$,

故 X 与 Y 相互独立.

六、模拟试题

(一)填空题(共 8 小题,每小题 3 分,共 24 分)

1.用随机变量 (X,Y) 的分布函数表示如下概率: $P(X>1) = $ _____; $P(X=1,Y \leqslant 3) = $ _____; $P(1 \leqslant X \leqslant 2, Y \leqslant 3) = $ _____.

2.设 (X,Y) 的联合分布函数为 $F(x,y)$,则其边缘分布函数 $F_X(x) = $ _____.

3.设随机变量 (X,Y) 的联合概率密度为

$$f(x,y) = \begin{cases} A(x^2+y^2), & x^2+y^2 \leqslant 1; \\ 0, & 其他. \end{cases}$$

则 $A = $ _____ , $P(X^2+Y^2 < \dfrac{1}{9}) = $ _____.

4.设二维离散型随机变量 (X,Y) 的联合分布列如表 3.25 所示.

表 3.25

X \ Y	1	2	3
1	0.08	a	0.12
2	b	c	0.18

且 X 与 Y 相互独立,则 $a = $ _____ , $b = $ _____ , $c = $ _____ .

5.设随机变量 X 与 Y 相互独立且同分布, X 的概率密度为

$$f(x) = \begin{cases} \dfrac{3}{8}x^2, & 0 \leqslant x \leqslant 2; \\ 0, & \text{其他}. \end{cases}$$

若 $P[(X > a) \cup (Y > a)] = \dfrac{3}{4}$,则 $a = $ _____ .

6.设二维离散型随机变量 (X,Y) 的联合分布列如表 3.26 所示.

表 3.26

X \ Y	−1	0	2
1	0.25	0.1	0.3
2	0.15	0.05	0.15

则 $Z = 2X - Y$ 的分布列为 _____ ; $W = XY$ 的分布列为 _____ .

7.设随机变量 X 与 Y 相互独立,且都服从参数为 0.5 的 $(0-1)$ 分布,则 $Z = \max(X,Y)$ 的分布列为 _____ .

8.设随机变量 X 与 Y 相互独立,且都服从参数为 $\lambda = 1$ 的指数分布,则 $Z = \max(X,Y)$ 的概率密度函数为 _____ .

(二)选择题(共 9 小题,每小题 3 分,共 27 分)

1.设随机变量 (X,Y) 只取下列数组中的值:$(-1,0),(0,1),(2,0),(2,1)$,且取这些值的相应概率依次为 $\dfrac{1}{k}, \dfrac{1}{2k}, \dfrac{1}{4k}, \dfrac{5}{4k}$,则 $k = ($).

(A) 2 　　(B) 3 　　(C) 4 　　(D) 5

2.设二维连续型随机变量 (X,Y) 服从区域 $D = \{(x,y) \mid 0 \leqslant x \leqslant 1, 0 \leqslant y \leqslant 1\}$ 上的均匀分布,则 $P(Y > X^2) = ($).

(A) $\dfrac{1}{6}$ (B) $\dfrac{1}{3}$ (C) $\dfrac{2}{3}$ (D) $\dfrac{5}{6}$

3.设 X 与 Y 相互独立,且 $X \sim \begin{pmatrix} 0 & 1 \\ 0.2 & 0.8 \end{pmatrix}, Y \sim \begin{pmatrix} 0 & 1 \\ 0.2 & 0.8 \end{pmatrix}$,则必有( ).

(A) $X = Y$ (B) $P(X = Y) = 0$
(C) $P(X = Y) = 0.68$ (D) $P(X = Y) = 1$

4.设两个相互独立的随机变量 X 与 Y 分别服从正态分布 $N(1,2)$ 与 $N(-1,2)$,则( ).

(A) $P(X - Y \leqslant 0) = \dfrac{1}{2}$ (B) $P(X - Y \leqslant 1) = \dfrac{1}{2}$
(C) $P(X + Y \leqslant 0) = \dfrac{1}{2}$ (D) $P(X + Y \leqslant 1) = \dfrac{1}{2}$

5.设随机变量 X 与 Y 相互独立,且均服从 $(0,1)$ 区间上的均匀分布,则服从相应区间或区域上的均匀分布的随机变量是( ).

(A) X^2 (B) $X - Y$
(C) $X + Y$ (D) (X, Y)

6.随机变量 X 与 Y 的边缘概率密度可以由它们的联合密度确定,联合分布( )由边缘分布确定.

(A)不能   (B)为正态分布时可以
(C)可以   (D)在 X 和 Y 相互独立时可以

7.设随机变量 X, Y 相互独立,且 $X \sim B(1, p), Y \sim P(\lambda)$,则 $X + Y$ ( ).

(A) 服从两点分布   (B) 服从泊松分布
(C) 为二维随机变量   (D) 为一维随机变量

8.设随机变量 $X \sim N(0,1), Y \sim N(0,1)$,则 $X + Y$ ( ).

(A) 不一定服从正态分布   (B) 服从正态分布 $N(0,2)$
(C) 服从正态分布 $N(0,\sqrt{2})$ (D) 服从正态分布 $N(0,1)$

9.设 X, Y 为随机变量,且 $P(X \leqslant 1, Y \leqslant 1) = \dfrac{3}{7}, P(X \leqslant 1) =$

$P(Y \leqslant 1) = \dfrac{4}{7}$,则 $P(\min(X,Y) \leqslant 1) = ($ $)$.

(A) $\dfrac{5}{7}$ (B) $\dfrac{3}{7}$ (C) $\dfrac{2}{7}$ (D) $\dfrac{1}{7}$

(三)计算题(共 49 分)

1.把三个球等可能地放入编号为 1,2,3 的三个盒中,记落入第 1 号盒中的球的个数为 X,落入第 2 号盒中的球的个数为 Y,(1)求二维随机变量 (X,Y) 的联合概率分布;(2)判断 X 与 Y 是否相互独立;(3)求在 $Y=1$ 条件下 X 的条件分布.(16 分)

2.设随机变量 (X,Y) 的联合概率密度为
$$f(x,y) = \begin{cases} A(1+y+xy), & 0<x<1, 0<y<1; \\ 0, & \text{其他}. \end{cases}$$
求(1)常数 A;(2)判断 X 与 Y 是否独立;(3) $Z=X+Y$ 的概率密度函数.(16 分)

3.(17 分)设打靶后弹着点 $A(X,Y)$ 的坐标 X 和 Y 相互独立,且都服从 $N(0,1)$ 分布,规定点 A 落在区域 $D_1=\{(x,y)|x^2+y^2\leqslant 1\}$ 得 2 分;点 A 落在区域 $D_2=\{(x,y)|1\leqslant x^2+y^2\leqslant 4\}$ 得 1 分;点 A 落在区域 $D_3=\{(x,y)|x^2+y^2>4\}$ 得 0 分,以 Z 记打靶的得分.

(1)求 (X,Y) 的联合概率密度;

(2)求 Z 的分布律.

七、模拟试题参考答案

(一)填空题

1. $1-F(1,+\infty)$; $F(1,3)-\lim\limits_{x\to 1^-}F(x,3)$; $F(2,3)-F(1,3)$

2. $F(x,+\infty)$

3. $\dfrac{2}{\pi}$; $\dfrac{1}{81}$

4. 0.2; 0.12; 0.3

5. $\sqrt[3]{4}$

6. $Z=2X-Y \sim \begin{pmatrix} 0 & 2 & 3 & 4 & 5 \\ 0.3 & 0.25 & 0.25 & 0.05 & 0.15 \end{pmatrix}$;

$$Z = XY \sim \begin{pmatrix} -2 & -1 & 0 & 2 & 4 \\ 0.15 & 0.25 & 0.15 & 0.3 & 0.15 \end{pmatrix}$$

7. $Z = \max(X,Y) \sim \begin{pmatrix} 0 & 1 \\ 0.25 & 0.75 \end{pmatrix}$

8. $f(z) = \begin{cases} 2e^{-z}(1-e^{-z}), & z \geqslant 0; \\ 0, & z < 0. \end{cases}$

(二)选择题

1.(B) 2.(C) 3.(C) 4.(C) 5.(D)
6.(D) 7.(D) 8.(A) 9.(A)

(三)计算题

1.**解** 由题设知 X,Y 的可能取值为 $0,1,2,3$,其联合分布列为

$$P(X=i, Y=j) = C_3^i \left(\frac{1}{3}\right)^i \left(\frac{2}{3}\right)^{3-i} \cdot C_{3-i}^j \left(\frac{1}{2}\right)^j \left(\frac{1}{2}\right)^{3-i-j}$$

$$= C_3^i C_{3-i}^j \left(\frac{1}{3}\right)^3,$$

列表如 3.27 所示.

表 3.27

X \ Y	0	1	2	3	$p_i.$
0	$\frac{1}{27}$	$\frac{1}{9}$	$\frac{1}{9}$	$\frac{1}{27}$	$\frac{8}{27}$
1	$\frac{1}{9}$	$\frac{2}{9}$	$\frac{1}{9}$	0	$\frac{4}{9}$
2	$\frac{1}{9}$	$\frac{1}{9}$	0	0	$\frac{2}{9}$
3	$\frac{1}{27}$	0	0	0	$\frac{1}{27}$
$p._j$	$\frac{8}{27}$	$\frac{4}{9}$	$\frac{2}{9}$	$\frac{1}{27}$	

由于 $P(X=0, Y=0) = \frac{1}{27} \neq \left(\frac{8}{27}\right)^2 = P(X=0) \cdot P(Y=0)$,$X$ 与 Y 不相互独立.

在 $Y=1$ 条件下 X 的条件分布列如表 3.28 所示.

表 3.28

X	0	1	2	3
$P(X=k\mid Y=1)$	$\dfrac{1}{4}$	$\dfrac{1}{2}$	$\dfrac{1}{4}$	0

2. **解** (1) $A=\dfrac{4}{7}$.

(2) $f_X(x)=\begin{cases}\dfrac{2}{7}(3+x), & 0<x<1;\\ 0, & \text{其他}.\end{cases}$

$f_Y(y)=\begin{cases}\dfrac{4}{7}\left(1+\dfrac{3y}{2}\right), & 0<y<1;\\ 0, & \text{其他}.\end{cases}$

X 与 Y 不独立.

(3) 由题设知 $Z=X+Y$ 的概率密度函数为

$$f_z(z)=\int_{-\infty}^{+\infty}f(x,z-x)\mathrm{d}x.$$

$$f_z(z)=\begin{cases}0, & z<0;\\ \displaystyle\int_0^z \dfrac{4}{7}[1+(z-x)+x(z-x)]\mathrm{d}x, & 0\leqslant z<1;\\ \displaystyle\int_{z-1}^1 \dfrac{4}{7}[1+(z-x)+x(z-x)]\mathrm{d}x, & 1\leqslant z<2;\\ 0, & z\geqslant 2.\end{cases}$$

整理得到

$$f_z(z)=\begin{cases}\dfrac{2}{21}(6z+3z^2+z^3), & 0\leqslant z<1;\\ \dfrac{2}{21}(8+6z-3z^2-z^3), & 1\leqslant z<2;\\ 0, & \text{其他}.\end{cases}$$

3. **解** (1) 因 X 和 Y 相互独立,且都服从 $N(0,1)$ 分布,故 (X,Y) 的联合概率密度为

$$f(x,y)=f_1(x)\cdot f_2(y)=\dfrac{1}{\sqrt{2\pi}}e^{-\frac{x^2}{2}}\cdot\dfrac{1}{\sqrt{2\pi}}e^{-\frac{y^2}{2}}=\dfrac{1}{2\pi}e^{-\frac{x^2+y^2}{2}},$$

其中 $-\infty < x, y < +\infty$.

(2) Z 的可能取值为 $0, 1, 2$,则

$P(Z=0) = P((X,Y) \in D_3)$

$\qquad = \iint\limits_{x^2+y^2>4} \dfrac{1}{2\pi} e^{-\frac{x^2+y^2}{2}} \mathrm{d}x\,\mathrm{d}y$

$\qquad = 1 - \iint\limits_{x^2+y^2\leqslant 4} \dfrac{1}{2\pi} e^{-\frac{x^2+y^2}{2}} \mathrm{d}x\,\mathrm{d}y$

$\qquad = 1 - \int_0^{2\pi}\int_0^2 \dfrac{1}{2\pi} e^{-\frac{r^2}{2}} r\,\mathrm{d}r\,\mathrm{d}\theta$

$\qquad = e^{-2}.$

$P(Z=1) = P((X,Y) \in D_2)$

$\qquad = \iint\limits_{1\leqslant x^2+y^2\leqslant 4} \dfrac{1}{2\pi} e^{-\frac{x^2+y^2}{2}} \mathrm{d}x\,\mathrm{d}y$

$\qquad = \int_0^{2\pi}\int_1^2 \dfrac{1}{2\pi} e^{-\frac{r^2}{2}} r\,\mathrm{d}r\,\mathrm{d}\theta = e^{-\frac{1}{2}} - e^{-2}.$

$P(Z=2) = P((X,Y) \in D_1)$

$\qquad = \iint\limits_{x^2+y^2\leqslant 1} \dfrac{1}{2\pi} e^{-\frac{x^2+y^2}{2}} \mathrm{d}x\,\mathrm{d}y$

$\qquad = \int_0^{2\pi}\int_0^1 \dfrac{1}{2\pi} e^{-\frac{r^2}{2}} r\,\mathrm{d}r\,\mathrm{d}\theta = 1 - e^{-\frac{1}{2}}.$

第四章　随机变量的数字特征

一、知识结构

　　1.主要内容

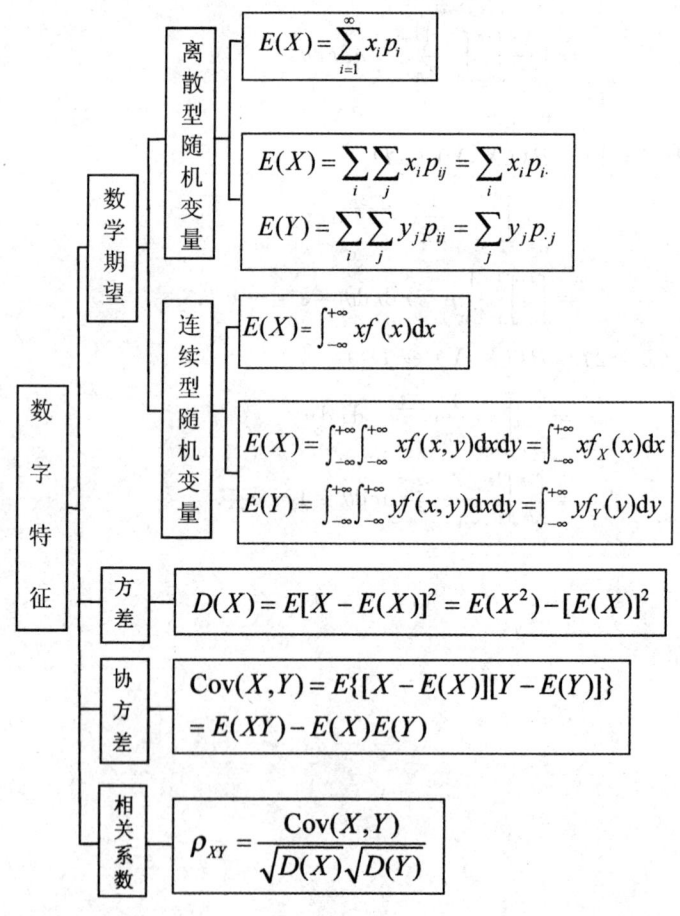

2. 数字特征的性质

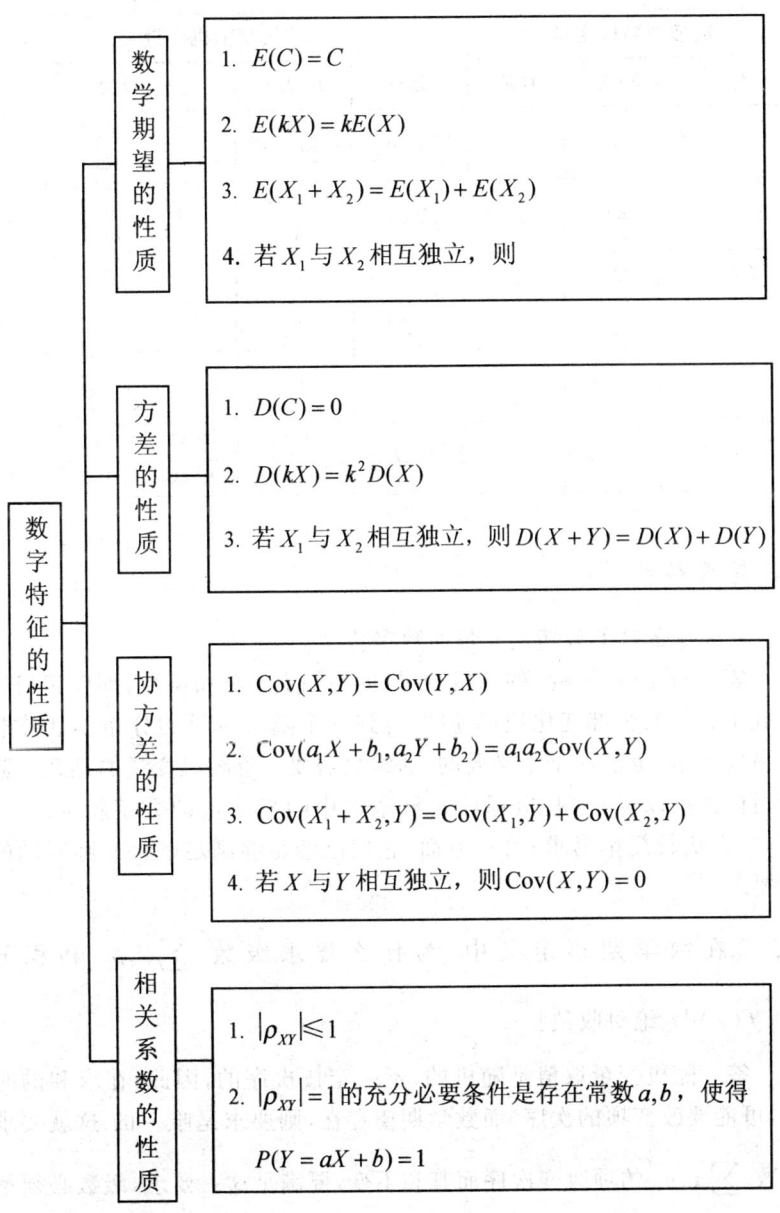

3. 常用随机变量的数学期望与方差

离散型随机变量			连续型随机变量		
分布	$E(X)$	$D(X)$	分布	$E(X)$	$D(X)$
$(0-1)$分布	p	pq	$U[a,b]$	$\dfrac{1}{2}(a+b)$	$\dfrac{(b-a)^2}{12}$
$B(n,p)$	np	npq	$E(\lambda)$	$\dfrac{1}{\lambda}$	$\dfrac{1}{\lambda^2}$
$P(\lambda)$	λ	λ	$N(\mu,\sigma^2)$	μ	σ^2
			$\chi^2(k)$	k	$2k$
			$t(k)$	0	$\dfrac{k}{k-2}$
			$F(k_1,k_2)$	$\dfrac{k_1}{k_2-2}$	$\dfrac{2k_2^2(k_1+k_2-2)}{k_1(k_2-2)^2(k_1^2-4)}$

二、释难解惑

1. 为什么要了解随机变量的数字特征？

答 对于各种各样的随机变量,如果知道了分布函数,那就相当于掌握了它们的全部变化规律.但要得到一个随机变量的分布函数并非容易的事情,也往往是不必要的,通常只需要了解随机变量的某几个数量指标就可以了,这些指标就是概率论中随机变量的数字特征.一方面,它们比较简单易求;另一方面,它们已经足够满足解决实际问题的需要.

2. 在数学期望定义中,为什么要求级数 $\sum\limits_{i=1}^{\infty} x_i p_i$ 和积分 $\int_{-\infty}^{+\infty} f(x)\mathrm{d}x$ 绝对收敛？

答 随机变量取值是随机的,不一定按次序的,因此,在求和的时候,可能要改变项的次序,而数学期望存在,则要求是唯一的.这就要求级数 $\sum\limits_{i=1}^{\infty} x_i p_i$ 的项改变次序而其和不变,要满足这一要求,级数必须绝对收敛.积分是一个积分和式的极限,因而也要求绝对收敛.

3.数学期望与方差的区别与联系如何?

答 数学期望 $E(X)$ 又称均值,是反映随机变量 X 平均值的量,常用于比较两个或多个量的优劣、大小、长短等.方差 $D(X)$ 是刻画 X 取值分散程度的一个量,表达了 X 的取值与其数学期望的偏离程度.若 X 取值较集中,则 $D(X)$ 较小;若 X 取值较分散,则 $D(X)$ 较大.方差 $D(X)$ 实际就是 $[X-E(X)]^2$ 的数学期望.

4.协方差和相关系数反映了随机变量 X 与 Y 之间的什么样的关系?

答 当给定两个随机变量 X 和 Y 时,我们必然会考虑它们之间是否存在某种关系,如当 X,Y 相互独立时,有 $D(X+Y)=D(X)+D(Y)$.

一般情况下,$D(X+Y)=D(X)+D(Y)+2E\{[X-E(X)][Y-E(Y)]\}$,因而量 $E\{[X-E(X)][Y-E(Y)]\}\neq 0$ 反映了 X,Y 不相互独立,而存在某种相依关系的事实,将其定义为协方差.

当 $D(X),D(Y)$ 不变时,$\rho_{XY}=\dfrac{\text{Cov}(X,Y)}{\sqrt{D(X)}\sqrt{D(Y)}}$ 反映了 X 和 Y 联系的密切程度:当 $|\rho_{XY}|=1$ 时,X 和 Y 之间存在线性关系 $Y=aX+b$ 的概率为 1;$\rho_{XY}=0$ 时,X 和 Y 不存在线性关系,不排除其他的联系.

5.两个随机变量不相关和相互独立的关系是什么?

答 若随机变量 X,Y 相互独立,则相关系数 $\rho_{XY}=0$,即 X 与 Y 不相关;反之不一定成立.但若 X 和 Y 服从二维正态分布 $N(\mu_1,\mu_2,\sigma_1^2,\sigma_2^2,\rho)$,则相互独立与不相关等价.即 X,Y 相互独立 $\Leftrightarrow \rho_{XY}=\rho=0$.

6.切比雪夫不等式的主要应用有哪些?

答 切比雪夫不等式有两种等价的表达式:$P(|X-E(X)|<\varepsilon)\geqslant 1-\dfrac{D(X)}{\varepsilon^2}$ 或 $P(|X-E(X)|\geqslant\varepsilon)\leqslant\dfrac{D(X)}{\varepsilon^2}$.它反映了随机变量在期望的 ε 邻域的概率不小于 $1-\dfrac{D(X)}{\varepsilon^2}$.如果随机变量的分布不知道,只

要知道其期望和方差,我们就可以利用切比雪夫不等式估计概率.

它的主要应用有以下两方面:

应用一 估计随机变量落入有限区域的概率.

估计随机变量 X 落入 (a,b) 内的概率的步骤:

(1) 选择随机变量 X;

(2) 求出 $E(X)$, $D(X)$;

(3) 将 $P(a \leqslant X \leqslant b)$ 改写成 $P(|X-E(X)|<\varepsilon)$ 的形式,确定 ε;

(4) 利用切比雪夫不等式进行估计.

应用二 求解或证明有关概率不等式.

例如,已知 $D(X)$ 及 $\alpha(0<\alpha<1)$,解不等式.估计 ε,使 $P(|X-E(X)|<\varepsilon) \geqslant \alpha$. 求解步骤:

(1) 若事件不是 $(|X-E(X)|<\varepsilon)$ 的形式,将其改写为所需形式;

(2) 求出 $D(X)$;

(3) 求出不等式 $1-\dfrac{D(X)}{\varepsilon^2} \geqslant \alpha$,得到 $\varepsilon \geqslant \sqrt{\dfrac{D(X)}{1-\alpha}}$.

7. 棣莫弗-拉普拉斯(De Moivre-Laplace)中心极限定理的应用有哪些?

答 应用一:近似计算服从二项式的随机变量取值的概率.当 n 较大且 p 不太接近于 0 或 1$(0.1 \leqslant p \leqslant 0.9, \sqrt{npq} \geqslant 3)$,特别当 p 为 0.5 时,一般选用棣莫弗-拉普拉斯(De Moivre-Laplace)中心极限定理近似估算二项式的概率.

应用二:已知服从二项分布的随机变量在某范围内取值的概率,估计该范围.

应用三:用频率估计与概率有关的二项分布的近似计算.

8. 同分布的中心极限定理有哪些应用?

答 应用一:求随机变量之和 S_n 的概率.步骤:首先构造一串(比如几个)独立同分布且期望与方差(或标准差)已知的随机变量;其次要将所求事件的概率化为这一串随机变量之和 (S_n) 在某一范围内取值的概率;最后利用同分布的中心极限定理求之.

应用二:已知 S_n 取值的概率,求随机变量的个数 n. 其求法为:应用同分布中心极限定理将所给概率转化成一个与 n 有关的标准正态分布函数 $\Phi(a(n))$,通过查表求 $a(n)$,再解出 $a(n)$ 中所含 n.

三、典型例题

题型 I 求一维离散型随机变量及其函数的数学期望和方差

例 4.1 已知 X 的分布律如表 4.1 所示.

表 4.1

X	0	1	2
p_k	0.3	0.5	0.2

求 $E(X), D(X), E(2X^3+3)$.

解 $E(X) = 0 \times 0.3 + 1 \times 0.5 + 2 \times 0.2 = 0.9$;

$E(X^2) = 0 \times 0.3 + 1 \times 0.5 + 2^2 \times 0.2 = 1.3$;

$D(X) = E(X^2) - [E(X)]^2 = 1.3 - 0.9^2 = 0.49$;

$E(2X^3+3) = 2(0+3) \times 0.3 + 2(1+3) \times 0.5 +$
$\qquad 2(2^3+3) \times 0.2 = 10.2.$

例 4.2 设随机变量的 X 的分布律为

$$P(X=n) = \frac{\alpha^n}{(1+\alpha)^{n+1}}, \alpha > 0, n = 0, 1, \cdots.$$

求 $E(X)$ 和 $D(X)$.

解 $E(X) = \sum_{n=0}^{\infty} n \cdot \frac{\alpha^n}{(1+\alpha)^{n+1}} = \frac{\alpha}{(1+\alpha)^2} \sum_{n=1}^{\infty} n \left(\frac{\alpha}{1+\alpha}\right)^{n-1}$

$\qquad = \frac{\alpha}{(1+\alpha)^2} \cdot \frac{1}{(1-\frac{\alpha}{1+\alpha})^2} = \alpha;$

$E(X^2) = \sum_{n=0}^{\infty} n^2 \cdot \frac{\alpha^n}{(1+\alpha)^{n+1}} = \frac{\alpha}{(1+\alpha)^2} \sum_{n=1}^{\infty} n^2 \left(\frac{\alpha}{1+\alpha}\right)^{n-1}$

$\qquad = \frac{\alpha}{(1+\alpha)^2} \cdot \frac{1+\frac{\alpha}{1+\alpha}}{(1-\frac{\alpha}{1+\alpha})^3} = \alpha(1+2\alpha);$

$$D(X) = E(X^2) - [E(X)]^2 = \alpha(1+2\alpha) - \alpha^2 = \alpha(1+2\alpha).$$

例 4.3 设有 n 个球和 n 个盒子,它们各编有序号 $1,2,\cdots,n$. 现随机地将球分放在盒子中,每个盒子中一个. 问两个序号恰好一致的数对个数的期望值是多少?

解 设 X 为两个序号一致的数对个数,$X_i(i=1,2,\cdots,n)$ 表示

$$X_i = \begin{cases} 1, & \text{第 } i \text{ 个球装入第 } i \text{ 个盒子}; \\ 0, & \text{第 } i \text{ 个球未装入第 } i \text{ 个盒子}. \end{cases}$$

则 $X = \sum\limits_{n=i}^{n} X_i$,由于 $P(X_i=1) = \dfrac{1}{n}, P(X_i=0) = 1 - \dfrac{1}{n}$,$(i=1,2,\cdots,n)$,所以

$$E(X_i) = 1 \times \frac{1}{n} + 0 \times (1-\frac{1}{n}) = \frac{1}{n},$$

因此 $E(X) = E(\sum\limits_{i=1}^{n} X_i) = \sum\limits_{i=1}^{n} E(X_i) = n \times \dfrac{1}{n} = 1.$

故两个序号恰好一致的数对个数的期望值为 1(与 n 无关!).

例 4.4 某银行开展定期定额有奖储蓄,定期一年,定额 1 000 元,按规定每 10 000 个户头中,头等奖一个,奖金 10 000 元;二等奖 10 个,各奖 1 000 元;三等奖 100 个,各奖 100 元;四等奖 1 000 个,各奖 10 元. 某人买了五个户头,他期望得奖多少元?

解 先计算一个户头得奖金数 X 的数学期望. 依题意 X 的分布列如表 4.2 所示.

表 4.2

X	10 000	1 000	100	10	0
p_k	0.000 1	0.001	0.01	0.1	0.888 9

$E(X) = 10\ 000 \times 0.000\ 1 + 1\ 000 \times 0.001 + 100 \times 0.01 + 10 \times 0.1 = 4$,所以,买五个户头得奖数为 $E(5X) = 5E(X) = 20$(元).

例 4.5 某保险公司制定赔偿方案,如果在一年内一个顾客的投保事件 A 发生,该公司就赔偿该顾客 a 元. 若已知一年内事件 A 发生的概率为 p,为使公司收益的期望值等于 a 的 5%,该公司应该要求顾客

交纳多少元的保险费？

解 设顾客交纳 x 元的保险费，公司收益 Y 元．

$$Y = \begin{cases} x, & \text{若事件 } A \text{ 不发生}; \\ x-a, & \text{若事件 } A \text{ 发生}. \end{cases}$$

$$P(Y=x) = 1-p, P(Y=x-a) = p,$$

则 $E(Y) = x(1-p) + (x-a)p = x - ap$，又 $E(Y) = 5a\%$，$x - ap = 5a\%$，得 $x = a(p+5\%)$．

所以，该公司应该要求顾客交纳 $a(p+5\%)$ 元的保险费．

题型 Ⅱ 求一维连续型随机变量及其函数的数学期望和方差

例 4.6 已知 X 的概率密度函数为

$$f(x) = \begin{cases} ax^2, & 0 \leqslant x \leqslant 1; \\ 0, & \text{其他}. \end{cases}$$

(1) 确定 a；
(2) 求 $E(X), D(X)$；
(3) 求 $P\{X > E(X)\}$．

解 (1) $f(x)$ 作为 X 的密度函数，必须满足两个条件：$f(x) \geqslant 0$ 与 $\int_{-\infty}^{+\infty} f(x) \mathrm{d}x = 1$．在这里，必须有 $a > 0$，$\int_0^1 ax^2 \mathrm{d}x = \dfrac{a}{3} = 1$．因此 $a = 3$．

即 $f(x) = \begin{cases} 3x^2, & 0 \leqslant x \leqslant 1; \\ 0, & \text{其他}. \end{cases}$

(2) $$E(X) = \int_0^1 x \cdot 3x^2 \mathrm{d}x = \dfrac{3}{4},$$

$$E(X^2) = \int_0^1 x^2 \cdot 3x^2 \mathrm{d}x = \dfrac{3}{5},$$

$$D(X) = E(X^2) - [E(X)]^2 = \dfrac{3}{80}.$$

(3) $P\{X > E(X)\} = P(X > \dfrac{3}{4}) = \int_{\frac{3}{4}}^1 3x^2 \mathrm{d}x = x^3 \Big|_{\frac{3}{4}}^1$

$$= 1 - \left(\dfrac{3}{4}\right)^3 = \dfrac{37}{64}.$$

例 4.7 已知 X 的分布函数为

$$F(x) = \begin{cases} 0, & x \leqslant -1; \\ \dfrac{1-x^2}{2}, & -1 < x \leqslant 0; \\ \dfrac{1+x^2}{2}, & 0 < x < 1; \\ 1, & x \geqslant 1. \end{cases}$$

试求 $E(X)$。

解 方法一：先由 $F(x)$ 求出密度函数 $f(x)$，再来求 $E(X)$。
由 $F(x)$ 的定义式求出密度函数 $f(x) = F'(x)$。

$$f(x) = \begin{cases} -x, & -1 < x \leqslant 0; \\ x, & 0 < x < 1; \\ 0, & \text{其他}。 \end{cases}$$

显然，$f(x)$ 为奇函数，所以 $E(X) = \int_{-1}^{1} x f(x) \mathrm{d}x = 0$。

方法二：直接由 $F(x)$ 求期望 $E(X)$。先推导公式：注意到 $F'(x) = f(x), \mathrm{d}F(x) = f(x)\mathrm{d}x$，可知

$$E(X) = \int_{-\infty}^{+\infty} X f(x) \mathrm{d}x = \int_{-\infty}^{+\infty} x \mathrm{d}F(x)$$
$$= xF(x) \Big|_{-\infty}^{+\infty} - \int_{-\infty}^{+\infty} F(x) \mathrm{d}x。$$

由所给出的 $F(x)$ 定义，有

$$E(X) = xF(x) \Big|_{-1}^{1} - \int_{-1}^{1} F(x) \mathrm{d}x$$
$$= F(1) + F(-1) - \left(\int_{-1}^{0} F(x) \mathrm{d}x + \int_{0}^{1} F(x) \mathrm{d}x \right)$$
$$= 1 + 0 - \left[\int_{-1}^{0} \frac{1}{2}(1-x^2) \mathrm{d}x + \int_{0}^{1} \frac{1}{2}(1+x^2) \mathrm{d}x \right]$$
$$= 1 - \left(\frac{1}{2} - \frac{1}{6} + \frac{1}{2} + \frac{1}{6} \right) = 0。$$

例 4.8 假设公共汽车于每小时的 10 分、30 分、50 分发车，某乘客不知发车时间，在每小时内任一时刻到达车站是随机的，求乘客到车站

等车时间的数学期望值.

解 设 X 表示乘客每小时内到达车站的时间,由题意,$X \sim U[0,60]$,其概率密度为 $f(x) = \begin{cases} \dfrac{1}{60}, 0 \leqslant x \leqslant 60; \\ 0, 其他. \end{cases}$

设 Y 表示乘客等待公共汽车的时间(单位:分),可见

$$Y = g(x) = \begin{cases} 10-X, 0 \leqslant X \leqslant 10; \\ 30-X, 10 < X \leqslant 30; \\ 50-X, 30 < X \leqslant 50; \\ 60-X+10, 50 < X \leqslant 60. \end{cases}$$

因此

$$E(Y) = E[g(x)] = \int_{-\infty}^{+\infty} g(x)f(x)dx = \frac{1}{60}\int_{0}^{60} g(x)dx$$

$$= \frac{1}{60}\left[\int_{0}^{10}(10-x)dx + \int_{10}^{30}(30-x)dx + \int_{30}^{50}(50-x)dx + \int_{50}^{60}(70-x)dx\right]$$

$$= \frac{1}{60}(50+200+200+150) = 10(\text{分}).$$

题型Ⅲ 求多维离散型随机变量及其函数的数学期望、方差、独立性、相关性

例 4.9 设 (X,Y) 的联合分布律如表 4.3 所示.

表 4.3

Y \ X	-1	0	1
-1	0	1/4	0
0	1/4	0	1/4
1	0	1/4	0

求(1) $E(X),D(X)$;(2) $E(Y),D(Y)$;(3) X 与 Y 是否独立,是否相关?

解 (1) X 的边缘分布律如表 4.4 所示.

表 4.4

X	-1	0	1
p_k	1/4	1/2	1/4

于是

$$E(X)=-1\times\frac{1}{4}+0\times\frac{1}{2}+1\times\frac{1}{4}=0;$$

$$E(X^2)=(-1)^2\times\frac{1}{4}+0\times\frac{1}{2}+1\times\frac{1}{4}=\frac{1}{2};$$

$$D(X)=E(X^2)-[E(X)]^2=\frac{1}{2}.$$

(2) Y 的边缘分布律如表 4.5 所示.

表 4.5

Y	-1	0	1
p_k	1/4	1/2	1/4

于是 $E(Y)=0, D(Y)=\frac{1}{2}.$

(3) 由于 $P(X=-1,Y=-1)=0$,而 $P(X=-1)P(Y=-1)=\frac{1}{16}$,即 $P(X=-1,Y=-1)\neq P(X=-1)P(Y=-1).$

因此 X 与 Y 不独立.

下面求 X 与 Y 的相关系数,由于

$$E(XY)=(-1)\times(-1)\times0+(-1)\times0\times\frac{1}{4}+$$
$$(-1)\times1\times0+0\times(-1)\times\frac{1}{4}+0\times0\times0+0\times1\times\frac{1}{4}$$
$$=1\times(-1)\times0+1\times0\times\frac{1}{4}+0\times0\times1=0,$$

因此 $\text{Cov}(X,Y)=E(XY)-E(X)E(Y)=0.$

故 $\rho_{XY}=0$,即 X 与 Y 不相关.

例 4.10 将两封信投入三个空邮筒,设 X,Y 分别表示第一、第二号邮筒中信的个数.求:(1) (X,Y) 的联合分布律;(2) X,Y 的边缘分

布律,并判断 X 与 Y 是否独立;(3) $Z = X - Y$ 分布律;(4) $\text{Cov}(X, Z)$.

解 (1) (X, Y) 的所有可能的取值为 $(i, j), i, j = 0, 1, 2$.

$$P(X=0, Y=0) = \frac{1}{3^2} = \frac{1}{9}, P(X=0, Y=1) = \frac{2 \times 1}{3^2} = \frac{2}{9},$$

$$P(X=1, Y=0) = \frac{2}{9}, P(X=1, Y=1) = \frac{2}{9}.$$

得 (X, Y) 的联合分布律如表 4.6 所示.

表 4.6

X \ Y	0	1	2
0	1/9	2/9	1/9
1	2/9	2/9	0
2	1/9	0	0

(2) $P(X=0) = \sum_{j=0}^{2} P(X=0, Y=j) = \frac{4}{9};$

$P(X=1) = \sum_{j=0}^{2} P(X=1, Y=j) = \frac{4}{9};$

$P(X=2) = \sum_{j=0}^{2} P(X=2, Y=0) = \frac{1}{9}.$

X 边缘分布律如表 4.7 所示.

表 4.7

X	0	1	2
p_k	4/9	4/9	1/9

$P(Y=0) = \sum_{j=0}^{2} P(X=i, Y=0) = \frac{4}{9};$

$P(Y=1) = \sum_{j=0}^{2} P(X=i, Y=1) = \frac{4}{9};$

$P(Y=2) = \sum_{j=0}^{2} P(X=0, Y=2) = \frac{1}{9}.$

X 边缘分布律如表 4.8 所示.

表 4.8

Y	0	1	2
p_k	4/9	4/9	1/9

因为 $P(X=2,Y=2)=0 \neq \dfrac{1}{81}=P(X=2)P(Y=2)$, 所以 X 与 Y 不独立.

(3) Z 的可能取值：$0, \pm 1, \pm 2$.

$$P(Z=0)=P(X=0,Y=0)+P(X=1,Y=1)=\dfrac{1}{3};$$

$$P(Z=-1)=P(X=0,Y=1)=\dfrac{2}{9};$$

$$P(Z=1)=P(X=1,Y=0)=\dfrac{2}{9};$$

$$P(Z=-2)=P(X=0,Y=2)=\dfrac{1}{9};$$

$$P(Z=2)=P(X=2,Y=0)=\dfrac{1}{9}.$$

因此 $Z=X-Y$ 分布律如表 4.9 所示.

表 4.9

Y	-2	-1	0	1	2
p_k	1/9	2/9	1/3	2/9	1/9

(4) 由协方差运算可得

$$\text{Cov}(X,Z)=\text{Cov}(X,X)-\text{Cov}(X,Y)=D(X)-\text{Cov}(X,Y).$$

$$E(X)=\sum_{k=0}^{2} k \cdot P(X=k)=\dfrac{2}{3};$$

$$E(X^2)=\sum_{k=0}^{2} k^2 \cdot P(X=k)=\dfrac{8}{9};$$

$$E(Y)=\sum_{k=0}^{2} k \cdot P(Y=k)=\dfrac{2}{3};$$

第四章 随机变量的数字特征

$$E(XY) = \sum_{j=0}^{2}\sum_{i=0}^{2-j} ijP(X=i, Y=j) = \frac{2}{9};$$

$$D(X) = E(X^2) - (E(X))^2 = \frac{4}{9};$$

$$\text{Cov}(X,Y) = E(XY) - E(X)E(Y) = -\frac{2}{9}.$$

所以 $\text{Cov}(X,Z) = \dfrac{2}{3}$.

题型 Ⅳ 求多维连续型随机变量及其函数的数学期望、方差、独立性、相关性

例 4.11 设二维随机变量 (X,Y) 在区域 $D: 0 \leqslant x \leqslant 1, |y| \leqslant x$ 上服从均匀分布,求 $E(X), E(Y), D(X), D(Y), \rho_{XY}$.

解 根据题设 (X,Y) 联合概率密度是

$$f(x,y) = \begin{cases} 1, & 0 \leqslant x \leqslant 1, |y| \leqslant x; \\ 0, & \text{其他}. \end{cases}$$

由于

$$E(X) = \int_{-\infty}^{+\infty}\int_{-\infty}^{+\infty} xf(x,y)\,dx\,dy$$

$$= \iint_D x\,dx\,dy = \int_0^1 dx \int_{-x}^{x} x\,dy = \frac{2}{3};$$

$$E(Y) = \int_{-\infty}^{+\infty}\int_{-\infty}^{+\infty} yf(x,y)\,dx\,dy = \iint_D y\,dx\,dy$$

$$= \int_0^1 dx \int_{-x}^{x} y\,dy = 0;$$

$$E(X^2) = \int_{-\infty}^{+\infty}\int_{-\infty}^{+\infty} x^2 f(x,y)\,dx\,dy$$

$$= \iint_D x^2\,dx\,dy = \int_0^1 dx \int_{-x}^{x} x^2\,dy = \frac{1}{2};$$

$$E(Y^2) = \int_{-\infty}^{+\infty}\int_{-\infty}^{+\infty} y^2 f(x,y)\,dx\,dy$$

$$= \iint_D y^2\,dx\,dy = \int_0^1 dx \int_{-x}^{x} y^2\,dy = \frac{1}{6}.$$

所以

$$D(X) = E(X^2) - (E(X))^2 = \frac{1}{2} - \left(\frac{2}{3}\right)^2 = \frac{1}{18};$$

$$D(Y) = E(Y^2) - (E(Y))^2 = \frac{1}{6} - 0 = \frac{1}{6}.$$

又由于

$$E(XY) = \int_{-\infty}^{+\infty}\int_{-\infty}^{+\infty} xyf(x,y)\mathrm{d}x\mathrm{d}y = \iint_D xy\mathrm{d}x\mathrm{d}y = \int_0^1 x\mathrm{d}x \int_{-x}^{x} y\mathrm{d}y = 0,$$

所以　$\mathrm{Cov}(X,Y) = E(XY) - E(X)E(Y) = 0 - \frac{2}{3} \times 0 = 0,$

$$\rho_{XY} = \frac{\mathrm{Cov}(X,Y)}{\sqrt{D(X)D(Y)}} = 0.$$

例 4.12　已知 $X \sim N(1,3^2), Y \sim N(0,4^2), \rho_{XY} = -\frac{1}{2}$，设 $Z = \frac{X}{3} + \frac{Y}{2}$.

求：(1) $E(Z), D(Z)$；(2) X 与 Z 的相关系数 ρ_{XZ}.

解　(1) 由期望、方差、协方差性质得

$$E(Z) = E\left(\frac{X}{3} + \frac{Y}{2}\right) = \frac{1}{3}E(X) + \frac{1}{2}E(Y)$$

$$= \frac{1}{3} \times 1 + \frac{1}{2} \times 0 = \frac{1}{3};$$

$$D(Z) = D\left(\frac{X}{3} + \frac{Y}{2}\right) = D\left(\frac{X}{3}\right) + D\left(\frac{Y}{2}\right) + 2\mathrm{Cov}\left(\frac{X}{3}, \frac{Y}{2}\right)$$

$$= \frac{1}{9}D(X) + \frac{1}{4}D(Y) + \frac{1}{3}\mathrm{Cov}(X,Y)$$

$$= \frac{1}{9} \times 3^2 + \frac{1}{4} \times 4^2 + \frac{1}{3}\rho_{XY}\sqrt{D(X)D(Y)}$$

$$= 1 + 4 + \frac{1}{3} \times \left(-\frac{1}{2}\right) \times \sqrt{3^2 \times 4^2} = 3.$$

(2) $\mathrm{Cov}(X,Z) = \mathrm{Cov}\left(X, \frac{X}{3} + \frac{Y}{2}\right)$

$$= \text{Cov}(X, \frac{X}{3}) + \text{Cov}(X, \frac{Y}{2})$$

$$= \frac{1}{3}D(X) + \frac{1}{2}\text{Cov}(X,Y)$$

$$= \frac{1}{3} \times 3^2 + \frac{1}{2} \times (-\frac{1}{2})\sqrt{3^2 \times 4^2} = 0,$$

$$\rho_{XZ} = \frac{\text{Cov}(X,Z)}{\sqrt{D(X)D(Z)}} = 0.$$

题型 V 利用切比雪夫不等式估计事件 $\{|X-E(X)|<\varepsilon\}$ 的概率

例 4.13 已知正常成人男性的血液中,每毫升白细胞数平均是 7 300,均方差 700^2,利用切比雪夫不等式估计每毫升白细胞数在 5 200～9 400 之间的概率 p.

解 设每毫升血液中含白细胞数为 X,则 X 是一个随机变量.由题意 $\mu = E(X) = 7\,300, \sigma^2 = D(X) = 700^2$,由切比雪夫不等式

$$P(|X - E(X)| < \varepsilon) \geqslant 1 - \frac{\sigma^2}{\varepsilon^2}$$

有

$$P(5\,200 < X < 9\,400) = P(-2\,100 < X - 7\,300 < 2\,100)$$
$$= P(|X - 7\,300| < 2\,100)$$
$$\geqslant 1 - \frac{700^2}{2\,100^2} = 1 - \frac{1}{9} = \frac{8}{9}.$$

例 4.14 设随机变量 X 和 Y 的数学期望分别为 -2 和 2,方差分别为 1 和 4,相关系数为 -0.5,试由切比雪夫不等式估计 $P(|X+Y| \geqslant 6)$ 的值.

解 设 $Z = X + Y$,则

$$E(Z) = E(X) + E(Y) = -2 + 2 = 0,$$
$$D(Z) = D(X+Y) + 2\sqrt{D(X)}\sqrt{D(Y)}\rho$$
$$= 1 + 4 + 2 \times 1 \times 2 \times (-0.5) = 3.$$

由切比雪夫不等式

$$P(|Z-E(Z)|\geqslant \varepsilon)\leqslant \frac{D(Z)}{\varepsilon^2},$$

令 $\varepsilon=6, D(Z)=3$,有

$$P(|Z-0|\geqslant 6)\leqslant \frac{3}{36}=\frac{1}{12},$$

故 $P(|X+Y|\geqslant 6)\leqslant \frac{1}{12}$.

例 4.15 某天文学家测量他所在的天文台到某星的距离,取这些测量的平均值作为实际距离的估计值.假定上述一系列测量值是独立同分布的随机变量,它们有公共的均值 μ（即实际距离）及公共的方差 $\sigma^2=4$,若要以 95% 的把握可信其估计值精确到 ± 0.5 光年以内,他必须测量多少次?

解 设 X_i 表示第 i 次测量值,$i=1,2,\cdots,n$.

$$\overline{X}=\frac{1}{n}\sum_{i=1}^{n}X_i, E(\overline{X})=\mu, D(\overline{X})=\frac{4}{n}.$$

由切比雪夫不等式

$$P(|\overline{X}-\mu|<0.5)\geqslant 1-\frac{4}{0.5^2 n}=0.95,$$

得 $n=320$. 所以,要以 95% 的把握可信其估计值精确到 ± 0.5 光年以内,他必须测量 320 次.

题型 Ⅵ 近似计算服从二项分布的随机变量取值的概率

例 4.16 某保险公司有 2 500 人参加保险,每人每年付 1 200 元保险费,在一年内一个人死亡的概率为 0.002,死亡时其家属可从保险公司领得 20 万元.问:(1) 保险公司亏本的概率有多大?(2) 保险公司一年的利润不少于 100 万元、200 万元的概率各为多大?

解 设 X 为一年内死亡的人数,则 $X\sim B(2\,500, 0.002), np=5, npq=4.99$.

(1) $P(亏本)=P(20X>300)=P(X>15)=1-P(X\leqslant 15)$

$$=1-\Phi(\frac{15-5}{\sqrt{4.99}})=1-\Phi(4.48)$$

$$=1-0.999\,93=0.000\,07.$$

故保险公司亏本的概率为 0.00007,几乎为零.

(2) $P(利润 \geqslant 100) = P(300 - 20X \geqslant 100)$
$$= P(X \leqslant 10) \approx \Phi(\frac{10-5}{\sqrt{4.99}}) = 0.98;$$

$P(利润 \geqslant 200) = P(300 - 20X \geqslant 200)$
$$= P(X \leqslant 5) \approx \Phi(\frac{5-5}{\sqrt{4.99}}) = 0.5.$$

以上结果说明,保险公司几乎不可能亏本.不过要记住,关键之处是对死亡率估计必须正确,如果所估计死亡率比实际低,甚至低得多,那么情况就会不同.

例 4.17 某单位设置一台电话总机,共有 200 架分机.设每个电话分机是否使用外线通话是相互独立的,每时刻每个分机有 5% 的概率使用外线通话.问总机需要多少外线才能以不低于 90% 的概率保证每个分机使用外线时可供使用?

解 设需要 k 条外线,X 为某时刻通话的分机数,则 $X \sim B(200, 0.05)$,$np = 10$,$npq = 9.5$.

$$P(0 \leqslant X \leqslant k) \approx \Phi\left(\frac{k-np}{\sqrt{npq}}\right) - \Phi\left(\frac{0-np}{\sqrt{npq}}\right)$$
$$= \Phi\left(\frac{k-10}{\sqrt{9.5}}\right) - \Phi\left(\frac{-10}{\sqrt{9.5}}\right) \approx \Phi\left(\frac{k-10}{\sqrt{9.5}}\right) \geqslant 90\%,$$

查表得 $\frac{k-10}{\sqrt{9.5}} \geqslant 1.29$,所以 $k \geqslant 14$.

所以,总机需要 14 条外线才能以不低于 90% 的概率保证每个分机使用外线时可供使用.

题型Ⅶ 已知服从二项分布的随机变量在某范围内取值的概率,估计其范围

例 4.18 设某种工艺需要某种合格的产品,N 个该产品的次品率为 $p(0 < p < 1)$,问要采购多少个产品,才能有 $\beta(0 < \beta < 1)$ 的把握保证合格品数够用?

解 设需采用 n 件产品,以 X 表示这 n 件产品中的次品数.要解决的问题是：求使 $P(X \leqslant n-N) \geqslant \beta$ 的最小的 n.

因 $X \sim B(n,p)$，当 n 充分大时，$X \sim N(np, np(1-p))$，于是有

$$P(X \leqslant n-N) \approx \Phi(\frac{n-N-np}{\sqrt{np(1-p)}}) = \Phi(\frac{nq-N}{\sqrt{npq}}) \geqslant \beta,$$

其中 $q=1-p$，查表得 x_0，使 $\Phi(x_0) \geqslant \beta$，则

$$\frac{nq-N}{\sqrt{npq}} \geqslant x_0,$$

即

$$nq - x_0\sqrt{pq}\sqrt{n} - N \geqslant 0.$$

因为 $n > N$，由上不等式求出符合 $n > N$ 的最小的 n，取 $[n]+1$ 即满足要求.

例 4.19 有一批种子，其中良种占 $\frac{1}{6}$，从中任取 6 000 粒，求能以 0.99 的概率保证其中良种的比例与 $\frac{1}{6}$ 相差不超过多少？进而说明能以 0.99 的概率保证的良种数范围.

解 设 6 000 粒种子中有良种 X 粒，则 $X \sim B(n,p)$，其中 $n=6\,000$，$p=\frac{1}{6}$，故 $E(X) = np = 6\,000$，$D(X) = np(1-p) = \frac{5\,000}{6}$.

设良种的比例与 $\frac{1}{6}$ 相差不超过 $\varepsilon > 0$，于是依题意有

$$P\left\{\left|\frac{X}{n} - \frac{1}{6}\right| \leqslant \varepsilon\right\} = 0.99,$$

其中 $P\left\{\left|\frac{X}{n} - \frac{1}{6}\right| \leqslant \varepsilon\right\} = P\left\{\left|\frac{X-np}{\sqrt{np(1-p)}}\right| \leqslant \frac{n\varepsilon}{\sqrt{np(1-p)}}\right\}$

$$\approx 2\Phi(\frac{n\varepsilon}{\sqrt{np(1-p)}}) - 1 = 0.99,$$

所以 $\Phi(\frac{n\varepsilon}{\sqrt{np(1-p)}}) = 0.995$，查表得 $\frac{n\varepsilon}{\sqrt{np(1-p)}} = 2.58$，

故 $\varepsilon = \dfrac{2.58\sqrt{p(1-p)}}{\sqrt{n}} \approx 1.24 \times 10^{-2}$.

即能以 99% 的概率保证良种的比例与 $\dfrac{1}{6}$ 相差不超过 1.24×10^{-2}，这时

$$\left| X - \dfrac{n}{6} \right| \leqslant n\varepsilon = 74.4,$$

即 $926 \leqslant X \leqslant 1\,074$.

说明能以 0.99 的概率保证良种的范围在 926 粒到 1 074 粒之间.

题型 Ⅷ 用频率估计概率时误差的估计

例 4.20 已知一大批无线电元件中合格品占 $\dfrac{1}{6}$，欲从中任意选择 n 件，使选出的这批元件中合格品的比例与 $\dfrac{1}{6}$ 的差不大于 0.01 的概率不小于 0.95，问至少应任选多少件?

解 设 n 个电器元件中合格品为 μ, $\mu \sim B(n, \dfrac{1}{6})$，由棣莫弗－拉普拉斯中心极限定理得

$$P\left(\left|\dfrac{\mu}{n} - \dfrac{1}{6}\right| \leqslant 0.01\right)$$

$$= P\left(-0.01\sqrt{\dfrac{n}{\dfrac{1}{6} \times \dfrac{5}{6}}} < \dfrac{\mu - n \times \dfrac{1}{6}}{\sqrt{n \times \dfrac{1}{6} \times \dfrac{5}{6}}} < 0.01\sqrt{\dfrac{n}{\dfrac{1}{6} \times \dfrac{5}{6}}}\right)$$

$$\approx 2\Phi\left(0.06\sqrt{\dfrac{n}{5}}\right) - 1 \geqslant 0.95.$$

则 $\Phi\left(0.06\sqrt{\dfrac{n}{5}}\right) = 0.975$，查正态分布表得 $0.06\sqrt{\dfrac{n}{5}} = 1.96$，$n \approx 5\,336$，即至少应任选 5 336 件.

例 4.21 用切比雪夫不等式确定当掷一枚均匀铜币时，需掷多少次才能保证使正面出现的频率在 0.4 至 0.6 之间的概率不小于 90%，

并用正态逼近计算同一问题.

解 设需要掷 n 次，μ 表示 n 次中正面出现的次数.

(1) $\mu \sim B(n,0.5), E(\mu)=0.5n, D(\mu)=0.25n$，由切比雪夫不等式

$$P(0.4 < \frac{\mu}{n} < 0.6) = P(|\mu - E(\mu)| < 0.1n) \geq 1 - \frac{D(\mu)}{(0.1n)^2}$$

$$= 1 - \frac{25}{n} \geq 0.9,$$

则 $n \geq 250$，需投掷 250 次.

(2) 由正态逼近，有

$$P(0.4 < \frac{\mu}{n} < 0.6) = P(-\frac{\sqrt{n}}{5} < \frac{\mu - 0.5n}{0.5\sqrt{n}} < \frac{\sqrt{n}}{5})$$

$$= 2\Phi(\frac{\sqrt{n}}{5}) - 1 \geq 0.9,$$

$$\Phi(\frac{\sqrt{n}}{5}) \geq 0.95, \frac{\sqrt{n}}{5} \geq 1.64,$$

则 $n \geq 67.24$，需投掷 68 次.

说明：显然，要达到同一要求，估计需掷铜币次数，比较这两种方法，用切比雪夫不等式估计比正态分布逼近粗糙，精度不高.所以同一问题用正态逼近计算比切比雪夫不等式估计效果好多了.

四、考研真题

1.(2004 年数学一、四)设随机变量 $X_1, X_2, \cdots, X_n$ $(n > 1)$ 相互独立且同分布，且其方差 $\sigma^2 > 0$，令 $Y = \frac{1}{n} \sum_{i=1}^{n} X_i$，则( ).

(A) $\text{Cov}(X_1, Y) = \frac{\sigma^2}{n}$ (B) $\text{Cov}(X_1, Y) = \sigma^2$

(C) $D(X_1 + Y) = \frac{n+2}{n}\sigma^2$ (D) $D(X_1 - Y) = \frac{n+1}{n}\sigma^2$

解 由 $\text{Cov}(X_1, Y) = \frac{1}{n}\text{Cov}(X_1, \sum_{i=1}^{n} X_i)$ 可知，应选(A).

2.(2004年数学一、三、四)设随机变量 X 服从参数为 λ 的指数分布,则 $P(X>\sqrt{D(X)})=$ _____.

解 由题设知,X 的概率密度为

$$f(x)=\begin{cases}\lambda e^{-\lambda x}, & x\geqslant 0;\\ 0, & x<0.\end{cases}$$

$$E(X)=\frac{1}{\lambda},D(X)=\frac{1}{\lambda^2},$$

故

$$P(X>\sqrt{D(X)})=P(X>\frac{1}{\lambda})=\int_{\frac{1}{\lambda}}^{+\infty}\lambda e^{-\lambda x}dx=-\int_{\frac{1}{\lambda}}^{+\infty}e^{-\lambda x}d(-\lambda x)$$

$$=-e^{-\lambda x}\Big|_{\frac{1}{\lambda}}^{+\infty}=\frac{1}{e}.$$

3.(2005年数学一)设 $X_1,X_2,\cdots,X_n(n>2)$ 为来自总体 $N(0,1)$ 的简单随机样本,$\overline{X}$ 为样本均值,记 $Y_i=X_i-\overline{X}(i=1,2,\cdots,n)$,求:

(1) Y_i 的方差 $D(Y_i)(i=1,2,\cdots,n)$;

(2) Y_1 与 Y_n 的协方差 $\text{Cov}(Y_1,Y_n)$.

解法一 根据简单随机样本的性质,$X_1,X_2,\cdots,X_n$ 相互独立,且都服从分布 $N(0,1)$,$E(X_i)=0$,$D(X_i)=1(i=1,2,\cdots,n)$.

(1) $Y_i=X_i-\overline{X}=-\frac{1}{n}\sum_{j\neq i}^{n}X_j+(1-\frac{1}{n})X_i$,

$$D(Y_i)=(-\frac{1}{n})^2\sum_{j\neq i}^{n}D(X_j)+(1-\frac{1}{n})^2 D(X_i)$$

$$=\frac{n-1}{n^2}+\frac{(n-1)^2}{n^2}=\frac{n-1}{n}.$$

(2)因 $X_1,X_2,\cdots,X_n$ 相互独立,而独立的两个随机变量协方差等于零,于是有

$$\text{Cov}(Y_1,Y_n)=\text{Cov}(X_1-\overline{X},X_n-\overline{X})$$

$$=\text{Cov}(X_1,X_n)-\text{Cov}(X_1,\overline{X})-\text{Cov}(X_n,\overline{X})+D(\overline{X}).$$

而

$$\mathrm{Cov}(X_1,\overline{X}) = \mathrm{Cov}(X_1, \frac{1}{n}\sum_{i=1}^{n}X_i) = \frac{1}{n}\mathrm{Cov}(X_1, \sum_{i=1}^{n}X_i)$$

$$= \frac{1}{n}D(X_1) = \frac{1}{n}.$$

类似地，$\mathrm{Cov}(X_n,\overline{X}) = \frac{1}{n}D(X_n) = \frac{1}{n}$，又因 $D(\overline{X}) = \frac{1}{n}$，所以有

$$\mathrm{Cov}(Y_1,Y_n) = 0 - \frac{1}{n} - \frac{1}{n} + \frac{1}{n} = -\frac{1}{n}.$$

解法二 （1）$E(Y_i^2) = E[(X_i - \overline{X})^2] = E(X_i^2) - 2E(X_i\overline{X}) + E(\overline{X}^2)$.

由于 $E(X_i) = E(\overline{X}) = 0$，因此 $E(Y_i) = 0, E(Y_i^2) = D(Y_i)$，

$$E(\overline{X}^2) = D(\overline{X}) = \frac{1}{n},$$

$$E(X_i\overline{X}) = \frac{1}{n}E[X_i(X_1 + X_2 + \cdots + X_n)] = \frac{1}{n}E(X_i^2) = \frac{1}{n},$$

$$D(Y_i) = E(Y_i^2) = 1 - \frac{2}{n} + \frac{1}{n} = 1 - \frac{1}{n}.$$

（2）$\mathrm{Cov}(Y_1,Y_n) = \mathrm{Cov}(\frac{n-1}{n}X_1 - \frac{X_2}{n} - \cdots - \frac{X_n}{n}, -\frac{X_1}{n} -$

$$\frac{X_2}{n} - \cdots - \frac{X_{n-1}}{n} + \frac{n-1}{n}X_n)$$

$$= -\frac{n-1}{n^2}\mathrm{Cov}(X_1,X_1) + \frac{1}{n^2}\mathrm{Cov}(X_2,X_2) + \cdots +$$

$$\frac{1}{n^2}\mathrm{Cov}(X_{n-1},X_{n-1}) - \frac{n-1}{n^2}\mathrm{Cov}(X_n,X_n)$$

$$= -\frac{2n-2}{n^2} + \frac{n-2}{n^2} = -\frac{1}{n}.$$

注：①本题考查简单随机变量的性质与数字特征的性质，应用的主要结论有：

i. 若 $X_1, X_2, \cdots, X_n$ 是简单随机样本，则 $X_1, X_2, \cdots, X_n$ 相互独立且与总体 X 同分布；

ii. 若随机变量 X 的期望为零，则 $D(X) = E(X^2)$；

iii. 若 X_i 与 X_j 相互独立，则 $\text{Cov}(X_i,X_j)=0, E(X_iX_j)=E(X_i)E(X_j)$；

iv. $\text{Cov}(aX+bY,cU+dV)=ac\text{Cov}(X,U)+ad\text{Cov}(X,V)+bc\text{Cov}(Y,U)+bd\text{Cov}(Y,V)$。

② 本题的典型错误是：许多考生误认为 X_i 与 $\overline{X}$ 独立，从而有：

$D(X_i-\overline{X})=D(X_i)+D(\overline{X}), E(X_i\overline{X})=E(X_i)E(\overline{X})$。

4. (2008 年数学二) 设随机变量 $X \sim N(0,1), Y \sim N(1,4)$，且相关系数 $\rho_{XY}=1$，则（　　）。

(A) $P(Y=-2X-1)=1$　　(B) $P(Y=2X-1)=1$

(C) $P(Y=-2X+1)=1$　　(D) $P(Y=2X+1)=1$

解 由于 X 与 Y 相关系数，因此 $P(Y=aX+b)=1$，且 $a>0$；又因为 $X \sim N(0,1), Y \sim N(1,4)$，所以 $E(X)=0, E(Y)=1$，而 $E(Y)=E(aX+b)=b \Rightarrow b=1$，故应选(D)。

5. (2008 年数学三、四) 设随机变量 X 服从参数为 1 的泊松分布，则 $P[X=E(X^2)]=$ _____。

解 依题意，$E(X)=D(X)=\lambda=1$，又 $E(X^2)=D(X)+[E(X)]^2=2$，于是有

$$P(X=E(X^2))=P(X=2)=\frac{1^2}{2!}e^{-1}=\frac{1}{2}e^{-1}.$$

6. (2009 年数学一) 设随机变量 X 的分布函数为 $F(x)=0.3\Phi(x)+0.7\Phi(\frac{x-1}{2})$，其中 $\Phi(x)$ 为标准正态分布函数，则 $E(X)=$（　　）。

(A) 0　　　　　　　　　(B) 0.3

(C) 0.7　　　　　　　　(D) 1

解 因为 $F(x)=0.3\Phi(x)+0.7\Phi(\frac{x-1}{2})$，所以

$$F'(x)=0.3\Phi'(x)+\frac{0.7}{2}\Phi'(\frac{x-1}{2}).$$

则

$$E(X)=\int_{-\infty}^{+\infty}xF'(x)\mathrm{d}x$$

$$= \int_{-\infty}^{+\infty} x[0.3\Phi'(x) + \frac{0.7}{2}\Phi'(\frac{x-1}{2})]dx$$
$$= 0.3\int_{-\infty}^{+\infty} x\Phi'(x)dx + 0.35\int_{-\infty}^{+\infty} x\Phi'(\frac{x-1}{2})dx.$$

而
$$\int_{-\infty}^{+\infty} x\Phi'(x)dx = 0,$$
$$\int_{-\infty}^{+\infty} x\Phi'(\frac{x-1}{2})dx = 2.$$

所以 $E(X) = 0 + 0.35 \times 2 = 0.7$.

故应选(C).

7.(2009年数学三)设 $X_1, X_2, \cdots, X_n$ 是来自二项分布总体 $B(n,p)$ 的简单随机样本, $\overline{X}$ 和 S^2 分别为样本均值和样本方差, 记统计量 $T = \overline{X} - S^2$, 则 $E(T) =$ _____.

解 $E(T) = E(\overline{X} - S^2) = E(\overline{X}) - E(S^2) = np - np(1-p) = np^2$. 即答案为 np^2.

8.(2010年数学三)设 $X_1, X_2, \cdots, X_n$ 为来自整体 $N(\mu, \sigma^2)$ ($\sigma > 0$) 的简单随机样本, 统计量 $T = \frac{1}{n}\sum_{i=1}^{n} X_i^2$, 则 $E(T) =$ _____.

解 $E(X_i^2) = D(X_i) + [E(X_i)]^2 = \sigma^2 + \mu^2$, 因此,
$$E(T) = E(\frac{1}{n}\sum_{i=1}^{n} X_i^2) = \frac{1}{n}\sum_{i=1}^{n} E(X_i^2)$$
$$= \frac{1}{n}n(\sigma^2 + \mu^2) = \sigma^2 + \mu^2.$$

9.(2010年数学三)箱内有 6 个球, 其中红、白、黑球的个数分别为 1,2,3 个; 现从箱中随机的取出 2 个球, 设 X 为取出的红球个数, Y 为取出的白球个数, 求

(1)随机变量 (X,Y) 的概率分布;

(2) $\text{Cov}(X,Y)$.

解 (1)随机变量 (X,Y) 的概率分布如表 4.10 所示.

第四章 随机变量的数字特征

表 4.10

X Y	0	1
0	$\dfrac{C_3^2}{C_6^2}=\dfrac{3}{15}$	$\dfrac{C_3^1}{C_6^2}=\dfrac{3}{15}$
1	$\dfrac{C_2^1 C_3^1}{C_6^2}=\dfrac{6}{15}$	$\dfrac{C_2^1}{C_6^2}=\dfrac{2}{15}$
2	$\dfrac{1}{C_6^2}=\dfrac{1}{15}$	0

(2) $E(X) = 1 \times \dfrac{5}{15} = \dfrac{1}{3}$,

$E(Y) = 1 \times \dfrac{8}{15} + 2 \times \dfrac{1}{15} = \dfrac{2}{3}$,

$E(XY) = \dfrac{2}{15} \times 1 = \dfrac{2}{15}$,

$\text{Cov}(X,Y) = E(XY) - E(X)E(Y) = \dfrac{2}{15} - \dfrac{1}{3} \times \dfrac{2}{3} = -\dfrac{2}{45}$.

10.(2010 年数学一)随机变量 X 的分布为 $P(X=k) = \dfrac{C}{k!}(k=0, 1, \cdots)$,则 $E(X^2) = $ _____.

解 由归一性得

$$\sum_{k=0}^{\infty} P(X=k) = 1 \Rightarrow C \sum_{k=0}^{\infty} \dfrac{1}{k!} = Ce = 1 \ (\text{利用} \sum_{k=0}^{\infty} \dfrac{\lambda^k}{k!} = e^{\lambda}).$$

所以,$C = e^{-1}$. 即随机变量 X 服从参数为 1 的泊松分布,于是 $D(X) = E(X) = 1$,故

$$E(X^2) = D(X) + [E(X)^2] = 1 + 1 = 2.$$

11.(2011 年数学一)设随机变量 X 与 Y 相互独立,且 $E(X)$ 与 $E(Y)$ 存在,记 $U = \max(X,Y), V = \min(X,Y)$,则 $E(UV) = ($).

(A) $E(U)E(V)$ (B) $E(X)E(Y)$
(C) $E(U)E(Y)$ (D) $E(X)E(Y)$

解 当 $X < Y$ 时,$U = Y, V = X$;当 $X > Y$ 时,$U = X, V = Y$;当 $X = Y$ 时,$U = V$, 所以 $UV = XY$,于是 $E(UV) = E(XY)$.

又因为 X 与 Y 相互独立,所以

$$E(UV) = E(XY) = E(X)E(Y).$$

故应选(B).

12.(2011年数学三)设二维随机变量 (X,Y) 服从 $N(\mu,\mu,\sigma^2,\sigma^2,0)$,则 $E(XY^2) = $ _____.

解 由 (X,Y) 服从二维正态分布,且 $\rho = \rho_{XY} = 0$,则 X,Y 相互独立,因此

$$E(XY^2) = E(X)E(Y^2) = E(X)[D(Y) + E^2(Y)] = \mu(\sigma^2 + \mu^2).$$

故答案为 $\mu(\sigma^2 + \mu^2)$.

13.(2012年数学一)将长度为 1 m 的木棒随机地截成两段,则两段长度的相关系数为( ).

(A) 1　　　　(B) $\dfrac{1}{2}$　　　　(C) $-\dfrac{1}{2}$　　　　(D) -1

解 设 X,Y 分别为所截成两段木棒的长度,则由题意得 $P(X+Y) = 1$,即 $P(Y = -X + 1) = 1$,从而 X 与 Y 处处线性负相关,故它们的相关系数为 -1.

故应选(D).

14.(2012年数学三)设二维离散型随机变量 X,Y 的概率分布如表 4.11 所示.

表 4.11

X \ Y	0	1	2
0	$\dfrac{1}{4}$	0	$\dfrac{1}{4}$
1	0	$\dfrac{1}{3}$	0
2	$\dfrac{1}{12}$	0	$\dfrac{1}{12}$

(1)求 $P(X = 2Y)$;(2)求 $\mathrm{Cov}(X - Y, Y)$.

解 (1) $P(X = 2Y) = P(X = 0, Y = 0) + P(X = 2, Y = 1) = \dfrac{1}{4} + 0 = \dfrac{1}{4}.$

(2) X 的概率分布如表 4.12 所示.

表 4.12

X	0	1	2
$p_{i\cdot}$	$\dfrac{1}{2}$	$\dfrac{1}{3}$	$\dfrac{1}{6}$

故 $E(X) = 0 \times \dfrac{1}{2} + 1 \times \dfrac{1}{3} + 2 \times \dfrac{1}{6} = \dfrac{2}{3}$.

同理,Y 的数学期望 $E(Y) = 1, E(Y^2) = 0^2 \times \dfrac{1}{3} + 1^2 \times \dfrac{1}{3} + 2^2 \times \dfrac{1}{3} = \dfrac{5}{3}, D(Y) = E(Y^2) - [E(Y)]^2 = \dfrac{5}{3} - 1 = \dfrac{2}{3}$.

XY 的概率分布如表 4.13 所示.

表 4.13

XY	0	1	2	4
p_k	$\dfrac{7}{12}$	$\dfrac{1}{3}$	0	$\dfrac{1}{12}$

故 $E(XY) = 0 \times \dfrac{7}{12} + 1 \times \dfrac{1}{3} + 2 \times 0 + 4 \times \dfrac{1}{12} = \dfrac{2}{3}$.

所以 $\mathrm{Cov}(X - Y, Y) = \mathrm{Cov}(X, Y) - \mathrm{Cov}(Y, Y)$
$= E(XY) - E(X)E(Y) - D(Y)$
$= \dfrac{2}{3} - \dfrac{2}{3} \times 1 - \dfrac{2}{3} = -\dfrac{2}{3}$.

15.(2013 年数学三)设随机变量 X 服从标准正态分布 $X \sim N(0, 1)$,则 $E(X\mathrm{e}^{2X}) = \underline{\qquad}$.

解 标准正态分布的概率密度为

$$f(x) = \dfrac{1}{\sqrt{2\pi}}\mathrm{e}^{-\frac{x^2}{2}},$$

则 $E(X\mathrm{e}^{2X}) = \displaystyle\int_{-\infty}^{+\infty} x\,\mathrm{e}^{2x}\dfrac{1}{\sqrt{2\pi}}\mathrm{e}^{-\frac{x^2}{2}}\,\mathrm{d}x = \dfrac{1}{\sqrt{2\pi}}\int_{-\infty}^{+\infty} x\,\mathrm{e}^{-\frac{1}{2}(x-2)^2 + 2}\,\mathrm{d}x$

$= \mathrm{e}^2 \displaystyle\int_{-\infty}^{+\infty} x\, \dfrac{1}{\sqrt{2\pi}}\mathrm{e}^{-\frac{1}{2}(x-2)^2}\,\mathrm{d}x = 2\mathrm{e}^2.$

故答案为 $2\mathrm{e}^2$.

16.(2014 年数学一) 设连续型随机变量 X_1 与 X_2 相互独立,且方差均存在,X_1 与 X_2 的概率密度分别为 $f_1(x)$ 与 $f_2(x)$,随机变量 Y_1 的概率密度为 $f_{Y_1}(y)=\frac{1}{2}[f_1(y)+f_2(y)]$,随机变量 $Y_2=\frac{1}{2}(X_1+X_2)$,则( ).

(A) $E(Y_1) > E(Y_2), D(Y_1) > D(Y_2)$ (B) $E(Y_1)=E(Y_2), D(Y_1)=D(Y_2)$
(C) $E(Y_1)=E(Y_2), D(Y_1) < D(Y_2)$ (D) $E(Y_1)=E(Y_2), D(Y_1) > D(Y_2)$

解 $E(Y_1) = \int_{-\infty}^{+\infty} y \cdot \frac{1}{2}[f_1(y)+f_2(y)]dy$

$= \frac{1}{2}E(X_1)+\frac{1}{2}E(X_2)=E(Y_2),$

所以 $E(Y_1)=E(Y_2)$.

$E(Y_1^2)=\int_{-\infty}^{+\infty} y^2 \cdot \frac{1}{2}[f_1(y)+f_2(y)]dy=\frac{1}{2}E(X_1^2)+\frac{1}{2}E(X_2^2),$

$E(Y_2^2)=\frac{1}{4}E(X_1+X_2)^2=\frac{1}{4}[E(X_1^2)+2E(X_1)E(X_2)+E(X_2^2)],$

$D(Y_1)-D(Y_2)=E(Y_1^2)-[E(Y_1)]^2-E(Y_2^2)+[E(Y_2)]^2$

$=E(Y_1^2)-E(Y_2^2)=\frac{1}{4}[E(X_1^2)-2E(X_1)E(X_2)+E(X_2^2)]$

$=\frac{1}{4}E(X_1-X_2)^2 > 0.$

所以 $D(Y_1) > D(Y_2)$.

故应选(D).

17.(2014 年数学一、三) 设随机变量 X 的概率分布为 $P(X=1)=P(X=2)=\frac{1}{2}$,在给定 $X=i$ 的条件下,随机变量 Y 服从均匀分布 $U(0,i)(i=1,2)$.(1) 求 Y 的分布函数 $F_Y(y)$;(2) 求 $E(Y)$.

解 (1) 参见第二章考研真题 8.

(2) $f_Y(y)=\begin{cases}\frac{3}{4}, & 0 \leqslant y < 1, \\ \frac{1}{4}, & 1 \leqslant y < 2, \\ 0, & 其他.\end{cases}$

$E(Y) = \int_0^1 \frac{3}{4} y \,dy + \int_1^2 \frac{1}{4} y \,dy = \frac{3}{8} + \frac{3}{8} = \frac{3}{4}$.

18. (2014 年数学三) 设随机变量 X,Y 的概率分布相同,X 的概率分布为 $P(X=0)=\frac{1}{3}, P(X=1)=\frac{2}{3}$,且 X 与 Y 的相关系数 $\rho_{XY}=\frac{1}{2}$,(1)求 (X,Y) 的概率分布;(2)求 $P(X+Y\leqslant 1)$.

解 $X \sim \begin{pmatrix} 0 & 1 \\ \frac{1}{3} & \frac{2}{3} \end{pmatrix}, Y \sim \begin{pmatrix} 0 & 1 \\ \frac{1}{3} & \frac{2}{3} \end{pmatrix}$.

(1) $\rho_{XY} = \dfrac{E(XY) - E(X)E(Y)}{\sqrt{D(X)}\sqrt{D(Y)}} = \dfrac{E(XY) - \frac{2}{3}\times\frac{2}{3}}{\frac{\sqrt{2}}{3}\times\frac{\sqrt{2}}{3}} = \dfrac{1}{2}$,

$E(XY) = \frac{5}{9}$,而

$E(XY) = 1\times 1\times P(X=1, Y=1)$,

所以 $P(X=1, Y=1) = \frac{5}{9}$.

(X,Y) 的概率分布如表 4.14 所示.

表 4.14

Y \ X	0	1	$p_i.$
0	$\frac{2}{9}$	$\frac{1}{9}$	$\frac{1}{3}$
1	$\frac{1}{9}$	$\frac{5}{9}$	$\frac{2}{3}$
$p_{\cdot j}$	$\frac{1}{3}$	$\frac{2}{3}$	

(2) $P(X+Y\leqslant 1) = 1 - P(X+Y>1) = 1 - P(X=1, Y=1) = 1 - \frac{5}{9} = \frac{4}{9}$.

19.(2014 年数学农) 设随机变量 X 的分布如表 4.15 所示.

表 4.15

X	-2	-1	0	1	2
p	0.1	0.3	0.2	0.3	0.1

则 $D(X-0.7) = $ _____.

解 $D(X-0.7) = D(X) = E(X^2) - [E(X)]^2$,而 $E(X^2) = 1.4$,$E(X) = 0$,则 $D(X-0.7) = 1.4$.故答案为 1.4.

20.(2014 年数学农) 设随机变量 X 的概率密度

$$f(x) = \begin{cases} \dfrac{1}{3}x^2, & -1 < x < 2, \\ 0, & \text{其他.} \end{cases}$$

令随机变量 $Y = \begin{cases} 1, & X \geqslant 0, \\ -1, & X < 0. \end{cases}$

(1) 求 Y 的概率分布;

(2) 求 $\text{Cov}(X, Y)$.

解 (1) $P(X < 0) = \int_{-\infty}^{0} f(x)\mathrm{d}x = \int_{-\infty}^{-1} f(x)\mathrm{d}x + \int_{-1}^{0} f(x)\mathrm{d}x$

$$= \int_{-1}^{0} \frac{1}{3}x^2 \mathrm{d}x = \frac{1}{9},$$

$P(X \geqslant 0) = \int_{0}^{2} f(x)\mathrm{d}x = \int_{0}^{2} \dfrac{1}{3}x^2 \mathrm{d}x = \dfrac{8}{9}$,

所以 $Y \sim \begin{pmatrix} -1 & 1 \\ \dfrac{1}{9} & \dfrac{8}{9} \end{pmatrix}$.

(2) $E(X) = \int_{-1}^{2} \dfrac{1}{3}x^3 \mathrm{d}x = \dfrac{5}{4}$,$E(Y) = -\dfrac{1}{9} + \dfrac{8}{9} = \dfrac{7}{9}$,

又 $XY = X$ 或 $-X$,则 $E(XY) = E(X)$ 或 $-E(X)$,

$\text{Cov}(X, Y) = E(XY) - E(X)E(Y) = E(XY) - \dfrac{5}{4} \cdot \dfrac{7}{9} = E(X) - \dfrac{35}{36}$ 或 $-E(X) - \dfrac{35}{36}$,即

$\text{Cov}(X,Y) = \dfrac{5}{18}$ 或 $-\dfrac{20}{9}$.

21.（2014年数学农）设二维随机变量 (X,Y) 服从 D 上的均匀分布，其中 D 是由直线 $y=x$ 和曲线 $y=x^2$ 围成的平面区域.

(1) 求 X 和 Y 的边缘概率密度 $f_X(x)$ 和 $f_Y(y)$；

(2) 求 $E(XY)$.

解 (1) 因为区域 D 的面积 $S = \displaystyle\int_0^1 (x-x^2)\,\mathrm{d}x = \dfrac{1}{6}$，则

二维随机变量 (X,Y) 的联合概率密度为

$$f(x,y) = \begin{cases} 6, & (x,y) \in D, \\ 0, & \text{其他}. \end{cases}$$

当 $0 \leqslant x \leqslant 1$ 时，$f_X(x) = \displaystyle\int_{-\infty}^{+\infty} f(x,y)\,\mathrm{d}y = \int_{x^2}^{x} 6\,\mathrm{d}y = 6(x-x^2)$,

所以 $f_X(x) = \begin{cases} 6(x-x^2), & 0 \leqslant x \leqslant 1; \\ 0, & \text{其他}. \end{cases}$

当 $0 \leqslant y \leqslant 1$ 时，$f_Y(y) = \displaystyle\int_{-\infty}^{+\infty} f(x,y)\,\mathrm{d}x = \int_{y}^{\sqrt{y}} 6\,\mathrm{d}x = 6(\sqrt{y}-y)$,

所以 $f_Y(y) = \begin{cases} 6(\sqrt{y}-y), & 0 \leqslant y \leqslant 1; \\ 0, & \text{其他}. \end{cases}$

(2) $E(XY) = \displaystyle\iint_D xy f(x,y)\,\mathrm{d}x\mathrm{d}y$

$= \displaystyle\int_0^1 \mathrm{d}x \int_{x^2}^{x} 6xy\,\mathrm{d}y = \int_0^1 3(x^3-x^5)\,\mathrm{d}x = \dfrac{1}{4}$.

22.（2015年数学一）设随机变量 X,Y 不相关，且 $E(X)=2$，$E(Y)=1$，$D(X)=3$，则 $E[X(X+Y-2)]=(\quad)$.

(A) -3 (B) 3 (C) -5 (D) 5

解 $E[X(X+Y-2)] = E[X^2+XY-2X] = E(X^2)+E(XY)-2E(X)$
$= D(X)+[E(X)]^2+E(X)E(Y)-2E(X)$
$= 3+2^2+2\times 1-2\times 2$
$= 5.$

故应选(D).

23.(2015 年数学一) 设随机变量 X 的概率密度为
$$f(x) = \begin{cases} 2^{-x}\ln 2, & x > 0, \\ 0, & x \leqslant 0. \end{cases}$$
对 X 进行独立重复的观测,且到 2 个大于 3 的观测值出现时停止,记 Y 为观测次数,(1)求 Y 的概率分布;(2)求 $E(Y)$.

解 (1)参见第二章考研真题 9.

(2) $E(Y) = \sum_{n=2}^{\infty} nP(Y=n) = \sum_{n=2}^{\infty} n(n-1)\left(\frac{1}{8}\right)^2 \left(\frac{7}{8}\right)^{n-2}$

$= \sum_{n=2}^{\infty} n(n-1)\left[\left(\frac{7}{8}\right)^{n-2} - 2\left(\frac{7}{8}\right)^{n-1} + \left(\frac{7}{8}\right)^n\right].$

记 $S_1(x) = \sum_{n=2}^{\infty} n(n-1)x^{n-2}, -1 < x < 1$,则

$S_1(x) = \sum_{n=2}^{\infty} n(n-1)x^{n-2} = \left(\sum_{n=2}^{\infty} nx^{n-1}\right)' = \left(\sum_{n=2}^{\infty} x^n\right)'' = \frac{2}{(1-x)^3}$,

$S_2(x) = \sum_{n=2}^{\infty} n(n-1)x^{n-1} = x\sum_{n=2}^{\infty} n(n-1)x^{n-2} = \frac{2x}{(1-x)^3}$,

$S_3(x) = \sum_{n=2}^{\infty} n(n-1)x^n = x^2 \sum_{n=2}^{\infty} n(n-1)x^{n-2} = \frac{2x^2}{(1-x)^3}$,

所以 $S(x) = S_1(x) - 2S_2(x) + S_3(x) = \frac{2-4x+2x^2}{(1-x)^3} = \frac{2}{1-x}$,从而,

$$E(Y) = S\left(\frac{7}{8}\right) = 16.$$

24.(2015 年数学农) 设二维离散型随机变量 (X,Y) 的概率分布如表 4.16 所示.

表 **4.16**

X \ Y	0	1
0	1/8	1/8
1	a	1/4
2	1/4	b

且 $E(Y) = \dfrac{1}{2}$.

(1)求常数 a, b；
(2)求 X 与 Y 的相关系数.

解 (1) 由 $\begin{cases} \dfrac{1}{8} \times 2 + \dfrac{1}{4} \times 2 + a + b = 1, \\ E(Y) = \dfrac{3}{8} + b = \dfrac{1}{2}. \end{cases}$ 解得 $b = \dfrac{1}{8}, a = \dfrac{1}{8}$.

(2) $\text{Cov}(X, Y) = E(XY) - E(X)E(Y) = \dfrac{1}{2} - \dfrac{9}{8} \times \dfrac{1}{2} = -\dfrac{1}{16}$,

$D(X) = E(X^2) - [E(X)]^2 = \dfrac{15}{8} - (\dfrac{9}{8})^2 = \dfrac{39}{64}$,

$D(Y) = E(Y^2) - [E(Y)]^2 = \dfrac{1}{2} - \dfrac{1}{4} = \dfrac{1}{4}$,

$\rho_{XY} = \dfrac{\text{Cov}(X,Y)}{\sqrt{D(X)}\sqrt{D(Y)}} = -\dfrac{1}{\sqrt{39}}$.

五、习题精解

(一)填空题

1.设二维随机变量 (X, Y) 的联合概率分布如表4.17所示.

表 4.17

X \ Y	0	1	2	3
1	0	3/8	3/8	0
3	1/8	0	0	1/8

则 $E(X) = \underline{\quad}, E(Y) = \underline{\quad}, D(X) = \underline{\quad}, D(Y) = \underline{\quad}$.

解 由已知 X 的边缘分布如表4.18所示.

表 4.18

X	1	3
p_i.	3/4	1/4

则 $E(X) = \dfrac{3}{2}, D(X) = \dfrac{3}{4}$.

同理可得 $E(Y) = \dfrac{3}{2}, D(Y) = \dfrac{3}{4}$.

2.设随机变量 X 与 Y 相互独立,且 $D(X) = 4, D(Y) = 2$,则 $D(3X - 2Y) = $ _____.

解 由方差的性质得 $D(3X - 2Y) = 9D(X) + 4D(Y) = 44$.

3.设随机变量 X 与 Y 的相关系数为 0.9,若随机变量 $Z = X - 0.4$,则随机变量 Z 与 Y 的相关系数 $\rho_{YZ} = $ _____.

解 由已知 $Z = X - 0.4$ 得 $D(Z) = D(X)$. 又

$$\begin{aligned}\mathrm{Cov}(Z, Y) &= E(ZY) - E(Y)E(Z) \\ &= E(XY - 0.4Y) - E(Y)E(X - 0.4) \\ &= E(XY) - E(X)E(Y) = \mathrm{Cov}(X, Y)\end{aligned}$$

所以, $\rho_{YZ} = \dfrac{\mathrm{Cov}(Z, Y)}{\sqrt{D(Z)}\sqrt{D(Y)}} = \dfrac{\mathrm{Cov}(X, Y)}{\sqrt{D(X)}\sqrt{D(Y)}} = \rho_{XY} = 0.9$.

4.设随机变量 X 与 Y 的相关系数为 $0.5, E(X) = E(Y) = 0$, $E(X^2) = E(Y^2) = 2$,则 $E(X+Y)^2 = $ _____.

解 由题意可得
$D(X) = D(Y) = 2$,
$\rho_{XY} = \dfrac{\mathrm{Cov}(X, Y)}{\sqrt{D(X)}\sqrt{D(Y)}} = \dfrac{\mathrm{Cov}(X, Y)}{2} = 0.5$,
$\mathrm{Cov}(X, Y) = 1$.
又 $\mathrm{Cov}(X, Y) = E(XY) - E(X)E(Y), E(XY) = 1$.
从而 $E(X+Y)^2 = E(X^2) + E(Y^2) + 2E(XY) = 6$.

(二)选择题

1.如果随机变量 X 与 Y 满足 $D(X+Y) = D(X-Y)$,则必有( )成立.

(A) X 与 Y 相互独立　　　　(B) X 与 Y 不相关
(C) $D(X) = 0$　　　　　　　　(D) $D(X)D(Y) = 0$

解 因为 $D(X+Y) = D(X-Y)$,则 $E(XY) - E(X)E(Y) = 0$,

第四章 随机变量的数字特征

$\text{Cov}(X,Y)=0, \rho_{XY}=0$. 故答案为(B).

2.设随机变量 X 的概率密度函数为

$$f(x) = \frac{1}{\sqrt{2\pi}} e^{-\frac{(x-1)^2}{2}} \quad (-\infty < x < +\infty),$$

则以下( )成立.

(A) $P(X<1) > P(X>1)$ (B) $P(X\leqslant 0) < P(X\geqslant 2)$
(C) $E(X)=0$ (D) $D(X)=1$

解 因为 $X \sim N(1,1)$，则 $D(X)=1$. 答案为(D).

3.设随机变量 X 与 Y 都服从正态分布，且它们不相关，则不正确的是( ).

(A) X 与 Y 一定独立 (B) (X,Y) 服从二维正态分布
(C) X 与 Y 未必独立 (D) $X+Y$ 服从一维正态分布

解 对于二维正态分布，X 与 Y 不相关是 X 与 Y 相互独立的充必要条件.另外，利用卷积公式可以得出 $X+Y$ 服从一维正态分布.故答案为(C).

4.设 $X_1, X_2, \cdots, X_9$ 相互独立，且 $E(X_i)=D(X_i)=1(i=1,2,\cdots,9)$，则对任意的 $\varepsilon>0$，有( ).

(A) $P\{|\sum_{i=1}^{9} X_i - 1| < \varepsilon\} \geqslant 1-\varepsilon^{-2}$

(B) $P\{|\frac{1}{9}\sum_{i=1}^{9} X_i - 1| < \varepsilon\} \geqslant 1-\varepsilon^{-2}$

(C) $P\{|\sum_{i=1}^{9} X_i - 9| < \varepsilon\} \geqslant 1-\varepsilon^{-2}$

(D) $P\{|\sum_{i=1}^{9} X_i - 9| < \varepsilon\} \geqslant 1-9\varepsilon^{-2}$

解 由题设知

$$E(\sum_{i=1}^{9} X_i) = \sum_{i=1}^{9} E(X_i) = 9, D(\sum_{i=1}^{9} X_i) = \sum_{i=1}^{9} D(X_i) = 9;$$

$$E(\frac{1}{9}\sum_{i=1}^{9} X_i) = \frac{1}{9}\sum_{i=1}^{9} E(X_i) = 1, D(\frac{1}{9}\sum_{i=1}^{9} X_i) = \frac{1}{81}D(\sum_{i=1}^{9} X_i) = \frac{1}{9};$$

由切比雪夫不等式得到

$$P\{\left|\sum_{i=1}^{9}X_i - E(\sum_{i=1}^{9}X_i)\right| < \varepsilon\} =$$

$$P\{\left|\sum_{i=1}^{9}X_i - 9\right| < \varepsilon\} \geq 1 - \frac{D(\sum_{i=1}^{9}X_i)}{\varepsilon^2} = 1 - 9\varepsilon^{-2};$$

$$P\{\left|\frac{1}{9}\sum_{i=1}^{9}X_i - E(\frac{1}{9}\sum_{i=1}^{9}X_i)\right| < \varepsilon\} =$$

$$P\{\left|\frac{1}{9}\sum_{i=1}^{9}X_i - 1\right| < \varepsilon\} \geq 1 - \frac{D(\frac{1}{9}\sum_{i=1}^{9}X_i)}{\varepsilon^2} = 1 - \frac{1}{9\varepsilon^2}.$$

故答案为(D).

(三)计算题

1.设随机变量 X 的概率分布如表 4.19 所示.

表 4.19

X	-2	0	2	3	4
p_i	0.3	0.3	0.2	0.1	0.1

求 $E(X), D(X), E(2X^2 + 3)$.

解 由已知有

$E(X) = 0.5$,

$E(X^2) = 4.5$,

$D(X) = E(X^2) - [E(X)]^2 = 4.5 - 0.5^2 = 4.25$,

$E(2X^2 + 3) = 2E(X^2) + 3 = 12.$

2.设随机变量 X 具有概率分布

$$P(X = i) = \frac{1}{5}, \quad i = 1, 2, 3, 4, 5.$$

求 $E(X), D(X)$.

解 由已知有

$$E(X) = \frac{1}{5}(1 + 2 + 3 + 4 + 5) = 3,$$

$$E(X^2) = \frac{1}{5}(1^2 + 2^2 + 3^2 + 4^2 + 5^2) = 11,$$

第四章 随机变量的数字特征

$$D(X) = E(X^2) - [E(X)]^2 = 11 - 3^2 = 2.$$

3. 设盒中共有 5 个球,其中 3 个白球,2 个黑球.从中任取两球,求白球数 X 的数学期望.

解 X 的概率分布如表 4.20 所示.

表 4.20

X	0	1	2
p_k	$\dfrac{C_2^2}{C_5^2}=\dfrac{1}{10}$	$\dfrac{C_2^1 C_3^1}{C_5^2}=\dfrac{6}{10}$	$\dfrac{C_3^2}{C_5^2}=\dfrac{3}{10}$

则 $E(X)=1.2$.

4. 设随机变量 X 的分布函数为

$$F(x) = \begin{cases} 0, & x < -1; \\ a + b\arcsin x, & -1 \leqslant x < 1; \\ 1, & x \geqslant 1. \end{cases}$$

确定常数 a, b,并求 $E(X)$.

解 由连续性,$\lim\limits_{x \to -1^-} F(x) = F(-1)$,得 $a - \dfrac{\pi}{2}b = 0$,

又由 $\lim\limits_{x \to 1^-} F(x) = F(1)$,得 $a + \dfrac{\pi}{2}b = 1$,则 $a = \dfrac{1}{2}, b = \dfrac{1}{\pi}$.

随机变量 X 的概率密度函数为

$$f(x) = \begin{cases} \dfrac{1}{\pi\sqrt{1-x^2}}, & -1 \leqslant x < 1; \\ 0, & \text{其他}. \end{cases}$$

则 $E(X) = \int_{-\infty}^{+\infty} x f(x) \mathrm{d}x = \int_{-1}^{+1} x \dfrac{1}{\pi\sqrt{1-x^2}} \mathrm{d}x = 0.$

5. 设随机变量 X 的概率密度函数为

$$p(x) = \dfrac{1}{2}\mathrm{e}^{-|x|}, \quad -\infty < x < +\infty,$$

求 $E(X)$.

解 $E(X) = \int_{-\infty}^{+\infty} x p(x) \mathrm{d}x = \dfrac{1}{2} \int_{-\infty}^{+\infty} x \mathrm{e}^{-|x|} \mathrm{d}x.$ 因为 $x \mathrm{e}^{-|x|}$ 为奇

函数,故 $E(X)=0$.

6.证明:当 $x=E(X)$ 时,$E(X-x)^2$ 的值最小,最小值为 $D(X')$.

证 令 $f(x)=E(X-x)^2=x^2-2xE(X)+E(X^2)$,则 $f'(x)=2x-2E(X)$,当 $f'(x)=0$ 时,$x=E(X)$,此时 $f(x)=E(X-x)^2$ 取最小值,其最小值为

$$f(E(X))=E(X-E(X))^2$$
$$=[E(X)]^2-2[E(X)]^2+E(X^2)$$
$$=E(X^2)-[E(X)]^2=D(X).$$

7.设 $X_1,X_2,\cdots,X_n$ 独立同分布,期望为 μ,方差为 σ^2,且

$$Y=\frac{1}{n}(X_1+X_2+\cdots+X_n),$$

求 $E(Y)$ 和 $D(Y)$.

解 因为 $X_1,X_2,\cdots,X_n$ 独立同分布,则

$$E(Y)=\frac{1}{n}E(\sum_{i=1}^{n}X_i)=\frac{1}{n}\cdot n\cdot\mu=\mu,$$
$$D(Y)=\frac{1}{n^2}D(\sum_{i=1}^{n}X_i)=\frac{1}{n^2}\cdot n\cdot\sigma^2=\frac{\sigma^2}{n}.$$

8.已知 $D(X)=25,D(Y)=36,\rho_{XY}=0.4$,求 $D(X+Y)$ 和 $D(X-Y)$.

解 $D(X+Y)=D(X)+D(Y)+2\text{Cov}(X,Y)$
$$=25+36+2\cdot0.4\cdot\sqrt{25}\cdot\sqrt{36}=85,$$
$D(X-Y)=D(X)+D(Y)-2\text{Cov}(X,Y)$
$$=25+36-2\cdot0.4\cdot\sqrt{25}\cdot\sqrt{36}=37.$$

9.设二维随机变量 (X,Y) 的联合概率分布如表 4.21 所示.

表 4.21

X \ Y	0	1
0	0.3	0.2
1	0.4	0.1

求 $\text{Cov}(X,Y),\rho_{XY}$.

解 由已知,X,Y,XY 的概率分布分别如表 4.22、表 4.23、表 4.24 所示.

表 4.22

X	0	1
p	0.5	0.5

表 4.23

Y	0	1
p	0.7	0.3

表 4.24

XY	0	1
p	0.9	0.1

则 $E(X) = E(X^2) = 0.5, D(X) = 0.25, E(Y) = E(Y^2) = 0.3,$
$D(Y) = 0.21, E(XY) = 0.1,$
所以
$$\mathrm{Cov}(X,Y) = E(XY) - E(X)E(Y) = -0.05;$$
$$\rho_{XY} = \frac{\mathrm{Cov}(X,Y)}{\sqrt{D(X)}\sqrt{D(Y)}} = -0.218.$$

10. 已知生男孩的概率等于 0.515,求在 10 000 个婴儿中女孩不少于男孩的概率.

解 设 10 000 个婴儿中有 X 个男婴,则 $X \sim B(10\ 000, 0.515)$,
$E(X) = np = 5\ 150, D(X) = npq = 2\ 497.75.$
根据中心极限定理,有
$$P(X \leqslant 5\ 000) = P(\frac{X-np}{\sqrt{npq}} \leqslant \frac{5\ 000-np}{\sqrt{npq}})$$
$$= \Phi(-3) = 1 - \Phi(3)$$
$$= 1 - 0.998\ 65 \approx 0.001\ 3.$$

11. 设一个系统由 100 个相互独立起作用的部件组成,每个部件损坏的概率为 0.1,必须有 85 个以上的部件正常工作才能使整个系统工作正常,求整个系统能正常工作的概率.

解 设 100 个部件中正常工作的部件为 X 个,则
$X \sim B(100, 0.9), E(X) = np = 90, D(X) = npq = 9.$
根据中心极限定理,有
$$P(X > 85) = 1 - P(X \leqslant 85) = 1 - P(\frac{X-np}{\sqrt{npq}} \leqslant \frac{85-np}{\sqrt{npq}})$$
$$= 1 - \Phi(-\frac{5}{3}) = \Phi(1.67) = 0.952\ 5.$$

六、模拟试题

(一)填空题(每小题 4 分,共 20 分)

1. 设 $D(X)=D(Y)=3$,X,Y 相互独立,则 $D(X-2Y)=$ _____。

2. 100 个产品中有 5 个次品,任取 10 个,则次品个数的数学期望为 _____,方差为 _____。

3. 设随机变量 $X \sim B(100,0.2)$,则 $D(X)=$ _____。

4. 设连续型随机变量 X 的概率密度函数为 $f(x)=\frac{1}{20\sqrt{2\pi}}e^{-\frac{(x-10)^2}{800}}$,则 $D(X)=$ _____。

5. 设随机变量 X 和 Y 的数学期望分别为 -3 和 3,方差分别为 2 和 4,且随机变量 X 和 Y 相互独立,则根据切比雪夫不等式 $P(|X+Y| \geqslant 6) \leqslant$ _____。

(二)选择题(每小题 4 分,共 20 分)

1. 已知随机变量 X 服从二项分布,且 $E(X)=7$,$D(X)=2.1$,则二项分布的参数为( )。

(A) $n=20, p=0.35$ (B) $n=10, p=0.7$

(C) $n=20, p=0.65$ (D) $n=10, p=0.3$

2. 设连续型随机变量 X 的密度函数为 $f(x)=\begin{cases}3x^2, & 0 \leqslant x \leqslant 1 \\ 0, & \text{其他}\end{cases}$,则 $E(X)=$ ( )。

(A) $\int_0^1 3x^3 \mathrm{d}x$ (B) $\int_{-\infty}^{+\infty} 3x^3 \mathrm{d}x$

(C) $\int_0^1 3x^2 \mathrm{d}x$ (D) $\int_0^{+\infty} x^3 \mathrm{d}x$

3. 设随机变量 X 和 Y 独立,若 $D(X)=1$,$D(Y)=2$,且 $Z=2X-Y+1$,则 $D(Z)=$ ( )。

(A) 1   (B) 7   (C) 6   (D) 2

4. 设随机变量 X 和 Y 的方差存在且不等于 0,则 $D(X+Y)=D(X)+D(Y)$ 是 X 和 Y ( )。

(A)不相关的充分条件,但不是必要条件

(B)独立的必要条件,但不是充分条件

(C)不相关的充分必要条件

(D)独立的充分必要条件

5.如果随机变量 X 和 Y 满足 $D(X+Y)=D(X-Y)$,则必有( ).

(A) X 与 Y 相互独立   (B) X 与 Y 不相关

(C) $D(X)=0$ (D) $D(X)D(Y)=0$

(三)计算题(共 60 分)

1.一名射手击中靶的概率为 0.5,连续射击直到打中为止,各次射击相互独立,但最多射击三次.求该射手所需子弹数 X 的分布列、均值、方差.(10 分)

2.一民航送客车有 20 位旅客自机场开出,旅客有 10 个车站可以下车,如到达一个车站没有旅客下车就不停车,以 X 表示停车的次数,求 $E(X)$(设每位旅客在各个车站下车都是等可能的,并设各旅客是否下车相互独立).(10 分)

3.一台设备由三大部件构成,在设备运转中各部件需要调整的概率相应为 0.10,0.20,0.30.假设各部件的状态相互独立,以 X 表示同时需要调整的部件数,试求 X 的数学期望 $E(X)$ 与方差 $D(X)$.(10 分)

4.设随机变量 $X \sim N(\mu,\sigma^2), Y \sim N(\mu,\sigma^2)$,且 X 和 Y 相互独立,已知 $Z_1=aX+bY, Z_2=aX-bY$,求 Z_1 和 Z_2 的相关系数 $\rho_{Z_1 Z_2}$(其中 a,b 是不为 0 的常数).(10 分)

5.(10 分)设随机变量 X 的概率密度为

$$f(x)=\begin{cases} ax, & 0<x<2; \\ cx+bx, & 2\leqslant x\leqslant 4; \\ 0, & \text{其他}. \end{cases}$$

又已知 $E(X)=2, D(X)=\dfrac{2}{3}$,试求:

(1) a、b、c 的值.

(2)随机变量 $Y=e^X$ 的数学期望和方差.

6.某学校有1 000名学生,每人以80%的概率去图书馆自习。问:图书馆应至少设多少个座位,才能以99%的概率保证去上自习的同学都有座位?(10分)

七、模拟试题参考答案

(一)填空题

1.15   2. 0.5, $\dfrac{9}{44}$ 3. 16   4. 400   5. $\dfrac{1}{6}$

(二)选择题

1.(B)   2.(A)   3.(C)   4.(C)   5.(B)

(三)计算题

1.解   随机变量 X 的分布列如表 4.25 所示.

表 4.25

X	1	2	3
p_i	0.5	$0.5 \times 0.5 = 0.25$	$(0.5)^2 \times 0.5 + (0.5)^3 = 0.25$

因此 $E(X) = \sum\limits_{i=1}^{3} x_i p_i = 1.75$

$$D(X) = E(X^2) - E^2(X) = \sum_{i=1}^{3} x_i^2 p_i - (1.75)^2$$
$$= 3.75 - 3.062\,5 = 0.687\,5 \approx 0.69.$$

2.解   设 X 表示客车停车的次数,令 $X_i = 1$ 为在第 i 站有人下车;$X_i = 0$ 为在第 i 站没有人下车 ($i = 1, 2, \cdots, 10$).

于是 $X = \sum\limits_{i=1}^{10} X_i$. 又

$$P(X_i = 0) = \left(\dfrac{9}{10}\right)^{20},$$

$$P(X_i = 1) = 1 - \left(\dfrac{9}{10}\right)^{20},$$

$$E(X_i) = 1 - \left(\dfrac{9}{10}\right)^{20} \ (i = 1, 2, \cdots, 10).$$

因此

第四章 随机变量的数字特征

$$E(X) = E(X_1) + E(X_2) + \cdots + E(X_{10})$$
$$= 10 E(X_i)$$
$$= 10 \times [1 - (\frac{9}{10})^{20}]$$
$$\approx 8.874.$$

3.解 设事件 A_i 表示"第 i 个部件需要调整", $i = 1, 2, 3$. 由题设知 A_1, A_2, A_3 相互独立,且 $P(A_1) = 0.10, P(A_2) = 0.20, P(A_3) = 0.30$,

于是
$$P(X = 0) = P(\overline{A}_1 \overline{A}_2 \overline{A}_3) = P(\overline{A}_1) P(\overline{A}_2) P(\overline{A}_3)$$
$$= 0.9 \times 0.8 \times 0.7 = 0.504,$$
$$P(X = 1) = P(A_1 \overline{A}_2 \overline{A}_3) + P(\overline{A}_1 A_2 \overline{A}_3) + P(\overline{A}_1 \overline{A}_2 A_3) = 0.398,$$
$$P(X = 3) = P(A_1 A_2 A_3) = 0.006,$$
$$P(X = 2) = 1 - P(X = 0) - P(X = 1) - P(X = 3) = 0.092.$$
所以 $E(X) = 0.6, E(X^2) = 0.82, D(X) = 0.46.$

4.解 由题意有
$$D(Z_1) = D(aX + bY) = a^2 D(X) + b^2 D(Y) = \sigma^2(a^2 + b^2),$$
$$D(Z_2) = D(aX - bY) = a^2 D(X) + b^2 D(Y) = \sigma^2(a^2 + b^2),$$
$$\text{Cov}(Z_1, Z_2) = \text{Cov}(aX + bY, aX - bY)$$
$$= \text{Cov}(aX + bY, aX) - \text{Cov}(aX + bY, bY)$$
$$= a^2 \text{Cov}(X, X) + ab \text{Cov}(Y, X)$$
$$\quad - ab \text{Cov}(X, Y) - b^2 \text{Cov}(Y, Y)$$
$$= a^2 D(X) - b^2 D(Y)$$
$$= \sigma^2(a^2 - b^2).$$

故 $\rho_{Z_1 Z_2} = \dfrac{a^2 - b^2}{a^2 + b^2}.$

5.解 (1) 因为 $f(x)$ 为概率密度函数,故
$$\int_{-\infty}^{+\infty} f(x) \mathrm{d}x = \int_0^2 ax \mathrm{d}x + \int_2^4 (cx + b) \mathrm{d}x = 1, 则$$
$$2a + 2b + 6c = 1. \qquad ①$$

又 $E(X) = \int_{-\infty}^{+\infty} xf(x)\mathrm{d}x = \int_0^2 ax^2 \mathrm{d}x + \int_2^4 x(cx+b)\mathrm{d}x = 2$，故有

$$4a + 9b + 28c = 3. \qquad ②$$

因 $D(X) = \dfrac{2}{3}$，于是

$$E(X^2) = D(X) - [E(X)]^2 = \dfrac{14}{3},$$

$$E(X^2) = \int_{-\infty}^{+\infty} x^2 f(x)\mathrm{d}x = \int_0^2 ax^3 \mathrm{d}x + \int_2^4 x^2(cx+b)\mathrm{d}x = \dfrac{14}{3},$$

故有

$$6a + 28b + 90c = 7. \qquad ③$$

联立式①、②、③解得

$$a = \dfrac{1}{4}, b = 1, c = -\dfrac{1}{4}.$$

(2) $E(Y) = E(\mathrm{e}^X) = \displaystyle\int_{-\infty}^{+\infty} \mathrm{e}^x f(x)\mathrm{d}x$

$= \displaystyle\int_0^2 \dfrac{x}{4}\mathrm{e}^x \mathrm{d}x + \int_2^4 \left(-\dfrac{x}{4}+1\right)\mathrm{e}^x \mathrm{d}x = \dfrac{1}{4}(\mathrm{e}^2-1)^2,$

$E(Y^2) = E(\mathrm{e}^{2X}) = \displaystyle\int_{-\infty}^{+\infty} \mathrm{e}^{2x} f(x)\mathrm{d}x$

$= \displaystyle\int_0^2 \dfrac{x}{4}\mathrm{e}^{2x} \mathrm{d}x + \int_2^4 \left(-\dfrac{x}{4}+1\right)\mathrm{e}^{2x} \mathrm{d}x = \dfrac{1}{16}(\mathrm{e}^4-1)^2,$

$D(Y) = E(Y^2) - [E(Y)]^2 = \dfrac{1}{4}\mathrm{e}^2(\mathrm{e}^2-1)^2.$

6.解 设 X 表示同时去图书馆上自习的人数，图书馆至少应设 n 个座位，才能以 99% 的概率保证去上自习的同学都有座位，即 n 满足

$$P(X \leqslant n) \geqslant 0.99.$$

因为 $X \sim B(1\,000, 0.8)$，$E(X) = 800$，$D(X) = 160$ 由棣莫弗—拉普拉斯中心极限定理，得

$$P(X \leqslant n) = P\left(\dfrac{0-800}{\sqrt{160}} < \dfrac{X-800}{\sqrt{160}} \leqslant \dfrac{n-800}{\sqrt{160}}\right)$$

$$\approx \Phi(\frac{n-800}{12.65}) - \Phi(-63.24)$$

$$\approx \Phi(\frac{n-800}{12.65}) - 0 \geqslant 0.99,$$

查表得 $\Phi(2.33) = 0.99$,从而

$$\frac{n-800}{12.65} \geqslant 2.33, n \geqslant 829.5.$$

因此,图书馆至少应设 830 个座位.

第五章 样本及统计量

一、知识结构

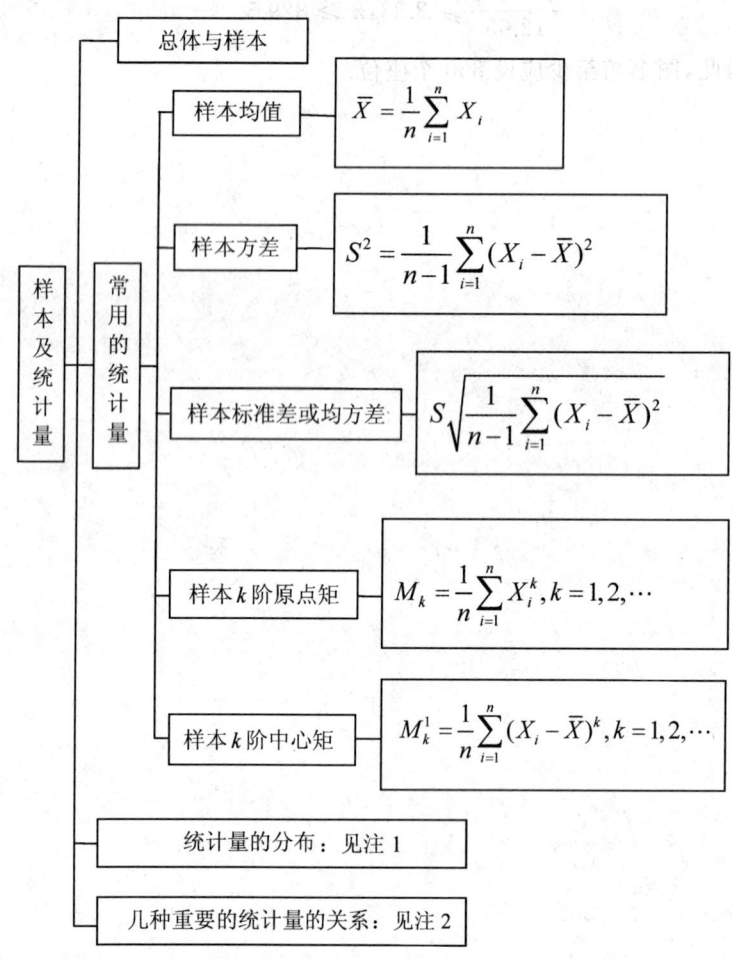

注 1:

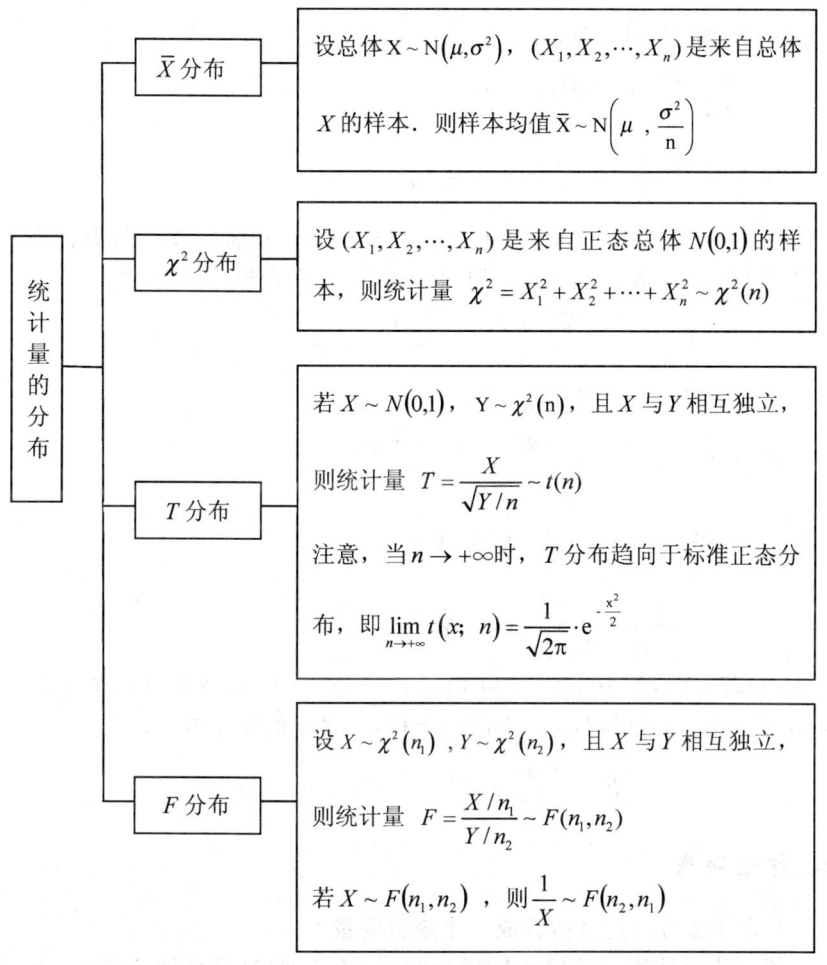

注 2:
(1) 若 $(X_1, X_2, \cdots, X_n)$ 是来自正态总体 $N(\mu, \sigma^2)$ 的一个简单随机样本,$\overline{X} = \dfrac{1}{n}\sum_{i=1}^{n} X_i$ 与 $S^2 = \dfrac{1}{n-1}\sum_{i=1}^{n}(X_i - \overline{X})^2$ 分别为样本均值与样本方差,则

① $\overline{X} \sim N\left(\mu, \dfrac{1}{n}\sigma^2\right)$；

② $\overline{X}$ 与 S^2 相互独立；

③ $\dfrac{(n-1)}{\sigma^2}S^2 \sim \chi^2(n-1)$；

④ $T = \dfrac{(\overline{X}-\mu)}{S}\sqrt{n} \sim t(n-1)$.

(2) 若 $(X_1, X_2\cdots, X_{n_1})$ 和 $(Y_1, Y_2\cdots, Y_{n_2})$ 分别是来自两个正态总体 $N(\mu_1, \sigma^2)$ 和 $N(\mu_2, \sigma^2)$ 的两个样本，且它们相互独立，则

$$T = \dfrac{(\overline{X}-\overline{Y})-(\mu_1-\mu_2)}{S_{12}\sqrt{\dfrac{1}{n_1}+\dfrac{1}{n_2}}} \sim t(n_1+n_2-2).$$

其中，$S_{12}^2 = \dfrac{(n_1-1)S_1^2 + (n_2-1)S_2^2}{n_1+n_2-2}$，

$$S_1^2 = \dfrac{1}{n_1-1}\sum_{i=1}^{n_1}(X_i-\overline{X})^2,$$

$$S_2^2 = \dfrac{1}{n_2-1}\sum_{i=1}^{n_2}(Y_i-\overline{Y})^2.$$

(3) 若 $(X_1, X_2\cdots, X_{n_1})$ 和 $(Y_1, Y_2\cdots, Y_{n_2})$ 分别是来自两个正态总体 $N(\mu_1, \sigma_1^2)$ 和 $N(\mu_2, \sigma_2^2)$ 的两个样本，且它们相互独立，则

$$F = \dfrac{S_1^2 \sigma_2^2}{S_2^2 \sigma_1^2} \sim F(n_1-1, n_2-1).$$

二、释难解惑

1. 为什么可以把总体看成一个随机变量？

答 当总体表示某项数量指标时，对于 X 的每个个体，都有一个对应的取值，这个取值有一定的分布，而且具有随机性，所以 X 是一个随机变量，因此，对总体的研究就转化为对随机变量的研究，了解了随机变量 X，也就了解了总体，X 的分布函数和数字特征就是总体的分布函数和数字特征.

2. 在实际问题中怎样抽取简单随机样本？

答 在实际问题中,一般情况下总体都是有限总体,对有限总体,当总体中个体总数不是太大时,从总体中抽取一个个体观察再放回,然后再抽取一个个体观察再放回,依此类推,做放回抽样,便能得到简单随机样本;而当总体中个体总数比样本容量大得多时,我们可以采用不放回抽样,也可近似得到简单随机样本.

3.为什么要抽取样本构造统计量?

答 要了解总体的性质,最理想的办法是对每个个体逐个观察,但实际上此种做法往往是不现实的.

一方面,因为许多观察或试验是破坏性的;或者由于总体中个体数一般比较大,观察或试验要耗费大量的人力、物力、财力.例如,研究某厂生产灯泡的寿命,一批灯泡的结果知道了,灯泡也烧毁了,因此最好是抽取一部分灯泡做试验,记录其结果,然后根据这些结果数据来推断新生产的全部灯泡的寿命情况.再如,要调查某种树木在某省的分布情况,不可能对全省所有该种树木一棵棵数,这样难度大,又耗时耗力,不切合实际,因此往往是抽取几个有代表性的地方,调查这些地方该种树木的分布情况,进而推断出全省该树木的分布情况.

另一方面,样本是来自总体的,样本的性质在一定程度上反映了总体的性质,但是直接用样本本身有时太繁琐,不容易用数学方法来研究,有时又难以提供有效的易了解的信息,因此必须对样本进行加工处理,构造不含未知参数的样本的连续函数,即统计量.例如要了解某省某年高考某科成绩的情况,我们会从所有试卷中抽取比如 10 000 份,也就是抽取容量为 10 000 的样本,如果一个一个看分数,就难以有一个直观的认识和了解,但如果给出平均分、最高分、最低分,那一看就能给人一个大致的印象,设抽取的样本为 $(X_1,X_2,\cdots,X_{10\,000})$,则 $\overline{X}$、$\max(X_1,X_2,\cdots,X_{10\,000})$、$\min(X_1,X_2,\cdots,X_{10\,000})$ 分别就是平均分、最高分、最低分,它们都是构造的统计量.

总之,抽样样本构造统计量主要是为了在研究问题过程中,使所用的手段服从经济规律,节省人力、物力、财力,方便数学方法研究.

4.经验分布函数与分布函数有什么关系?

答 经验分布函数是由总体 X 的一个样本 $X_1,X_2,\cdots,X_n$ 的一次

实现 $x_1, x_2, \cdots, x_n$ 构造的一个函数,它既是 x 的函数,又是顺序统计量 $X_{(1)}, X_{(2)}, \cdots, X_{(n)}$ 的函数,显然,它对不同的样本,不同次的实现是不唯一的。

经验分布函数 $F_n(x)$ 在样本的一组观察值确定后就确定了,它具有:
(1) 单调不减性 当 $x_1 < x_2$ 时 $F_n(x_1) < F_n(x_2)$.
(2) 有界性 $0 \leqslant F_n(x) \leqslant 1$.
(3) 右连续性 $F(x+0) = F(x)$.

因此,经验分布函数 $F_n(x)$ 是随机变量的分布函数.事实上,它可以视为一个概率分布 $P\{X = x_k\} = \dfrac{1}{n} (k = 1, 2, \cdots, n)$ 的离散型随机变量的分布函数。

经验分布函数 $F_n(x)$ 的值依赖于样本观测值,不含未知数,是一个统计量.又因为对每一组样本观察值,有不同的 $F_n(x)$,所以经验分布函数又是一个随机变量.由格里汶科定理,当 $n \to \infty$ 时,$F_n(x)$ 关于 x 依概率收敛于 $F_n(x)$.因此,当 n 充分大时($n \geqslant 50$,最好 $n \geqslant 100$),用 $F_n(x)$ 代替 $F(x)$ 是可行的.

5. 什么是自由度? 怎样计算自由度?

答 自由度通常是指不受任何约束、可以自由变动的变量的个数.在数理统计概念中,自由度是对随机变量的二次型而言的,因为一个含有 n 个变量的二次型

$$\sum_{i=1}^{n} \sum_{j=1}^{n} a_{ij} X_i X_j \quad (a_{ij} = a_{ji}; i, j = 1, 2, \cdots, n)$$

的秩是指对称矩阵 $A = (a_{ij})_{n \times n}$ 的秩,它的大小反映 n 个变量中能自由变动的无约束的多少,所谓自由度,就是二次型的秩.

计算自由度有两种方法,举例如下:求统计量 $\sum_{i=1}^{n} (X_i - \overline{X})^2$ 的自由度.

$$\sum_{i=1}^{n}(X_i - \overline{X})^2 = \sum_{i=1}^{n} X_i^2 - n\overline{X}^2 = \sum_{i=1}^{n} X_i^2 - \frac{1}{n}(\sum_{i=1}^{n} X_i)^2$$

$$= \sum_{i=1}^{n}(1 - \frac{1}{n})X_i^2 + \sum_{i \neq j}(-\frac{1}{n})X_i X_j$$

$$= X^{\mathrm{T}} A X,$$

其中

$$X = \begin{pmatrix} X_1 \\ X_2 \\ \vdots \\ X_n \end{pmatrix}, A = \begin{pmatrix} 1-\dfrac{1}{n} & -\dfrac{1}{n} & -\dfrac{1}{n} & \cdots & -\dfrac{1}{n} \\ -\dfrac{1}{n} & 1-\dfrac{1}{n} & -\dfrac{1}{n} & \cdots & -\dfrac{1}{n} \\ \vdots & & & & \vdots \\ -\dfrac{1}{n} & -\dfrac{1}{n} & -\dfrac{1}{n} & \cdots & 1-\dfrac{1}{n} \end{pmatrix}.$$

通过矩阵的初等变换可以求得 A 的秩为 $n-1$,所以统计量 $\sum_{i=1}^{n}(X_i-\overline{X})^2$ 的自由度为 $n-1$. 另一种简单的说法是,因为统计量的样本容量为 n,统计量中含有 $\overline{X}$,而 $\overline{X} = \dfrac{1}{n}(x_1 + x_2 + \cdots + x_n)$ 是一个约束条件,所以统计量的自由度为 $n-1$.

在一般的问题中,通常都采用这种简单的说法. 如 $\dfrac{(n-1)S^2}{\sigma^2}$,$\dfrac{\overline{X}-\mu}{S/\sqrt{n}}$ 中因为含 $\overline{X}$ 和 S^2,是一个约束条件,所以自由度为 $n-1$;而 $\dfrac{\overline{X}-\overline{Y}-(\mu_1-\mu_2)}{S_w\sqrt{\dfrac{1}{n_1}+\dfrac{1}{n_2}}}$ 中含有 $\overline{X}$ 和 $\overline{Y}$,有两个约束条件,所以自由度为 $n_1 + n_2 - 2$.

6. U 分布、t 分布、χ^2 分布和 F 分布等统计量之间有什么联系和区别?

答 这些分布都是正态总体下的抽样分布,都是在正态总体的前提下,用不同的方式构造出来的. 因为构造的形式不同,所得的分布也就不同,所以它们既有联系又有区别.

例如,t 分布与标准正态分布十分相似,当 $n \to \infty$ 时,两者没有大的区别;但当 n 较小时,区别就较明显了. 如 t 分布在 $|x| \to \infty$,密度函数是 $|x|^{-n+1}$ 数量级的. 而标准正态分布的密度函数是 $\mathrm{e}^{-\frac{x^2}{2}}$ 数量级的.

因此，t 分布只有最高到 $n-1$ 阶（整数阶），而标准正态分布有任意阶矩，且 t 分布的方差（若存在）也比标准正态分布的方差大．

7. 什么是大样本和小样本？

答 在样本容量固定的条件下进行的统计推断和分析问题称为小样本问题，因为样本容量固定时，如能得到有关统计量或样本函数的精确分布，就能较精确地和满意地讨论和分析各种统计问题．

在样本容量趋于无穷的条件下进行的统计推断和分析问题称为大样本问题，此时能求出有关统计量或样本函数的极限分布，也可以利用极限分布作为近似分布来作统计推断．

所以，大样本和小样本不单纯是以样本容量的大小来区分的，主要是以得到统计量或样本函数的方式（固定容量或极限形式）来区分的．

三、典型例题

题型 I 求样本的联合分布函数、经验分布函数

例 5.1 设某电话交换台一个小时内收到的呼唤次数 X 服从参数为 $\lambda(\lambda>0)$ 的泊松分布，$X_1,X_2,\cdots,X_n$ 是来自总体 X 的简单随机样本．求 $(X_1,X_2,\cdots,X_n)$ 的联合分布律．

解 因总体 X 具有分布律 $P\{X=x_k\}=\dfrac{\lambda^k}{k!}\mathrm{e}^{-\lambda}(k=0,1,2,\cdots)$，所以样本 $(X_1,X_2,\cdots,X_n)$ 的联合分布律

$$P\{X_1=x_1,X_2=x_2,\cdots,X_n=x_n\}$$
$$=\prod_{k=1}^{n}P\{X_k=x_k\}$$
$$=\prod_{k=1}^{n}\frac{\lambda^{x_k}}{x_k!}\mathrm{e}^{-\lambda}$$
$$=\frac{\lambda^{\sum x_k}}{x_1!\ x_2!\cdots x_n!}\mathrm{e}^{-n\lambda}$$
$$(x_k=0,1,2,\cdots;k=1,2,\cdots,n).$$

例 5.2 随机地观察总体 X，得到 7 个数据为：1,1,2,3,3,3,5，求经验分布函数 $F_7(x)$ 的观察值．

解

$$F_7(x) = \begin{cases} 0, & x < 1; \\ \dfrac{2}{7}, & 1 \leqslant x < 2; \\ \dfrac{3}{7}, & 2 \leqslant x < 3; \\ \dfrac{6}{7}, & 3 \leqslant x < 5; \\ 1, & x \geqslant 5. \end{cases}$$

题型 Ⅱ　求统计量的数字特征

例 5.3　某电器厂某种悬式绝缘子电机破坏负荷数值分组列表如表 5.1 所示.

表 5.1

组数	5.5~6	6~6.5	6.5~7	7~7.5	7.5~8	8~8.5	8.5~9	9~9.5	9.5~10
频数	4	3	15	42	49	78	50	31	5

若各组以组中值作为样本中的数值,近似计算样本均值,样本方差.

解　首先计算各组的组中值,得如表 5.2 分布.

表 5.2

组数	5.75	6.25	6.75	7.25	7.75	8.25	8.75	9.25	9.75
频数	4	3	15	42	49	78	50	31	5

$$\overline{X} = \frac{1}{277}\sum_{i=1}^{9} m_i x_i = \frac{1}{277}(4 \times 5.75 + \cdots + 5 \times 9.75) = 8.1,$$

$$S^2 = \frac{1}{276}\sum_{i=1}^{9} m_i (x_i - \overline{x})^2$$

$$= \frac{1}{276}[4 \times (5.75 - 8.1)^2 + \cdots + 5 \times (9.75 - 8.1)^2] = 0.79.$$

例 5.4　设 $X_1, X_2, \cdots, X_n$ 是来自总体 $X \sim N(\mu, \sigma^2)$ 的样本,$Y = \sum_{i=1}^{n-1}(X_{i+1} - X_i)^2$,求 $E(Y)$.

解法一　由于

$$Y = \sum_{i=1}^{n-1}(X_{i+1}-X_i)^2 = \sum_{i=1}^{n-1}X_{i+1}^2 + \sum_{i=1}^{n-1}X_i^2 - 2\sum_{i=1}^{n-1}X_{i+1}X_i,$$

所以

$$E(Y) = \sum_{i=1}^{n-1}E(X_{i+1}^2) + \sum_{i=1}^{n-1}E(X_i^2) - 2\sum_{i=1}^{n-1}E(X_{i+1})E(X_i)$$
$$= (n-1)(\mu^2+\sigma^2) + (n-1)(\mu^2+\sigma^2) - 2(n-1)\mu^2 = 2(n-1)\sigma^2.$$

解法二 由于
$$E(X_{i+1}-X_i) = 0,$$

所以
$$E(X_{i+1}-X_i)^2 = D(X_{i+1}-X_i),$$

又 X_{i+1} 与 X_i 相互独立,从而

$$E(X_{i+1}-X_i)^2 = D(X_{i+1}-X_i) = D(X_{i+1}) + D(X_i)$$
$$= 2\sigma^2, \quad i=1,2,\cdots,n-1.$$

$$E(Y) = E\left[\sum_{i=1}^{n-1}(X_{i+1}-X_i)^2\right] = \sum_{i=1}^{n-1}D(X_{i+1}-X_i)$$
$$= 2(n-1)\sigma^2.$$

题型 Ⅲ 求样本容量

例 5.5 设总体 $X \sim N(72,100)$,为使样本均值大于 70 的概率不小于 0.95,样本容量 n 至少应取多大?($\Phi(1.645)=0.95$)

解 由题意知,$\overline{X} \sim N(72, \dfrac{100}{n})$,所以

$$0.95 \leqslant P\{\overline{X} > 70\} = P\left\{\frac{\sqrt{n}(\overline{X}-72)}{10} > \frac{\sqrt{n}(70-72)}{10}\right\}$$
$$= 1 - \Phi(-\frac{\sqrt{n}}{5}) = \Phi(\frac{\sqrt{n}}{5}).$$

反查正态分布表,得 $\dfrac{\sqrt{n}}{5} \geqslant 1.645$,所以 $n \geqslant 67.65$,即 $n \geqslant 68$.

例 5.6 设总体 $X \sim N(40, 5^2)$.
(1) 抽取容量 $n=64$ 的样本,求 $P\{|\overline{X}-40|<1\}$;
(2) 求取样本容量 n 为多少时,才能使 $P\{|\overline{X}-40|<1\} = 0.95$.

解 (1) 对于容量为 64 的样本,样本均值 $\overline{X}$ 的分布为 $N(40, \frac{5^2}{64})$,即 $N\left(40, \left(\frac{5}{8}\right)^2\right)$,因此

$$P\{|\overline{X}-40|<1\} = P\{-1<\overline{X}-40<1\}$$
$$= P\left\{-1.6 < \frac{8(\overline{X}-40)}{5} < 1.6\right\}$$
$$= \Phi(1,6) - \Phi(-1,6) = 2\Phi(1,6) - 1 = 0.890\ 4.$$

(2) 设取样本容量为 n 时,可使 $P\{|\overline{X}-40|<1\} = 0.95$ 成立,因此得

$$P\left(-\frac{1}{5/\sqrt{n}} < \frac{\overline{X}-40}{5/\sqrt{n}} < \frac{1}{5/\sqrt{n}}\right) = 0.95,$$

即 $\Phi\left(\frac{\sqrt{n}}{5}\right) - \Phi\left(-\frac{\sqrt{n}}{5}\right) = 0.95 \Rightarrow 2\Phi\left(\frac{\sqrt{n}}{5}\right) - 1 = 0.95.$

从而得 $\Phi\left(\frac{\sqrt{n}}{5}\right) = 0.975$,查表得 $\frac{\sqrt{n}}{5} = 1.96 \Rightarrow n \approx 96.$

题型 Ⅳ 求统计量的分布及其概率

例 5.7 设 $X_1, X_2, \cdots, X_n$ 和 $Y_1, Y_2, \cdots, Y_n$ 分别取自正态总体 $X \sim N(\mu_1, \sigma^2)$,和 $Y \sim N(\mu_2, \sigma^2)$,且 X 与 Y 相互独立,则 $\dfrac{(n-1)(S_1^2 + S_2^2)}{\sigma^2}$ 统计量服从什么分布?

解 因为 $\dfrac{(n-1)S_1^2}{\sigma^2} \sim \chi^2(n-1),\ \dfrac{(n-1)S_2^2}{\sigma^2} \sim \chi^2(n-1)$,所以

$$\frac{(n-1)S_1^2}{\sigma^2} + \frac{(n-1)S_2^2}{\sigma^2} \sim \chi^2(n-1+n-1) = \chi^2(2n-2),$$

即有 $\dfrac{(n-1)(S_1^2 + S_2^2)}{\sigma^2} \sim \chi^2(2n-2).$

例 5.8 设总体 X 与 Y 同服从 $N(0, 3^2)$ 分布,而 $X_1, X_2, \cdots, X_9$ 和 $Y_1, Y_2, \cdots, Y_9$ 分别是来自 X 与 Y,则统计量

$$Y = \frac{X_1 + X_2 + \cdots X_9}{\sqrt{Y_1^2 + Y_2^2 + \cdots + Y_9^2}}$$

服从什么分布?

解 因为总体 $X \sim N(0,3^2), Y \sim N(0,3^2)$,所以
$$X_1 + X_2 + \cdots + X_9 \sim N(0,9^2),$$
$$\overline{X} = \frac{X_1 + X_2 + \cdots + X_9}{9} \sim N(0,1);$$

又 $\frac{Y_i}{3} \sim N(0,1)(i=1,2,\cdots,9)$,故
$$Z = \sum_{i=1}^{9}(\frac{Y_i}{3})^2 = \frac{Y_1^2 + Y_2^2 + \cdots + Y_9^2}{9} \sim \chi^2(9).$$

由 t 分布的定义知
$$Y = \frac{\overline{X}}{\sqrt{\frac{Z}{9}}} = \frac{X_1 + X_2 + \cdots X_9}{\sqrt{Y_1^2 + Y_2^2 + \cdots + Y_9^2}} \sim t(9).$$

故 $Y = \dfrac{X_1 + X_2 + \cdots X_9}{\sqrt{Y_1^2 + Y_2^2 + \cdots + Y_9^2}}$ 服从 t 分布,参数为 9.

例 5.9 设总体 $X \sim N(0,\sigma^2), X_1, X_2, \cdots, X_9$ 为来自正态总体 X 的样本,试确定 σ 的值,使 $P\{1 < \overline{X} < 3\}$ 为最大.

解 因为 $X \sim N(0,\sigma^2)$,所以 $\dfrac{\overline{X} - 0}{\sigma/3} = \dfrac{3\overline{X}}{\sigma} \sim N(0,1)$.

$$P\{1 < \overline{X} < 3\} = P\left\{\frac{3}{\sigma} < \frac{3\overline{X}}{\sigma} < \frac{9}{\sigma}\right\} = \Phi(\frac{9}{\sigma}) - \Phi(\frac{3}{\sigma}).$$

令
$$\frac{\mathrm{d}P\{1 < \overline{X} < 3\}}{\mathrm{d}\sigma} = \Phi'(\frac{9}{\sigma})(-\frac{9}{\sigma^2}) - \Phi'(\frac{3}{\sigma})(-\frac{3}{\sigma^2})$$
$$= -\frac{9}{\sqrt{2\pi}\sigma^2} \mathrm{e}^{-\frac{81}{2\sigma^2}} + \frac{3}{\sqrt{2\pi}\sigma^2} \mathrm{e}^{-\frac{9}{2\sigma^2}}$$
$$= \frac{3}{\sqrt{2\pi}\sigma^2} \mathrm{e}^{-\frac{9}{2\sigma^2}}(1 - 3\mathrm{e}^{-\frac{36}{\sigma^2}}) = 0,$$

得 $\mathrm{e}^{-\frac{36}{\sigma^2}} = \dfrac{1}{3}$,故 $\sigma = \dfrac{6}{\sqrt{\ln 3}}$.

例 5.10 设总体 $X \sim N(12,2^2), X_1, X_2, \cdots, X_5$ 为来自正态总体 X 的样本,试求:

(1) 样本均值与总体平均值之差的绝对值大于 1 的概率；

(2) $P\{\max(X_1, X_2, \cdots, X_5) > 15\}$；

(3) $P\{\min(X_1, X_2, \cdots, X_5) < 10\}$；

(4) 如果要求 $P\{11 < \overline{X} < 13\} \geqslant 0.95$，则样本容量 n 至少应取多大？

解 因为样本 $X_1, X_2, \cdots, X_5$ 相互独立且与总体 X 同服从 $N(12, 2^2)$ 分布，所以 $E(\overline{X}) = 12, D(\overline{X}) = \dfrac{4}{5}$，即 $\overline{X} \sim N(12, \dfrac{4}{5})$，于是

(1) $P\{|\overline{X} - \mu| > 1\} = 1 - P\{|\overline{X} - 12| \leqslant 1\}$

$$= 1 - P\left\{\left|\dfrac{\overline{X} - 12}{\dfrac{2}{\sqrt{5}}}\right| \leqslant \dfrac{\dfrac{1}{2}}{\dfrac{2}{\sqrt{5}}}\right\}$$

$$= 1 - \left\{2\Phi(\dfrac{\sqrt{5}}{2}) - 1\right\}$$

$$= 2\{1 - \Phi(1.18)\} = 0.262\,8.$$

(2) $P\{\max(X_1, X_2, \cdots, X_5) > 15\} = 1 - P\{\max(X_1, X_2, \cdots, X_5) \leqslant 15\}$

$$= 1 - [P(X) \leqslant 15]^5$$

$$= 1 - \left[\Phi(\dfrac{15 - 12}{2})\right]^5$$

$$= 1 - [\Phi(1.5)]^5 = 0.29.$$

(3) $P\{\min(X_1, X_2, \cdots, X_5) < 10\} = 1 - P\{\min(X_1, X_2, \cdots, X_5) \geqslant 10\}$

$$= 1 - [P(X) \geqslant 10]^5$$

$$= 1 - [1 - P(X < 10)]^5$$

$$= 1 - \left[1 - \Phi(\dfrac{10 - 12}{2})\right]^5$$

$$= 1 - [1 - \Phi(-1)]^5$$

$$= 1 - [\Phi(1)]^5 = 0.578\,5.$$

(4) 此时 $\overline{X} \sim N(12, \dfrac{4}{\sqrt{n}})$，因此

$$P\{11 < \overline{X} < 13\} = \Phi\left\{\frac{13-12}{\frac{2}{\sqrt{n}}}\right\} - \Phi\left\{\frac{11-12}{\frac{2}{\sqrt{n}}}\right\}$$

$$= 2\Phi(\frac{\sqrt{n}}{2}) - 1 \geqslant 0.95.$$

即 $\Phi(\frac{\sqrt{n}}{2}) \geqslant 0.975$,查表得 $\frac{\sqrt{n}}{2} \geqslant 1.96$,解得 $n \geqslant 15.37$.

故如果要求 $P\{11 < \overline{X} < 13\} \geqslant 0.95$,则样本容量 n 至少应取 16.

四、考研真题

1.(2005 年数学一)设 $X_1, X_2, \cdots, X_n (n \geqslant 1)$ 为来自总体 $N(0,1)$ 的简单随机样本,$\overline{X}$ 为样本均值,S^2 为样本方差,则(   ).

(A) $n\overline{X} \sim N(0,1)$ 　　　　(B) $nS^2 \sim \chi^2(n)$

(C) $\frac{(n-1)\overline{X}}{S} \sim t(n-1)$ 　　(D) $\frac{X_1^2(n-1)}{\sum_{i=2}^{n} X_i^2} \sim F(1, n-1)$

解 因为 $n\overline{X} = X_1 + X_2 + \cdots + X_n$,所以(A)不成立;

$\frac{(n-1)S^2}{\sigma^2} \sim \chi^2(n-1)$,所以(B)不成立;

$\frac{(\overline{X}-\mu)}{S/\sqrt{n}} \sim t(n-1)$,所以(C)不成立;

而 $X_1^2 \sim \chi^2(1), \sum_{i=2}^{n} X_i^2 \sim \chi^2(n-1)$.故应选(D).

2.(2006 年数学三)设总体 X 的概率密度为 $f(x) = \frac{1}{2}e^{-|x|}$ $(-\infty < x < +\infty)$,$X_1, X_2, \cdots, X_n$ 为总体的简单随机样本,其方差为 S^2,则 $E(S^2) = $ _____.

解 因为总体 X 服从拉普拉斯分布,则 $E(X_i) = 0, D(X_i) = 2$.

于是 $E(\overline{X}) = E(\frac{1}{n}\sum_{i=1}^{n} X_i) = \frac{1}{n}E(\sum_{i=1}^{n} X_i) = 0$,

$$D(\overline{X}) = D(\frac{1}{n}\sum_{i=1}^{n}X_i) = \frac{1}{n^2}D(\sum_{i=1}^{n}X_i) = \frac{1}{n^2} \cdot 2n = \frac{2}{n},$$

从而

$$E(S^2) = E\left[\frac{1}{n-1}(\sum_{i=1}^{n}X_i^2 - n\overline{X}^2)\right]$$

$$= \frac{1}{n-1}\left[\sum_{i=1}^{n}E(X_i^2) - nE(\overline{X}^2)\right]$$

$$= \frac{1}{n-1}\{\sum_{i=1}^{n}[D(X_i) + E^2(X_i)] - n[D(\overline{X}) + E^2(\overline{X})]\}$$

$$= \frac{1}{n-1}(2n - n \cdot \frac{2}{n}) = 2.$$

故答案为 2.

3.(2011 年数学三)设总体 X 服从参数为 $\lambda(\lambda > 0)$ 的泊松分布，$X_1, X_2, \cdots, X_n (n \geq 2)$ 为来自总体的简单随机样本，则对应的统计量 $T_1 = \frac{1}{n}\sum_{i=1}^{n}X_i, T_2 = \frac{1}{n-1}\sum_{i=1}^{n-1}X_i + \frac{1}{n}X_n$，有（   ）.

(A) $E(T_1) > E(T_2), D(T_1) > D(T_2)$
(B) $E(T_1) > E(T_2), D(T_1) < D(T_2)$
(C) $E(T_1) < E(T_2), D(T_1) > D(T_2)$
(D) $E(T_1) < E(T_2), D(T_1) < D(T_2)$

解 $E(X) = \lambda, D(X) = \lambda$，则有

$$E(T_1) = E(\frac{1}{n}\sum_{i=1}^{n}X_i) = \frac{1}{n}\sum_{i=1}^{n}E(X_i) = \lambda,$$

$$E(T_2) = E(\frac{1}{n-1}\sum_{i=1}^{n-1}X_i + \frac{1}{n}X_n)$$

$$= \frac{1}{n-1}(n-1)\lambda + \frac{1}{n}\lambda = \lambda + \frac{1}{n}\lambda,$$

即 $E(T_1) < E(T_2)$，而

$$D(T_1) = \frac{1}{n^2}\sum_{i=1}^{n}D(X_i) = \frac{1}{n^2} \cdot n \cdot \lambda = \frac{\lambda}{n},$$

$$D(T_2) = \frac{1}{(n-1)^2} \sum_{i=1}^{n-1} D(X_i) + \frac{1}{n^2} D(X_i)$$

$$= \frac{1}{(n-1)^2} \cdot (n-1)\lambda + \frac{1}{n^2}\lambda$$

$$= \frac{\lambda}{n-1} + \frac{\lambda}{n^2},$$

即 $D(T_2) > D(T_1)$. 故应选(D).

4.(2012 年数学三)设 X_1, X_2, X_3, X_4 为来自总体 $N(1, \sigma^2)$ ($\sigma > 0$) 的简单随机样本,则统计量 $\dfrac{X_1 - X_2}{|X_3 + X_4 - 2|}$ 的分布为( ).

(A) $N(0,1)$　　　　　　　　(B) $t(1)$
(C) $\chi^2(1)$　　　　　　　　(D) $F(1,1)$

解 因为 $\dfrac{X_1 - X_2}{|X_3 + X_4 - 2|} = \dfrac{\dfrac{X_1 - X_2}{\sqrt{2}\sigma}}{\sqrt{(\dfrac{X_3 + X_4 - 2}{\sqrt{2}\sigma})^2}}$ 由正态分布的性质可知, $\dfrac{X_1 - X_2}{\sqrt{2}\sigma}$ 与 $\dfrac{X_3 + X_4 - 2}{\sqrt{2}\sigma}$ 均服从标准正态分布且相互独立. 则

$$\frac{\dfrac{X_1 - X_2}{\sqrt{2}\sigma}}{\sqrt{(\dfrac{X_3 + X_4 - 2}{\sqrt{2}\sigma})^2}} \sim t(1).$$

故应选(B).

5.(2013 年数学一)设随机变量 $X \sim t(n), Y \sim F(1,n)$,给定 α ($0 < \alpha < 0.5$),常数 c 满足 $P(X > c) = \alpha$,则 $P(Y > c^2) = ($　　).

(A) α　　　　　　　　　　(B) $1 - \alpha$
(C) 2α　　　　　　　　　(D) $1 - 2\alpha$

解 因为 $X \sim t(n)$,则 $X^2 \sim F(1,n)$,

$P(Y > c^2) = P(X^2 > c^2) = P(X > c) + P(X < -c)$

$$= 2P(X > c) = 2\alpha.$$

故应选(C).

6.(2014 年数学三)设 X_1, X_2, X_3 为来自正态总体 $N(0, \sigma^2)$ 的简单随机样本,则统计量 $S = \dfrac{X_1 - X_2}{\sqrt{2}|X_3|}$ 服从的分布为(　　).

(A) $F(1,1)$　　　(B) $F(2,1)$　　　(C) $t(1)$　　　(D) $t(2)$

解 $X_1 - X_2 \sim N(0, 2\sigma^2)$,则 $\dfrac{X_1 - X_2}{\sqrt{2}\sigma} \sim N(0,1)$,

$\dfrac{X_3}{\sigma} \sim N(0,1)$,则 $\dfrac{X_3^2}{\sigma^2} \sim \chi^2(1)$,

$$\dfrac{\dfrac{X_1 - X_2}{\sqrt{2}\sigma}}{\sqrt{\dfrac{X_3^2}{\sigma^2}}} = \dfrac{X_1 - X_2}{\sqrt{2}|X_3|} \sim t(1).$$

故应选(C).

7.(2014 年数学三)设总体 X 的概率密度为

$$f(x, \theta) = \begin{cases} \dfrac{2x}{3\theta^2}, & \theta < x < 2\theta, \\ 0, & \text{其他}. \end{cases}$$

其中 θ 是未知参数,$X_1, X_2, \cdots, X_n$ 为来自总体 X 的简单样本,若 $E(c\sum\limits_{i=1}^{n} X_i^2) = \theta^2$,则 $c = $ _____.

解 $E(X^2) = \displaystyle\int_{\theta}^{2\theta} x^2 \cdot \dfrac{2x}{3\theta^2} \mathrm{d}x = \dfrac{5}{2}\theta^2,$

$E(c\sum\limits_{i=1}^{n} X_i^2) = c\sum\limits_{i=1}^{n} E(X_i^2) = c\dfrac{5n}{2}\theta^2 = \theta^2,$

所以 $c = \dfrac{2}{5n}.$

故答案为 $\dfrac{2}{5n}.$

8.(2014 年数学农)设总体 X 服从参数为 $\lambda(\lambda > 0)$ 的泊松分布,

$X_1, X_2, \cdots, X_n$ 为来自总体 X 的简单随机样本,记 $\overline{X} = \frac{1}{n} \sum_{i=1}^{n} X_i, T = a\overline{X} + (\overline{X})^2$,其中 a 为常数,若 $ET = \lambda^2$,则 $a = ($ $)$.

(A) $-\frac{1}{n}$ (B) $\frac{1}{n}$ (C) -1 (D) 1

解 因 $X \sim P(\lambda)$,则 $E(\overline{X}) = E(X) = \lambda, D(\overline{X}) = \frac{1}{n} D(X) = \frac{1}{n} \lambda$,

$E(T) = aE(\overline{X}) + E(\overline{X})^2 = aE(\overline{X}) + D(\overline{X}) + [E(\overline{X})]^2 = a\lambda + \frac{1}{n}\lambda + \lambda^2 = \lambda^2$,所以 $a = -\frac{1}{n}$.

故应选(A).

9.(2015 年数学三)设总体 $X \sim B(m, \theta), X_1, X_2, \cdots, X_n$ 为来自该总体的简单随机样本,$\overline{X}$ 为样本均值,则 $E[\sum_{i=1}^{n}(X_i - \overline{X})^2] = ($ $)$.

(A) $(m-1)n\theta(1-\theta)$ (B) $m(n-1)\theta(1-\theta)$
(C) $(m-1)(n-1)\theta(1-\theta)$ (D) $mn\theta(1-\theta)$

解 根据样本方差 $S^2 = \frac{1}{n-1} \sum_{i=1}^{n}(X_i - \overline{X})^2$ 性质 $E(S^2) = D(X)$,而 $D(X) = m\theta(1-\theta)$,从而

$E[\sum_{i=1}^{n}(X_i - \overline{X})^2] = (n-1)E(S^2) = m(n-1)\theta(1-\theta)$.

故应选(B).

10.(2015 年数学农)设 $t_\alpha(n)$ 表示自由度为 n 的 t 分布的 α 分位数,则( ).

(A) $t_\alpha(n) t_{1-\alpha}(n) = 1$ (B) $t_\alpha(n) t_{1-\alpha}(n) = 2$
(C) $t_\alpha(n) + t_{1-\alpha}(n) = 1$ (D) $t_\alpha(n) + t_{1-\alpha}(n) = 0$

解 设 $X \sim t_\alpha(n), P[X > t_\alpha(n)] = \alpha$,

则 $P[X < -t_\alpha(n)] = \alpha, P[X > -t_\alpha(n)] = 1-\alpha, P[X > t_{1-\alpha}(n)] = 1-\alpha$,

所以 $-t_\alpha(n) = t_{1-\alpha}(n), t_\alpha(n) + t_{1-\alpha}(n) = 0$.

故应选(D).

五、习题精解

1. 设总体 X 的概率分布列为 $P(X=x_i)=p^{x_i}(1-p)^{1-x_i}$, $x_i=0,1$, 试写出样本 $(X_1, X_2, \cdots, X_n)$ 的联合概率分布列.

解 由题设知总体 X 的概率分布列为 $P(X=x_i)=p^{x_i}(1-p)^{1-x_i}$, 所以样本 $(X_1, X_2, \cdots, X_n)$ 的联合概率分布列为

$$P(X_1=x_1, X_2=x_2, \cdots, X_n=x_n)$$
$$=P(X_1=x_1)P(X_2=x_2)\cdots P(X_n=x_n)$$
$$=p^{\sum\limits_{i=1}^{n}x_i}(1-p)^{\sum\limits_{i=1}^{n}(1-x_i)}=p^{\sum\limits_{i=1}^{n}x_i}(1-p)^{n-\sum\limits_{i=1}^{n}x_i}.$$

2. 加工某种零件时,每一件需要的时间服从均值为 $\dfrac{1}{\lambda}$ 的指数分布,若以加工时间为该种零件的数量指标,任取 n 件该零件构成一个容量为 n 的样本,求样本的联合概率密度函数.

解 由题意设每一件零件需要的时间为 X, n 件零件需要的时间分别为 $X_1, X_2, \cdots, X_n$, 则 $X_1, X_2, \cdots, X_n$ 为总体 X 的样本.

又 $X \sim E(\dfrac{1}{\lambda})$, 则总体 X 的概率密度函数为

$$f(x)=\begin{cases}\lambda e^{-\lambda x}, & x \geqslant 0, \quad \lambda > 0; \\ 0, & \text{其他}.\end{cases}$$

样本 $X_1, X_2, \cdots, X_n$ 的联合概率密度函数为

$$f(x_1, x_2 \cdots x_n)=f(x_1)f(x_2)\cdots f(x_n)$$

$$=\begin{cases}\lambda^n e^{-\lambda \sum\limits_{i=1}^{n}x_i}, & x_i \geqslant 0 (i=1, 2, \cdots, n); \\ 0, & \text{其他}.\end{cases}$$

3. 设总体的一组样本观察值为 $(54, 67, 68, 78, 70, 66, 67, 70, 65, 69)$, 计算样本均值和样本方差.

解 由样本均值和样本方差公式,得

$$\overline{X}=\dfrac{1}{n}\sum_{i=1}^{n}X_i$$

$$= \frac{1}{10}(54+67+68+78+70+66+67+70+65+69)=67.4;$$

$$S^2 = \frac{1}{n-1}\sum_{i=1}^{n}(X_i - \overline{X})^2$$

$$= \frac{1}{9}(13.4^2 + 0.4^2 + 0.6^2 + 10.6^2 + 2.6^2 + 1.4^2 + 0.4^2 + 2.6^2 + 2.4^2 + 1.6^2)$$

$$= 35.16.$$

4.在总体 $X \sim N(52,6^2)$ 中随机抽取一个容量为 36 的样本,求样本均值 $\overline{X}$ 落在区间 $(50.8, 53.8)$ 内的概率.

解 因为总体 $X \sim N(52,6^2)$,且样本容量 $n=36$,所以,样本均值 $\overline{X} = \frac{1}{36}\sum_{i=1}^{36} X_i \sim N(52,1)$.

$$P(50.8 < \overline{X} < 53.8) = P(50.8 - 52 < \overline{X} - 52 < 53.8 - 52)$$
$$= P(-1.2 < \overline{X} - 52 < 1.8)$$
$$= \Phi(1.8) + \Phi(1.2) - 1$$
$$= 0.849.$$

5.在总体 $X \sim N(20,3^2)$ 中,随机抽取两个容量分别为 10 和 15 的独立样本,以 $\overline{X}, \overline{Y}$ 分别表示其样本均值,求 $P(|\overline{X} - \overline{Y}| > 0.3)$.

解 因为总体 $X \sim N(20,3^2)$,则 $\overline{X} \sim N(20, \frac{9}{10})$,$\overline{Y} \sim N(20, \frac{9}{15})$. 由 $\overline{X}, \overline{Y}$ 相互独立,因此

$$E(\overline{X} - \overline{Y}) = 0, D(\overline{X} - \overline{Y}) = \frac{9}{10} + \frac{9}{15} = \frac{3}{2},$$

从而 $\overline{X} - \overline{Y} \sim N(0, \frac{3}{2})$,

$$P(|\overline{X} - \overline{Y}| > 0.3) = P(\overline{X} - \overline{Y} > 0.3) + P(\overline{X} - \overline{Y} < -0.3)$$
$$= P\left(\frac{\overline{X} - \overline{Y}}{\sqrt{3/2}} > \frac{0.3}{\sqrt{3/2}}\right) + P\left(\frac{\overline{X} - \overline{Y}}{\sqrt{3/2}} < -\frac{0.3}{\sqrt{3/2}}\right)$$
$$= 2 - 2\Phi(0.245)$$
$$= 0.81.$$

六、模拟试题

(一)填空题(每小题 5 分,共 25 分)

1. 设 $X \sim N(1,4), Y \sim N(0,9), Z \sim N(4,16), X, Y, Z$ 相互独立,则 $U = 4X + 3Y - Z$ 的分布及其参数为_____,$E(2U-1) =$ _____,$D(4U-3) =$ _____.

2. 设 $X_1, X_2, \cdots, X_{16}$ 是来自正态总体 $X \sim N(0,1)$ 的简单随机样本,$Y = (\sum_{i=1}^{4} X_i)^2 + (\sum_{i=5}^{8} X_i)^2 + (\sum_{i=9}^{12} X_i)^2 + (\sum_{i=13}^{16} X_i)^2$,当常数 $c =$ _____ 时,cY 服从 χ^2 分布,$E(cY) =$ _____,$D(cY) =$ _____.

3. 设总体 X 服从期望为 θ 的指数分布,$X_1, X_2, \cdots, X_n$ 为来自总体 X 的简单随机样本,则 $E(\overline{X}) =$ _____,$E(S^2) =$ _____.

4. 设总体 $X \sim N(20,3), \overline{X}_1, \overline{X}_2$ 分别为来自总体 X 的容量为 10 和 15 的两个独立样本的均值,则 $P\{|\overline{X}_1 - \overline{X}_2| \leqslant 0.3\} =$ _____.

5. 设总体 $X \sim N(0, 2^2), X_1, X_2, \cdots, X_{16}$ 为来自该总体的简单随机样本,则随机变量 $Y = \dfrac{X_1^2 + X_2^2 + \cdots + X_{10}^2}{2(X_{11}^2 + X_{12}^2 + \cdots + X_{15}^2)}$ 服从 _____ 分布,参数为 _____.

(二)选择题(每小题 5 分,共 25 分)

1. 设 $X_1, X_2, \cdots, X_8$ 与 $Y_1, Y_2, \cdots, Y_{10}$ 分别是来自两个正态总体 $N(-1,4)$ 和 $N(2,5)$ 的样本,且相互独立,S_1^2 和 S_2^2 分别为两个样本的样本方差,则服从 $F(7,9)$ 的统计量是( ).

(A) $\dfrac{2S_1^2}{5S_2^2}$ (B) $\dfrac{5S_1^2}{4S_2^2}$ (C) $\dfrac{4S_2^2}{5S_1^2}$ (D) $\dfrac{5S_1^2}{2S_2^2}$

2. 设 $(X_1, X_2, \cdots, X_n)$ 为来自总体 X 的一个样本,则 $X_1, X_2, \cdots, X_n$ 必然满足( ).

(A) 独立但分布不同   (B) 分布相同但不相互独立

(C) 独立同分布   (D) 不能确定

3. 设随机变量 $X \sim N(1,4), (X_1, X_2, \cdots, X_{100})$ 为来自总体 X 的一个样本,$\overline{X}$ 为样本均值,已知 $Y = a\overline{X} - b \sim N(0,1)$,则( ).

(A) $a=-5, b=5$ (B) $a=5, b=5$

(C) $a=\dfrac{1}{5}, b=-\dfrac{1}{5}$ (D) $a=-\dfrac{1}{5}, b=\dfrac{1}{5}$

4.设随机变量 X 服从正态分布 $N(\mu,\sigma^2)$，$X_1,X_2,\cdots,X_n$ 是来自 X 的简单随机样本，$\overline{X}=\dfrac{1}{n}\sum\limits_{i=1}^{n}X_i$ 与 $S^2=\dfrac{1}{n-1}\sum\limits_{i=1}^{n}(X_i-\overline{X})^2$ 分别是样本均值与样本方差，则下列结论正确的是（ ）.

(A) $2X_2-X_1 \sim N(\mu,\sigma^2)$ (B) $\dfrac{n(\overline{X}-\mu)^2}{S^2} \sim F(1,n-1)$

(C) $\dfrac{S^2}{\sigma^2} \sim \chi^2(n-1)$ (D) $\dfrac{\overline{X}-\mu}{S}\sqrt{n-1} \sim t(n-1)$

5.设 $X_1,X_2,\cdots,X_{16}$ 为来自总体 $X \sim N(2,\delta^2)$ 的简单随机样本，$\overline{X}=\dfrac{1}{16}\sum\limits_{i=1}^{16}X_i$，则 $\dfrac{4\overline{X}-8}{\sigma}$ 服从（ ）.

(A) $t(15)$ (B) $t(16)$

(C) $\chi^2(15)$ (D) $N(0,1)$

(三)计算题(每小题 10 分，共 50 分)

1.设总体 $X \sim N(\mu,\sigma^2)$，$X_1,X_2,\cdots,X_{10}$ 是来自 X 的样本.

(1)写出 $X_1,X_2,\cdots,X_{10}$ 的联合概率密度；

(2)写出 $\overline{X}$ 的概率密度.

2.设总体 $X \sim N(3.4,6^2)$，$X_1,X_2,\cdots,X_n$ 为 X 的一个简单随机样本，要使 $P\{1.4<\overline{X}<5.4\} \geqslant 0.95$，样本容量 n 应取多大？

3.设总体 $X \sim N(\mu,\sigma^2)$，$X_1,X_2,\cdots,X_n$ 为来自 X 的简单随机样本，假设要以 99.7% 的概率保证偏差 $|\overline{X}-\mu|<0.1$，试问在 $\sigma^2=0.5$ 时，样本容量 n 应取多大？

4.设总体 $X \sim N(0,2)$，简单随机样本 X_1,X_2,X_3,X_4,X_5 来自总体 X，试求常数 c，使统计量 $V=\dfrac{c(X_1+X_2)}{\sqrt{X_3^2+X_4^2+X_5^2}}$ 服从 t 分布.

5.设总体 X 服从 $N(\mu,\sigma^2)$，从该总体中抽取样本 $X_1,X_2,\cdots,X_{2n}$

$(n \geqslant 2)$，其样本均值为 $\bar{X} = \dfrac{1}{2n}\sum\limits_{i=1}^{2n} X_i$，求统计量 $Y = \sum\limits_{i=1}^{n}(X_i + X_{n+i} - 2\bar{X})^2$ 的数学期望值 $E(Y)$.

七、模拟试题参考答案

(一)填空题

1. $N(0,161)$；-1；$2\,576$ 2. $\dfrac{1}{4}$；4；8   3. θ；θ^2 4. $0.325\,6$

5. F；$(10,5)$

(二)选择题

1. (B)   2. (C)   3. (B)   4. (B)   5. (D)

(三)计算题

1. 解 $X_1, X_2, \cdots, X_n$ 独立同分布，且 $X_i \sim N(\mu, \sigma^2)$ $(i=1,2,\cdots,n)$.

(1) $f_{X_1,X_2,\cdots,X_{10}}(x_1,x_2,\cdots,x_{10}) = f_{X_1}(x_1) f_{X_2}(x_2) \cdots f_{X_{10}}(x_{10})$
$$= \left(\dfrac{1}{\sqrt{2\pi}\sigma}\right)^{10} e^{-\sum\limits_{i=1}^{10}\frac{(x_i-\mu)^2}{2\sigma^2}}.$$

(2) $\sum\limits_{i=1}^{n} X_i \sim N(n\mu, n\sigma^2)$，故 $\dfrac{1}{n}\sum\limits_{i=1}^{n} X_i \sim N(\mu, \dfrac{1}{n^2}n\sigma^2)$，因此

$$f_{\bar{X}}(x) = \dfrac{1}{\sqrt{2\pi}\sigma/\sqrt{n}} e^{-\frac{(x_i-\mu)^2}{2\sigma^2}} = \dfrac{\sqrt{n}}{\sqrt{2\pi}\sigma} e^{-\frac{(x_i-\mu)^2}{2\sigma^2}}.$$

2. 解 由题设知，$\dfrac{\bar{X}-3.4}{6/\sqrt{n}} \sim N(0,1)$，故

$P\{1.4 < \bar{X} < 5.4\} = P\{|\bar{X}-3.4| < 2\}$
$$= P\left\{\left|\dfrac{\bar{X}-3.4}{6}\right|\sqrt{n} < \dfrac{\sqrt{n}}{3}\right\}$$
$$= 2\Phi\left(\dfrac{\sqrt{n}}{3}\right) - 1 \geqslant 0.95 \Rightarrow \Phi\left(\dfrac{\sqrt{n}}{3}\right) \geqslant 0.975.$$

查正态分布表知 $\dfrac{\sqrt{n}}{3} \geqslant 1.96$，所以 $n = 35$.

3. **解** 由题意,要使 $P\{|\overline{X}-\mu|<0.1\}=0.997$,即

$$P\{|\overline{X}-\mu|<0.1\}=P\left\{\frac{|\overline{X}-\mu|}{\sqrt{0.5/n}}<\frac{0.1}{\sqrt{0.5/n}}\right\}$$

$$=2\Phi(\frac{0.1}{\sqrt{0.5/n}})-1=0.997.$$

得 $\Phi(\frac{0.1}{\sqrt{0.5/n}})=0.9985$,查表可得 $\frac{0.1}{\sqrt{0.5/n}}=2.97$,故取 $n=442$.

4. **解** 由于 $\frac{1}{2}(X_1+X_2), \frac{1}{4}(X_3^2+X_4^2+X_5^2)$ 分别服从标准正态分布与参数为 3 的 χ^2 分布,并且相互独立,因此

$$\frac{\frac{1}{2}(X_1+X_2)}{\sqrt{(X_3^2+X_4^2+X_5^2)/12}}=\frac{\frac{2\sqrt{3}}{2}(X_1+X_2)}{\sqrt{(X_3^2+X_4^2+X_5^2)}}\sim t(3).$$

从而可得 $c=\sqrt{3}$.

5. **解** 设 $Y_i=X_i+X_{n+i}$,则 $Y_i \sim N(2\mu,2\sigma^2)$,其样本均值为

$$\frac{1}{n}\sum_{i=1}^{n}(X_i+X_{n+i})=\frac{1}{n}\sum_{i=1}^{2n}X_i=2\overline{X}.$$

样本方差为

$$\frac{1}{n-1}\sum_{i=1}^{n}(Y_i-2\overline{X})^2=\frac{1}{n-1}Y.$$

又 $E(\frac{1}{n-1}Y)=2\sigma^2$,所以 $E(Y)=2(n-1)\sigma^2$.

第六章 参数估计

一、知识结构

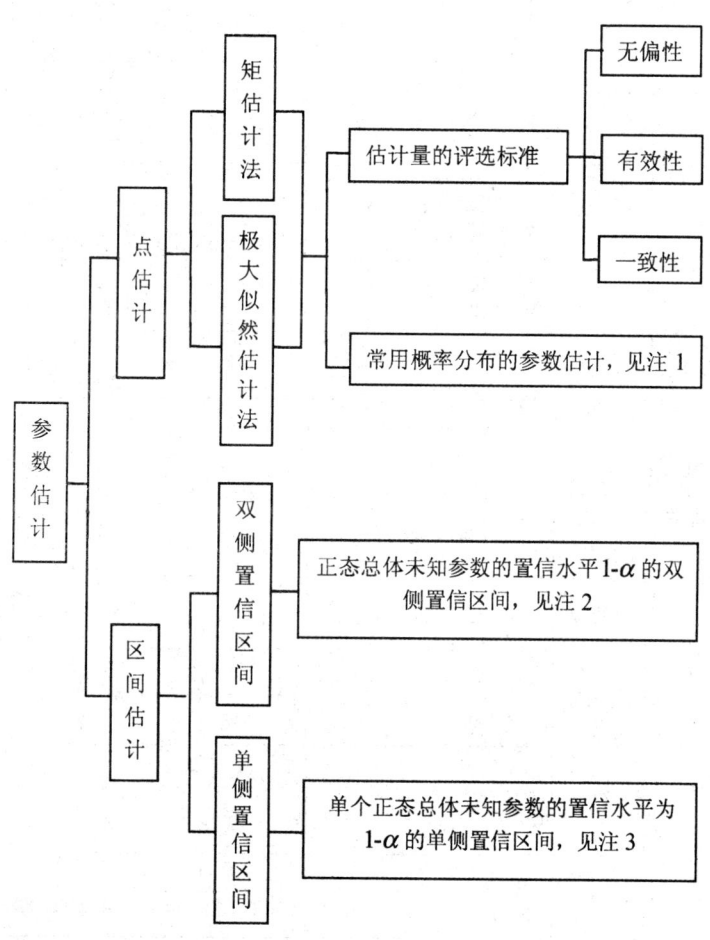

注1：

分布	矩估计法	极大似然估计
$B(1,p)$	$\hat{p} = \overline{X}$	$\hat{p} = \overline{X}$
$B(N,p)$	$\hat{p} = \dfrac{\overline{X}}{N}$	$\hat{p} = \dfrac{\overline{X}}{N}$
$P(\lambda)$	$\hat{\lambda} = \overline{X}$	$\hat{\lambda} = \overline{X}$
$G(p)$	$\hat{p} = \dfrac{1}{\overline{X}}$	$\hat{p} = \dfrac{1}{\overline{X}}$
$N(\mu,\sigma^2)$	$\hat{\mu} = \overline{X}, \hat{\sigma}^2 = \dfrac{1}{n}\sum\limits_{i=1}^{n}(X_i - \overline{X})^2$	$\hat{\mu} = \overline{X}, \hat{\sigma}^2 = \dfrac{1}{n}\sum\limits_{i=1}^{n}(X_i - \overline{X})^2$
$U(a,b)$	$\hat{a} = \overline{X} - \sqrt{\dfrac{3}{n}\sum\limits_{i=1}^{n}(X_i - \overline{X})^2}$ $\hat{b} = \overline{X} + \sqrt{\dfrac{3}{n}\sum\limits_{i=1}^{n}(X_i - \overline{X})^2}$	$\hat{a} = \min\limits_{i}\{X_i\}, \hat{b} = \max\limits_{i}\{X_i\}$
$E(\lambda)$	$\hat{\lambda} = \dfrac{1}{\overline{X}}$	$\hat{\lambda} = \dfrac{1}{\overline{X}}$

注2：

总体	待估参数	其他参数	估计函数及其分布	置信区间
单个正态总体	μ	σ^2 已知	$\dfrac{\overline{X} - \mu}{\sigma/\sqrt{n}} \sim N(0,1)$	$\left(\overline{X} - u_{1-\frac{\alpha}{2}}\dfrac{\sigma}{\sqrt{n}}, \overline{X} + u_{1-\frac{\alpha}{2}}\dfrac{\sigma}{\sqrt{n}}\right)$
		σ^2 未知	$\dfrac{\overline{X} - \mu}{S/\sqrt{n}} \sim t(n-1)$	$\left(\overline{X} - \dfrac{S}{\sqrt{n}}t_\alpha(n-1), \overline{X} + \dfrac{S}{\sqrt{n}}t_\alpha(n-1)\right)$
	σ^2	μ 已知	$\dfrac{1}{\sigma^2}\sum\limits_{i=1}^{n}(X_i - \mu)^2 \sim \chi^2(n)$	$\left(\dfrac{\sum\limits_{i=1}^{n}(X_i - \mu)^2}{\chi^2_{\frac{\alpha}{2}}(n)}, \dfrac{\sum\limits_{i=1}^{n}(X_i - \mu)^2}{\chi^2_{1-\frac{\alpha}{2}}(n)}\right)$
		μ 未知	$\dfrac{(n-1)S^2}{\sigma^2} \sim \chi^2(n-1)$	$\left(\dfrac{(n-1)S^2}{\chi^2_{\frac{\alpha}{2}}(n-1)}, \dfrac{(n-1)S^2}{\chi^2_{1-\frac{\alpha}{2}}(n-1)}\right)$

续表

总体	待估参数	其他参数	估计函数及其分布	置信区间
两个正态总体	$\mu_1-\mu_2$	σ_1^2,σ_2^2 已知	$\dfrac{(\overline{X}-\overline{Y})-(\mu_1-\mu_2)}{\sqrt{\dfrac{\sigma_1^2}{n_1}+\dfrac{\sigma_2^2}{n_2}}} \sim N(0,1)$	$\left(\overline{X}-\overline{Y}-u_{1-\frac{\alpha}{2}}\sqrt{\dfrac{\sigma_1^2}{n_1}+\dfrac{\sigma_2^2}{n_2}},\right.$ $\left.\overline{X}-\overline{Y}+u_{1-\frac{\alpha}{2}}\sqrt{\dfrac{\sigma_1^2}{n_1}+\dfrac{\sigma_2^2}{n_2}}\right)$
	$\mu_1-\mu_2$	$\sigma_1^2=\sigma_2^2=\sigma$ 未知	$\dfrac{(\overline{X}-\overline{Y})-(\mu_1-\mu_2)}{S_{12}\sqrt{\dfrac{1}{n_1}+\dfrac{1}{n_2}}} \sim t(n_1+n_2-2)$	$\left(\overline{X}-\overline{Y}-t_\alpha(n_1+n_2-2)S_{12}\sqrt{\dfrac{1}{n_1}+\dfrac{1}{n_2}},\right.$ $\left.\overline{X}-\overline{Y}+t_\alpha(n_1+n_2-2)S_{12}\sqrt{\dfrac{1}{n_1}+\dfrac{1}{n_2}}\right)$
	$\dfrac{\sigma_1^2}{\sigma_2^2}$	μ_1,μ_2 已知	$\dfrac{\dfrac{1}{\sigma_1^2}\sum\limits_{i=1}^{n_1}(X_i-\mu_1)^2/n_1}{\dfrac{1}{\sigma_2^2}\sum\limits_{i=1}^{n_2}(Y_i-\mu_2)^2/n_2} \sim F(n_1,n_2)$	$\left(\dfrac{\dfrac{1}{n_1}\sum\limits_{i=1}^{n_1}(X_i-\mu)^2/\dfrac{1}{n_2}\sum\limits_{i=1}^{n_2}(Y_i-\mu)^2}{F_{\frac{\alpha}{2}}(n_1,n_2)},\right.$ $\left.\dfrac{\dfrac{1}{n_1}\sum\limits_{i=1}^{n_1}(X_i-\mu)^2/\dfrac{1}{n_2}\sum\limits_{i=1}^{n_2}(Y_i-\mu)^2}{F_{1-\frac{\alpha}{2}}(n_1,n_2)}\right)$
		μ_1,μ_2 未知	$\dfrac{S_1^2/S_2^2}{\sigma_1^2/\sigma_2^2} \sim F(n_1-1,n_2-1)$	$\left(\dfrac{S_1^2}{S_2^2}\times\dfrac{1}{F_{\frac{\alpha}{2}}(n_1-1,n_2-1)},\right.$ $\left.\dfrac{S_1^2}{S_2^2}\times\dfrac{1}{F_{1-\frac{\alpha}{2}}(n_1-1,n_2-1)}\right)$

其中：$S_{12}^2=\dfrac{(n_1-1)S_1^2+(n_2-1)S_2^2}{n_1+n_2-2}$.

注3：

总体	待估参数	其他参数	估计函数及其分布	单侧置信区间
单个正态总体	μ	σ^2 已知	$\dfrac{\overline{X}-\mu}{\sigma/\sqrt{n}} \sim N(0,1)$	$\left(\overline{X}-\dfrac{\sigma}{\sqrt{n}}u_{1-\alpha},+\infty\right)$ $\left(-\infty,\overline{X}+\dfrac{\sigma}{\sqrt{n}}u_{1-\alpha}\right)$
		σ^2 未知	$\dfrac{\overline{X}-\mu}{S/\sqrt{n}} \sim t(n-1)$	$\left(\overline{X}-\dfrac{S}{\sqrt{n}}t_{2\alpha}(n-1),+\infty\right)$ $\left(-\infty,\overline{X}+\dfrac{S}{\sqrt{n}}t_{2\alpha}(n-1)\right)$
	σ^2	μ 已知	$\dfrac{1}{\sigma^2}\sum\limits_{i=1}^{n}(X_i-\mu)^2 \sim \chi^2(n)$	$\left(\dfrac{\sum\limits_{i=1}^{n}(X_i-\mu)^2}{\chi^2_{\alpha}(n)},+\infty\right)$ $\left(-\infty,\dfrac{\sum\limits_{i=1}^{n}(X_i-\mu)^2}{\chi^2_{1-\alpha}(n)}\right)$
		μ 未知	$\dfrac{(n-1)S^2}{\sigma^2} \sim \chi^2(n-1)$	$\left(\dfrac{(n-1)S^2}{\chi^2_{\alpha}(n-1)},+\infty\right)$ $\left(-\infty,\dfrac{(n-1)S^2}{\chi^2_{1-\alpha}(n-1)}\right)$

二、释难解惑

1.样本与样本值、估计量与估计值的区别？

答 样本为随机变量,样本值为观测值.而估计量与估计值的区别为：总体的矩如果存在,它是一个实数值,它们本身 μ_k 未知或者因为 $\mu_k(\theta)$ 含有未知参数 θ 而未知时,利用抽样得到的样本值去估计它们,得到它们的估计值；用样本随机变量对它们做估计,得到的估计量.

2.矩估计法的基本思想是什么？矩估计量是否唯一？

答 格里汶科定理指出,当 $n \to +\infty$ 时,经验分布函数 $F_n^*(x)$ 关于 x 均匀地依概率收敛于总体分布函数.这就使得在大样本下可以用 $F_n^*(x)$ 代替 $F(x)$ 研究统计推断问题的理论依据.

当以 $F_n^*(x)$ 代替 $F(x)$ 时,总体的原点矩 $\mu_k = \int_{-\infty}^{+\infty} x^k \mathrm{d}F(x)$ 的估计 $\hat{\mu}_k = \int_{-\infty}^{+\infty} x^k \mathrm{d}F_n^*(x) = \frac{1}{n}\sum_{i=1}^n X_i^k = A_k$,恰好是样本的同阶原点矩. 因此,用样本原点矩代替总体矩是可行的,这是矩估计法的基本思想.

在一般情况下,矩估计不是唯一的. 如 X 服从泊松分布 $P(\lambda)$,λ 是未知参数时,可以用 $E(X)=\lambda$,即样本一阶原点矩代替总体一阶原点矩,也可以用 $D(X)=\lambda$,即样本二阶中心矩代替总体二阶中心矩.

3. 极大似然估计法的基本思想是什么? 它有何性质? 要注意些什么问题?

答 极大似然法的基本思想是:适当地选取 θ,使样本似然函数 $L(\theta)$ 的值达到最大,也就是使试验得出结果 $X_1=x_1, X_2=x_2,\cdots, X_n=x_n$ 的概率最大.

极大似然估计是利用总体 X 的概率分布以及样本提供的信息所建立的求未知参数估计量的一种方法. 它建立在这样一种直观想法的基础上:假定一个随机试验有若干个可能结果 $A_1, A_2, \cdots, A_n$,如果只进行了一次试验,并且结果 A_k 出现了,那么有理由认为试验的条件对结果 A_k 的出现有利,即试验 E 出现结果 A_k 的概率最大.

4. 矩估计法与极大似然估计法的适用条件分别是什么?

答 矩估计不要求知道总体的分布,但估计不唯一;极大似然估计要求分布有参数形式,在大样本情形下相对来说各种估计方法中极大似然估计更为优良. 但如果对总体分布毫无所知而要估计其均值、方差,则极大似然估计就无能为力.

5. 什么是区间估计? 有了点估计为什么还要引入区间估计?

答 用以一定概率 $1-\alpha$ 包含真值 θ 的区间来估计未知参数的方法称为区间估计. 点估计是利用样本值求得参数 θ 的一个近似值来估计未知参数 θ,但不知近似的精确程度和可信程度. 区间估计则通过两个统计量 $\underline{\theta}$ 和 $\bar{\theta}$ 确定了一个随机区间 $(\underline{\theta}, \bar{\theta})$,使得该区间内包含真值 θ 的概率不小于 $1-\alpha$,区间估计不仅提供了 θ 的一个估计范围,还给出了估计的精度与可信程度.

这样,我们引进区间估计的概念:总体真实的参数 μ 虽然不是 $\overline{X}$,但一定离 $\overline{X}$ 不远.这样从 $\overline{X}$ 出发构造一个随机区间 $(\overline{X}-\Delta,\overline{X}+\Delta)$ 将 μ 盖住,这就是区间估计的思想和方法的依据.

6. 置信度 $1-\alpha$ 的意义是什么?

答 置信度有两种理解方式.

对于一个置信区间 $(\underline{\theta},\overline{\theta})$ 而言,$1-\alpha$ $(0<\alpha<1)$ 表示可信程度,即随机区间 $(\underline{\theta},\overline{\theta})$ 中包含未知参数 θ 的概率不小于事先设定的 $1-\alpha$.

对于区间估计的设计而言,$1-\alpha$ 又表示在样本容量不变的情况下,在反复抽样所得到的全部区间中,包含 θ 真值的区间不小于 $100(1-\alpha)\%$.

一般地,$1-\alpha$ 值越大,由样本值所得的区间 $(\underline{\theta},\overline{\theta})$ 覆盖 θ 的置信度越大.而 $(\underline{\theta},\overline{\theta})$ 的长度越小,又反映估计 θ 的精度越高.在 n 一定的情况下,精度与置信度不可能兼得.建立区间估计理论的著名统计学家 Neyman 提出的原则是,先照顾可靠程度,即置信度优于精度,在满足 $P(\underline{\theta}<\theta<\overline{\theta})=1-\alpha$ 的前提下,使精度尽可能地高.

7. 进行区间估计的一般步骤有哪些?

答 区间估计的一般步骤如下:

(1)根据实际问题的条件,确定未知参数的一个估计量 $Z=Z(X_1,X_2,\cdots,X_n;\theta)$,不含 θ 外的其他未知参数,且 Z 的分布已知.

(2)对于事先给定的置信水平 $1-\alpha$,确定常数 a,b,使 $P(a<Z(X_1,X_2,\cdots,X_n;\theta)<b)=1-\alpha$.

(3)求出与 $a<Z(X_1,X_2,\cdots,X_n;\theta)<b$ 等价的不等式 $\underline{\theta}<\theta<\overline{\theta}$,则 $(\underline{\theta},\overline{\theta})$ 即为所求的 θ 的置信度为 $1-\alpha$ 的置信区间.

事实上,使 $P(a<Z(X_1,X_2,\cdots,X_n;\theta)<b)=1-\alpha$ 的数 a,b 有无穷多组,所以置信区间是不唯一的.但一般总是选择对称形式或近似对称形式的置信区间,这是为了计算的方便.

8. 怎样评价两个正态总体下区间估计的结果?

答 对于两个总体均值差的区间估计,若 $(\underline{\theta},\overline{\theta})$ 包含数零,则可

以认为两个总体的均值没有大的差异;若置信下限大于零,则可以认为 μ_1 大于 μ_2;若置信上限小于零,则可以认为 μ_1 小于 μ_2.

对于两个正态总体方差比的区间估计,若 $(\underline{\theta},\bar{\theta})$ 包含 1,则可以认为两个总体的方差没有大的区别;若置信下限大于 1,则可以认为 σ_1^2 大于 σ_2^2;若置信上限小于 1,则可以认为 σ_1^2 小于 σ_2^2.

三、典型例题

题型 I 矩估计和极大似然估计

例 6.1 从一批电子元件中抽取 8 个进行寿命测试,得到如下数据(单位:h):

1 050,1 100,1 130,1 040,1 250,1 300,1 200,1 080

试对这批元件的平均寿命以及寿命分布的标准差给出矩估计.

分析 平均寿命即总体均值 μ,其矩估计值即为样本的一阶原点矩,方差的矩估计值即为样本的二阶中心矩,直接计算即得.

解 样本均值 $\bar{x} = \dfrac{1\,050+1\,100+1\,130+\cdots+1\,080}{8} = 1\,143.75,$

样本标准差 $s = \sqrt{\dfrac{1}{7}\sum_{i=1}^{8}(x_i-\bar{x})^2}$

$= \sqrt{\dfrac{1}{7}\left[(1\,050-1\,143.75)^2+\cdots+(1\,080-1\,143.75)^2\right]}$

$= 96.056\,2,$

因此,元件的平均寿命和寿命分布的标准差的矩估计分别为 1 143.75 和 96.056 2.

例 6.2 设总体 X 具有如表 6.1 所示分布律.

表 6.1

X	1	2	3
p_k	θ^2	$2\theta(1-\theta)$	$(1-\theta)^2$

其中 $\theta(0<\theta<1)$ 为未知参数.已知取得了样本值 $x_1=1, x_2=2,$ $x_3=1$.求 θ 的矩估计值和极大似然估计值.

分析 知道总体 X 的分布律,(1)先计算其数学期望,再求矩估计;(2)样本的分布律不是用统一的表达式表示的,且若写成统一形式则可能比较复杂,而直接用似然函数的定义写出似然函数,再求解更简单.

解 先求 θ 的矩估计值:
$$E(X) = 1 \times \theta^2 + 2 \times 2\theta(1-\theta) + 3 \times (1-\theta)^2 = 3 - 2\theta.$$

令 $E(X) = 3 - 2\theta = \overline{X}$,解得 θ 的矩估计值 $\hat{\theta} = \dfrac{3-\overline{x}}{2}$,计算 $\overline{x} = \dfrac{x_1 + x_2 + x_3}{3} = \dfrac{4}{3}$,故 θ 的矩估计值 $\hat{\theta} = \dfrac{3-\overline{x}}{2} = \dfrac{5}{6}$.

再求 θ 的极大似然估计值:由给定的样本值,得似然函数
$$L(\theta) = \prod_{i=1}^{3} P(X_i = x_i) = P(X_1 = 1) P(X_2 = 2) P(X_3 = 1)$$
$$= \theta^2 \cdot 2\theta(1-\theta) \cdot \theta^2 = 2\theta^5(1-\theta).$$

取对数,得 $\ln L(\theta) = \ln 2 + 5\ln\theta + \ln(1-\theta)$.

令 $\dfrac{d\ln L(\theta)}{d\theta} = \dfrac{5}{\theta} - \dfrac{1}{1-\theta} = 0$,得 θ 的极大似然估计值 $\hat{\theta} = \dfrac{5}{6}$.

例 6.3 设某种元件的使用寿命 X 的密度函数为
$$f(x;\theta) = \begin{cases} 2e^{-2(x-\theta)}, & x \geq \theta; \\ 0, & x < \theta. \end{cases}$$

其中 $\theta > 0$ 为未知参数.设 $x_1, x_2, \cdots, x_n$ 是 X 的一组样本观测值,求参数 θ 的极大似然估计值.

分析 已知 X 的概率密度,直接按极大似然估计法的步骤求解即可.

解 样本 $X_1, X_2, \cdots, X_n$ 的似然函数为
$$L(\theta) = L(x_1, x_2, \cdots, x_n; \theta) = \prod_{k=1}^{n} f(x_k; \theta)$$
$$= \begin{cases} \prod_{k=1}^{n} 2e^{-2(x_k - \theta)}, & x_k \geq \theta \quad (k = 1, 2, \cdots, n); \\ 0, & \text{其他}. \end{cases}$$

$$= \begin{cases} 2^n e^{-2\sum_{k=1}^{n}(x_k-\theta)}, & x_k \geqslant \theta \quad (k=1,2,\cdots,n); \\ 0, & \text{其他}. \end{cases}$$

当 $x_k > \theta$ $(k=1,2,\cdots,n)$ 时,

$$\ln L(\theta) = \ln\left[2^n e^{-2\sum_{k=1}^{n}(x_k-\theta)}\right] = n\ln 2 - 2\sum_{k=1}^{n}(x_k-\theta)$$

$$= n\ln 2 + 2n\theta - 2\sum_{k=1}^{n}x_k.$$

因为 $\dfrac{\mathrm{d}\ln L(\theta)}{\mathrm{d}\theta} = 2n > 0$,所以 $L(\theta)$ 是 θ 的单调增加函数.

由于 θ 必须满足 $\theta \leqslant x_k$ $(k=1,2,\cdots,n)$,即 $\theta \leqslant \min(x_1,x_2,\cdots,x_n)$,所以当 $\theta = \min(x_1,x_2,\cdots,x_n)$ 时,$L(\theta)$ 取最大值,故 θ 的极大似然估计值为

$$\hat{\theta} = \min(x_1,x_2,\cdots,x_n).$$

注 求极大似然估计量时,若遇到似然方程(或方程组)无解的情况,则此时由定义直接在边界点上寻找极大似然估计值.

例 6.4 设总体 $X \sim B(1,p)$,$X_1,X_2,\cdots,X_n$ 为来自 X 的样本,试求:

(1)p 的矩估计量;

(2)总体均值 μ、方差 σ^2 的矩估计量;

(3)p 的极大似然估计量.

分析 已知 X 服从两点分布,根据两点分布的期望、方差及概率分布,按照矩估计法和极大似然估计法的步骤,求出 p 的矩估计和极大似然估计.

解 (1)因总体 $X \sim B(1,p)$,所以 $E(X) = \mu = p$,$D(X) = \sigma^2 = p(1-p)$. 令 $\hat{E}(X) = \overline{X} = \dfrac{1}{n}\sum_{i=1}^{n}X_i$,得 $\hat{p} = \overline{X} = \dfrac{1}{n}\sum_{i=1}^{n}X_i$,即 p 的矩估计量为

$$\hat{p} = \overline{X} = \frac{1}{n}\sum_{i=1}^{n}X_i.$$

(2)方法一：令 $\begin{cases}\hat{E}(X)=\overline{X}=\dfrac{1}{n}\sum_{i=1}^{n}X_i;\\ \hat{E}(X^2)=A_2=\dfrac{1}{n}\sum_{i=1}^{n}X_i^2.\end{cases}$

因 $X \sim B(1,p)$，即 $n=1$，所以 X_i 的取值只可取 $0,1$. 故 $\dfrac{1}{n}\sum_{i=1}^{n}X_i^2=\dfrac{1}{n}\sum_{i=1}^{n}X_i=\overline{X}.$

又由 $D(X^2)=E(X^2)-E^2(X)$，因此 $\begin{cases}\hat{\mu}=\overline{X}=\dfrac{1}{n}\sum_{i=1}^{n}X_i;\\ \hat{\sigma}^2+\hat{\mu}=\overline{X}.\end{cases}$

于是得 μ,σ^2 的矩估计量为

$$\begin{cases}\hat{\mu}=\overline{X}=\dfrac{1}{n}\sum_{i=1}^{n}X_i;\\ \hat{\sigma}^2=\overline{X}-(\overline{X})^2=\overline{X}(1-\overline{X})=\dfrac{1}{n}\sum_{i=1}^{n}X_i\left(1-\dfrac{1}{n}\sum_{i=1}^{n}X_i\right).\end{cases}$$

方法二：因总体均值 $\mu=p$，方差 $\sigma^2=p(1-p)$ 都是 p 的连续函数，所以 μ,σ^2 的矩估计量为：

$$\begin{cases}\hat{\mu}=\hat{p}=\overline{X}=\dfrac{1}{n}\sum_{i=1}^{n}X_i;\\ \hat{\sigma}^2=\hat{p}(1-\hat{p})=\overline{X}(1-\overline{X})=\dfrac{1}{n}\sum_{i=1}^{n}X_i\left(1-\dfrac{1}{n}\sum_{i=1}^{n}X_i\right).\end{cases}$$

(3)因总体 X 具有分布律为

$$P(X=1)=p, P(X=0)=1-p,$$

即 $P(X=x)=p^x(1-p)^{1-x}$ $(x=0,1)$，所以样本 $X_1,X_2,\cdots,X_n$ 的似然函数为

$$L(p)=\prod_{k=1}^{n}P(X_k=x_k)=\prod_{k=1}^{n}p^{x_k}(1-p)^{1-x_k}$$
$$=p^{\sum_{i=1}^{n}x_i}(1-p)^{\sum_{i=1}^{n}(1-x_i)} \quad (x_k=0,1).$$

取对数得

$$\ln L(p) = \sum_{k=1}^{n} x_k \ln p + \sum_{k=1}^{n} (1-x_k) \ln(1-p).$$

求导得似然方程

$$\frac{\mathrm{d}\ln L(p)}{\mathrm{d}p} = \sum_{k=1}^{n} x_k \frac{1}{p} + \left(n - \sum_{k=1}^{n} x_k\right) \frac{1}{1-p} = 0,$$

从而 $p = \dfrac{1}{n} \sum_{k=1}^{n} x_k$.

似然方程有唯一解,所以 p 的极大似然估计量为

$$\hat{p} = \overline{X} = \frac{1}{n} \sum_{k=1}^{n} X_k.$$

注 由上知(2)中求总体均值 μ、方差 σ^2 的矩估计量时,可以直接按矩估计步骤求解,也可利用矩估计的性质和(1)中以求得的 p 的矩估计求解,且后者更简便.

例 6.5 设 $X_1, X_2, \cdots, X_n$ 是来自概率密度为

$$f(x;\theta) = \begin{cases} \theta x^{\theta-1}, & 0 < x < 1; \\ 0, & \text{其他}. \end{cases}$$

的总体的样本, θ 未知,求 $Z = \mathrm{e}^{-\frac{1}{\theta}}$ 的极大似然估计值.

分析 求关于参数函数的极大似然估计时,可以先求出该参数的估计,再根据函数的性质及极大似然估计的基本思想求解即可.

解 先求 θ 的极大似然估计值.似然函数

$$L(\theta) = L(x_1, x_2, \cdots, x_n; \theta) = \prod_{i=1}^{n} f(x_i; \theta) = \prod_{i=1}^{n} \theta x_i^{\theta-1} = \theta^n \prod_{i=1}^{n} x_i^{\theta-1}.$$

取对数,得

$$\ln L(\theta) = n \ln \theta + (\theta - 1) \sum_{i=1}^{n} \ln x_i.$$

令 $\dfrac{\mathrm{d}\ln L(\theta)}{\mathrm{d}\theta} = \dfrac{n}{\theta} + \sum_{i=1}^{n} \ln x_i = 0$,得 θ 的极大似然估计值

$$\hat{\theta} = \frac{-n}{\sum_{i=1}^{n} \ln x_i}.$$

由于 $\dfrac{dZ}{d\theta}=e^{-\frac{1}{\theta}}\cdot\dfrac{1}{\theta^2}>0$，故 $Z=e^{-\frac{1}{\theta}}$ 关于 θ 单调增加，故 Z 的极大似然估计值为

$$\hat{Z}=e^{\frac{1}{n}\sum\limits_{i=1}^{n}\ln x_i}.$$

注 通过对函数求导可判断函数单调性.

题型 II　估计量评选标准的讨论

例 6.6 设总体 X 的 k 阶原点矩 $\mu_k=E(X^k)$ $(k>1)$ 存在，又设 $X_1,X_2,\cdots,X_n$ 为来自 X 的一个样本，试证明不论总体服从什么分布，k 阶样本矩 $A_k=\dfrac{1}{n}\sum\limits_{i=1}^{n}X_i^k$ 都是 k 阶总体矩的无偏估计.

分析 运用无偏性定义和期望性质，直接计算即可.

证 因 $X_1,X_2,\cdots,X_n$ 与总体 X 同分布，所以

$$E(X_i^k)=E(X^k)=\mu_k\ (i=1,2,\cdots,n),$$

因此

$$E(A_k)=\dfrac{1}{n}\sum\limits_{i=1}^{n}E(X_i^k)=\mu_k,$$

即不论总体服从什么分布，k 阶样本矩 $A_k=\dfrac{1}{n}\sum\limits_{i=1}^{n}X_i^k$ 都是 k 阶总体矩的无偏估计.

例 6.7 对于均值 μ 和方差 σ^2 都存在的总体，若 μ 和 σ^2 均为未知，则

(1) σ^2 的矩估计量和极大似然估计量都是 $\hat{\sigma}^2=S_n^2=\dfrac{1}{n}\sum\limits_{i=1}^{n}(X_i-\overline{X})^2$，但它不是 σ^2 的无偏估计；

(2) $S^2=\dfrac{n}{n-1}S_n^2$，即 $S^2=\dfrac{1}{n-1}\sum\limits_{i=1}^{n}(X_i-\overline{X})^2$ 是 σ^2 的无偏估计量.

分析 根据无偏性定义，知求参数的无偏性就是求期望. 首先知道 $S^2=\dfrac{1}{n-1}\sum\limits_{i=1}^{n}(X_i-\overline{X})^2=\dfrac{1}{n}\sum\limits_{i=1}^{n}X_i^2-\overline{X}^2$，再分别运用性质及 $\overline{X}$ 的期望方差，计算 S^2 的期望即可.

证 (1) $S_n^2 = \dfrac{1}{n}\sum_{i=1}^{n}X_i^2 - \overline{X}^2 = A_2 - \overline{X}^2$,

$$E(A_2) = E\left(\dfrac{1}{n}\sum_{i=1}^{n}X_i^2\right) = \dfrac{1}{n} \cdot nE(X^2) = \sigma^2 + \mu^2.$$

又

$$E(\overline{X}^2) = E^2(\overline{X}) + D(\overline{X}) = \mu^2 + \sigma^2/n,$$

故 $ES_n^2 = E(A_2 - \overline{X}^2) = E(A_2) - E(\overline{X}^2) = \dfrac{n-1}{n}\sigma^2 \neq \sigma^2.$

所以用 S_n^2 作 σ^2 的估计量是有偏的.

(2) 若以 $n/(n-1)$ 乘 S_n^2, 利用期望的线性性质,易知这样所得到的估计量就是无偏的了,即

$$E\left(\dfrac{n}{n-1}\hat{\sigma}^2\right) = \dfrac{n}{n-1}E\hat{\sigma}^2 = \sigma^2.$$

注 例 6.7 告诉我们,虽然对正态总体的未知参数,矩估计和似然估计都给出同一个结论 S_n^2, 但这个结论却不是"好"的估计,它有偏. 在这个无偏性判别时,我们却有新的发现: σ^2 的新估计量 $\dfrac{n}{n-1}S_n^2$ 是 σ^2 的无偏估计. 易知它就是样本方差 $S^2 = \dfrac{1}{n-1}\sum_{i=1}^{n}(X_i - \overline{X})^2 = \dfrac{n}{n-1}S_n^2.$ 这就是说, S^2 是 σ^2 的无偏估计(正因为如此,称 S^2 为 X 的样本方差) 这个重要结果与 $\overline{X}$ 是 μ 的无偏估计这个事实,在今后的估计与检验中会起到至关重要的作用.

题型 Ⅲ 求参数的区间估计(均值 μ 的置信区间)

例 6.8 某厂生产的化纤强度服从正态分布,长期以来其标准差稳定在 $\sigma = 0.85$, 现抽取了一个容量为 $n = 25$ 的样本,测定其强度,算得样本均值为 $\overline{x} = 2.25$, 试求这批化纤平均强度的置信水平为 0.95 的置信区间.

分析 本题为一个正态总体方差已知的情况下,求数学期望 μ 的置信区间. 因此用估计函数 $U = \dfrac{\overline{X} - \mu}{\sigma/\sqrt{n}} \sim N(0,1)$, 得置信区间为

$$\left(\overline{X} - u_{1-\frac{\alpha}{2}}\frac{\sigma}{\sqrt{n}}, \overline{X} + u_{1-\frac{\alpha}{2}}\frac{\sigma}{\sqrt{n}}\right).$$

解 这是方差已知时正态均值的区间估计问题.由题设条件 $1-\alpha=0.95, \alpha=0.05$,查表知 $u_{0.975}=1.96$,于是这批化纤平均强度的置信水平为 0.95 的置信区间为

$$\left(\overline{x} - u_{1-\frac{\alpha}{2}}\frac{\sigma}{\sqrt{n}}, \overline{x} + u_{1-\frac{\alpha}{2}}\frac{\sigma}{\sqrt{n}}\right)$$
$$= (2.25 - 1.96 \times 0.85/\sqrt{25}, 2.25 + 1.96 \times 0.85/\sqrt{25})$$
$$= (2.25 - 0.3332, 2.25 + 0.3332),$$

即 这批化纤平均强度的置信水平为 0.95 的置信区间为 (1.9168, 2.5832).

例 6.9 从汽车轮胎厂生产的轮胎中抽取 16 个样品进行磨损试验,直至轮胎行驶到磨坏为止,测得它们的行驶路程(km)如表 6.2 所示.

表 6.2

41 250	40 187	43 175	41 010	39 625	41 872	42 654	41 287
38 970	40 200	42 550	41 095	40 680	43 500	39 775	40 400

设汽车轮胎行驶路程服从正态分布 $N(\mu, \sigma^2)$,其中 μ, σ^2 未知,试求 μ 的置信度为 0.95 的单侧置信下限.

分析 本题为一个正态总体方差未知的情况下,求数学期望 μ 的单侧置信下限.

解 σ^2 未知,求 μ 的置信区间,选取随机变量为

$$t = \frac{\overline{X} - \mu}{S/\sqrt{n}} \sim t(n-1).$$

对给定的置信度 $1-\alpha$,有

$$P\left\{\frac{\overline{X} - \mu}{\frac{S}{\sqrt{n}}} < t_{2\alpha}(n-1)\right\} = 1-\alpha,$$

即 $P\left\{\mu > \overline{X} - \frac{S}{\sqrt{n}} t_{2\alpha}(n-1)\right\} = 1-\alpha.$

于是 μ 的置信度为 $1-\alpha$ 的单侧置信区间为

$$\left(\overline{X} - \frac{S}{\sqrt{n}} t_{2\alpha}(n-1), +\infty\right).$$

μ 的置信度为 $1-\alpha$ 的单侧置信下限为 $\overline{X} - \frac{S}{\sqrt{n}} t_{2\alpha}(n-1)$，对给定的 $1-\alpha=0.95$，查 t 分布表得 $t_{0.1}(15)=1.753$，计算样本均值为 $\overline{x}=41\ 139.375$，样本标准差为 $s=1\ 316.509, n=16$，得 μ 的置信度为 0.95 的单侧置信区间为

$$\left(41\ 139.375 - \frac{1\ 316.509}{\sqrt{16}} \times 1.753, +\infty\right) = (40\ 562.42, +\infty).$$

μ 的置信度为 0.95 的单侧置信下限为 $40\ 562.42$.

例 6.10 某商店每百元投资的利润率服从正态分布，均值为 μ，方差为 σ^2，其中 $\sigma^2=0.4$，现随机抽取 5 天的利润率为 $-0.2, 0.1, 0.8, -0.6, 0.9$，试求 μ 的置信度为 0.95 的置信区间. 为使 μ 的置信度为 0.95 的置信区间长度不超过 0.4，则至少应随机抽取多少天的利润才能达到.

分析 本题为一个正态总体方差已知的情况下，求数学期望 μ 的置信区间；已知置信区间长度范围，求观察值个数 n 的最小值. 使用置信区间公式为 $\left(\overline{X} - u_{1-\frac{\alpha}{2}} \frac{\sigma}{\sqrt{n}}, \overline{X} + u_{1-\frac{\alpha}{2}} \frac{\sigma}{\sqrt{n}}\right)$ 即得.

解 X 表示每天的利润率. 总体 $X \sim N(\mu, \sigma^2)$，方差 σ^2 已知，$\sigma=\sigma_0$，求未知参数 μ 的置信区间. 选取随机变量为

$$U = \frac{\overline{X} - \mu}{\sigma_0/\sqrt{n}} \sim N(0,1).$$

$$P\left(\overline{X} - u_{1-\frac{\alpha}{2}} \frac{\sigma}{\sqrt{n}} < \mu < \overline{X} + u_{1-\frac{\alpha}{2}} \frac{\sigma}{\sqrt{n}}\right) = 1-\alpha.$$

于是得到 μ 的置信度为 $1-\alpha$ 的置信区间 $\left(\overline{X} - \frac{\sigma_0}{\sqrt{n}} u_{1-\frac{\alpha}{2}}, \overline{X} + \frac{\sigma_0}{\sqrt{n}} u_{1-\frac{\alpha}{2}}\right)$，计算得

$$\overline{x} = \frac{1}{5}(-0.2+0.1+0.8-0.6+0.9)=0.2,$$

$$\alpha = 1-0.95 = 0.05,$$

$$z_{\frac{\alpha}{2}} = 1.96,$$

则

$$\overline{X} - \frac{\sigma_0}{\sqrt{n}} z_{\frac{\alpha}{2}} = 0.2 - \frac{\sqrt{0.4}}{\sqrt{5}} \times 1.96 = -0.354,$$

$$\overline{X} + \frac{\sigma_0}{\sqrt{n}} z_{\frac{\alpha}{2}} = 0.2 + \frac{\sqrt{0.4}}{\sqrt{5}} \times 1.96 = 0.754.$$

μ 的置信度 0.95 的置信区间为 $(-0.354, 0.754)$.

当 $\alpha = 0.05, n$ 未定时,置信区间长度为

$$L = 2\frac{\sigma_0}{\sqrt{n}} z_{\frac{\alpha}{2}} = 2 \times \frac{\sqrt{0.4}}{\sqrt{n}} \times 1.96.$$

由 $L \leqslant 0.4$,则 $n \geqslant \left(2 \times \frac{\sqrt{0.4}}{0.4} \times 1.96\right)^2 = 38.416.$ 故 $n \geqslant 39$.

例 6.11 为比较Ⅰ、Ⅱ两种型号步枪子弹的枪口速度,随机地取Ⅰ型子弹 10 发,得到枪口速度的平均值为 $\overline{x}_1 = 500$m/s 和标准差 $s_1 = 1.10$m/s;随机取Ⅱ型子弹 20 发,得到相应的观测值为 $\overline{x}_2 = 496$ m/s 和 $s_2 = 1.20$m/s.设两总体都可认为近似地服从正态分布,且由生产过程可认为它们的方差相等.求两总体均值差 $\mu_1 - \mu_2$ 的置信度为 0.95 的置信区间.

分析 本题是求两个正态总体方差相同但未知情况下,总体均值差 $\mu_1 - \mu_2$ 的置信区间,故选取估计函数

$$\frac{(\overline{X}-\overline{Y})-(\mu_1-\mu_2)}{S_{12}\sqrt{\frac{1}{n_1}+\frac{1}{n_2}}} \sim t(n_1+n_2-2).$$

解 按题设情况,可认为两个总体及其样本是相互独立的,且两总体的方差相等,但数值未知,故选取估计函数 $\dfrac{(\overline{X}-\overline{Y})-(\mu_1-\mu_2)}{S_{12}\sqrt{\dfrac{1}{n_1}+\dfrac{1}{n_2}}} \sim$

$t(n_1+n_2-2)$. 由于 $1-\alpha=0.95, \alpha/2=0.025, n_1=10, n_2=20, n_1+n_2-2=28$, 查表 $t_{0.05}(28)=2.0484$, 算得 $S_{12}^2=(9\times1.10^2+19\times1.20^2)/28$, 故 $S_{12}=\sqrt{S_{12}^2}=1.1688$, 所求的两总体均值差 $\mu_1-\mu_2$ 的置信度为 0.95 的置信区间是 $\left(\overline{x}_1-\overline{x}_2\pm S_{12}\times t_{0.05}(28)\sqrt{\dfrac{1}{10}+\dfrac{1}{20}}\right)=(4\pm0.93)$, 即 $(3.07, 4.93)$.

注 本题中得到的置信区间的下限大于零,在实际中我们就认为 μ_1 比 μ_2 大. 如果置信区间包括 0,则可认为 μ_1 和 μ_2 没有多大差别.

题型 IV 求方差的置信区间

例 6.12 设某异常区磁指标服从正态分布 $N(\mu,\sigma^2)$, 现对该地区进行磁测,按仪器规定其方差不得超过 0.01, 某日抽测 16 个点,得样本均值 $\overline{x}=12.7$, 样本方差 $s^2=0.0025$, 问此仪器工作是否稳定 $(\alpha=0.05)$?

分析 本题试求一个正态总体均值未知情况下,总体标准差 σ 的置信区间,采用估计函数

$$\frac{(n-1)S^2}{\sigma^2}\sim\chi^2(n-1).$$

解 设磁测指标 $X\sim N(\mu,\sigma^2)$, μ 未知,求未知参数 σ^2 的置信区间. 根据待估参数选枢轴变量 $\chi^2=\dfrac{(n-1)S^2}{\sigma^2}\sim\chi^2(n-1)$,

$P\{\chi^2(n-1)\geqslant\chi^2_{1-\frac{\alpha}{2}}(n-1)\}=1-\dfrac{\alpha}{2}$, $P\{\chi^2(n-1)\geqslant\chi^2_{\frac{\alpha}{2}}(n-1)\}=\dfrac{\alpha}{2}$. 于是有

$$P\left\{\chi^2_{1-\frac{\alpha}{2}}(n-1)<\frac{(n-1)S^2}{\sigma^2}<\chi^2_{\frac{\alpha}{2}}(n-1)\right\}=1-\alpha,$$

即

$$P\left\{\frac{(n-1)S^2}{\chi^2_{\frac{\alpha}{2}}(n-1)}<\sigma^2<\frac{(n-1)S^2}{\chi^2_{1-\frac{\alpha}{2}}(n-1)}\right\}=1-\alpha.$$

于是得到 σ^2 的置信度为 $1-\alpha$ 的置信区间为

$$\left(\frac{(n-1)S^2}{\chi^2_{\frac{\alpha}{2}}(n-1)}, \frac{(n-1)S^2}{\chi^2_{1-\frac{\alpha}{2}}(n-1)}\right).$$

$n=16, \alpha=0.05, \chi^2_{0.025}(15)=27.5, \chi^2_{0.975}(15)=6.26.$

当 μ 未知时，σ^2 的置信度为 $1-\alpha$ 的置信区间为

$$\left(\frac{15\times0.0025}{27.5}, \frac{15\times0.0025}{6.26}\right)=(0.00136, 0.00599).$$

按仪器规定方差不得超过 0.01，因此可认为仪器工作正常．

例 6.13 研究机器 A 和机器 B 生产的钢管的内径，随机抽取机器 A 生产的管子 18 根，测得样本方差为 $s_1^2=0.34 \text{ mm}^2$，随机抽取机器 B 生产的管子 13 根，测得样本方差 $s_2^2=0.29 \text{ mm}^2$．设两样本相互独立且机器 A 和机器 B 生产的管子的内径分别服从正态分布 $N(\mu_1,\sigma_1^2)$，$N(\mu_2,\sigma_2^2)$，这里 $\mu_i, \sigma_i^2 (i=1,2)$ 均未知，试求方差比 σ_1^2/σ_2^2 的置信水平为 0.90 的置信区间．

分析 求两个正态总体均值未知的情况下，总体方差比 σ_1^2/σ_2^2 的置信区间，采用估计函数 $\dfrac{S_1^2/S_2^2}{\sigma_1^2/\sigma_2^2} \sim F(n_1-1,n_2-1)$．

解 因为 μ_1, μ_2 未知，于是采用估计函数 $\dfrac{S_1^2/S_2^2}{\sigma_1^2/\sigma_2^2} \sim F(n_1-1,n_2-1)$．

又 $S_1^2=0.34, S_2^2=0.29, \alpha=0.1, n_1=18, n_2=13$，查表得

$$F_{\alpha/2}(n_1-1,n_2-1)=F_{0.05}(17,12)=2.59,$$

$$F_{1-\alpha/2}(n_1-1,n_2-1)=F_{0.95}(17,12)=\frac{1}{F_{0.05}(12,17)}=\frac{1}{2.38},$$

得 $\dfrac{\sigma_1^2}{\sigma_2^2}$ 的一个置信水平为 $1-\alpha$ 的置信区间为

$$\left(\frac{S_1^2}{S_2^2}\times\frac{1}{F_{\alpha/2}(n_1-1,n_2-1)}, \frac{S_1^2}{S_2^2}\times\frac{1}{F_{1-\alpha/2}(n_1-1,n_2-1)}\right)$$

$$=\left(\frac{0.34}{0.29}\times\frac{1}{2.59}, \frac{0.34}{0.29}\times 2.38\right)=(0.45, 2.79).$$

四、考研真题

1.(2004 年数学一)设总体 X 的分布函数为

$$F(x,\beta)=\begin{cases}1-\dfrac{1}{x^{\beta}},\ x>1;\\ 0,\ x\leqslant 1.\end{cases}$$

其中未知参数 $\beta>1$，$X_1,X_2,\cdots,X_n$ 为来自总体 X 的简单随机样本. 求 (1) β 的矩估计量；(2) β 的极大似然估计量.

解 X 的概率密度为

$$f(x,\beta)=\begin{cases}\dfrac{\beta}{x^{\beta+1}},x>1;\\ 0,x<1.\end{cases}$$

(1) 由于

$$E(X)=\int_{-\infty}^{+\infty}xf(x,\beta)\,\mathrm{d}x=\int_{1}^{+\infty}x\cdot\dfrac{\beta}{x^{\beta+1}}\mathrm{d}x=\dfrac{\beta}{\beta-1},\ \diamondsuit\ \dfrac{\beta}{\beta-1}=\overline{X},$$

解得 $\beta=\dfrac{\overline{X}}{\overline{X}-1}$，所以参数 β 的矩估计量为

$$\hat{\beta}=\dfrac{\overline{X}}{\overline{X}-1}.$$

(2) 似然函数为

$$L(\beta)=\prod_{i=1}^{n}f(x_i;\beta)=\begin{cases}\dfrac{\beta^n}{(x_1\cdot x_2\cdot\cdots\cdot x_n)^{\beta+1}},&x_i>1(i=1,2,\cdots,n),\\ 0,&\text{其他}.\end{cases}$$

当 $x_i>1(i=1,2,\cdots,n)$ 时，$L(\beta)>0$，取对数得

$$\ln L(\beta)=n\ln\beta-(\beta+1)\sum_{i=1}^{n}\ln x_i,$$

两边对 β 求导，得

$$\dfrac{\mathrm{d}\ln L(\beta)}{\mathrm{d}\beta}=\dfrac{n}{\beta}-\sum_{i=1}^{n}\ln x_i.$$

令 $\dfrac{\mathrm{d}\ln L(\beta)}{\mathrm{d}\beta}=0$，可得 $\beta=\dfrac{n}{\sum_{i=1}^{n}\ln x_i}$，故 β 的极大似然估计值为

$$\hat{\beta}=\dfrac{n}{\sum_{i=1}^{n}\ln x_i}.$$

2.(2005年数学三)设 $X_1, X_2, \cdots, X_n (n > 2)$ 为来自总体 $N(0, \sigma^2)$ 的简单随机样本,$\overline{X}$ 为样本均值,记 $Y_i = X_i - \overline{X}, i = 1, 2, \cdots, n$. 求

(1) Y_i 的方差 $D(Y_i), i = 1, 2, \cdots, n$;

(2) Y_1 与 Y_n 的协方差 $\mathrm{Cov}(Y_1, Y_n)$;

(3) 若 $c(Y_1 + Y_n)^2$ 是 σ^2 的无偏估计量,求常数 c.

解 由题设知,$X_1, X_2, \cdots, X_n (n > 2)$ 相互独立,且
$$E(X_i) = 0, D(X_i) = \sigma^2 (i = 1, 2, \cdots, n), E(\overline{X}) = 0.$$

(1) $D(Y_i) = D(X_i - \overline{X}) = D\left[\left(1 - \dfrac{1}{n}\right)X_i - \dfrac{1}{n}\sum_{j \neq i}^{n} X_j\right]$

$\qquad = \left(1 - \dfrac{1}{n}\right)^2 D(X_i) + \dfrac{1}{n^2}\sum_{j \neq i}^{n} D(X_j)$

$\qquad = \dfrac{(n-1)^2}{n^2}\sigma^2 + \dfrac{1}{n^2} \cdot (n-1)\sigma^2 = \dfrac{n-1}{n}\sigma^2.$

(2) $E(Y_i) = 0, i = 1, 2, \cdots, n,$

$\mathrm{Cov}(Y_1, Y_n) = E[(Y_1 - E(Y_1))(Y_n - E(Y_n))]$

$\qquad = E(Y_1 Y_n) = E[(X_1 - \overline{X})(X_n - \overline{X})]$

$\qquad = E(X_1 X_n - X_1 \overline{X} - X_n \overline{X} + \overline{X}^2)$

$\qquad = E(X_1 X_n) - 2E(X_1 \overline{X}) + E(\overline{X}^2)$

$\qquad = 0 - \dfrac{2}{n} E\left[X_1^2 + \sum_{j=2}^{n} X_1 X_j\right] + D(\overline{X}) + (E(\overline{X}))^2$

$\qquad = -\dfrac{2}{n}\sigma^2 + \dfrac{1}{n}\sigma^2 = -\dfrac{1}{n}\sigma^2.$

(3) $E[c(Y_1 + Y_n)^2] = cD(Y_1 + Y_n)$

$\qquad = c[DY_1 + DY_n + 2\mathrm{Cov}(Y_1, Y_n)]$

$\qquad = c\left[\dfrac{n-1}{n} + \dfrac{n-1}{n} - \dfrac{2}{n}\right]\sigma^2 = \dfrac{2(n-2)}{n} c\sigma^2$

$\qquad = \sigma^2,$

故 $c = \dfrac{n}{2(n-2)}.$

3.(2006年数学三)设总体 X 的概率密度为

$$f(x;\theta)=\begin{cases}\theta, & 0<x<1;\\ 1-\theta, & 1\leqslant x<2;\\ 0, & \text{其他}.\end{cases}$$

其中 θ 是未知参数 $(0<\theta<1)$，$X_1,X_2,\cdots,X_n$ 为来自总体 X 的简单随机样本，记 N 为样本值 $x_1,x_2,\cdots,x_n$ 中小于 1 的个数．求 (1) θ 的矩估计；(2) θ 的极大似然估计．

解 （1）因为
$$E(X)=\int_{-\infty}^{+\infty}xf(x;\theta)\mathrm{d}x=\int_0^1 x\theta\mathrm{d}x+\int_1^2 x(1-\theta)\mathrm{d}x=\frac{3}{2}-\theta.$$

令 $\dfrac{3}{2}-\theta=\overline{X}$，可得 θ 的矩估计为
$$\hat{\theta}=\frac{3}{2}-\overline{X}.$$

(2) 记似然函数为 $L(\theta)$，则
$$L(\theta)=\underbrace{\theta\cdot\theta\cdots\theta}_{N\text{个}}\underbrace{(1-\theta)\cdot(1-\theta)\cdots\cdot(1-\theta)}_{(n-N)\text{个}}=\theta^N(1-\theta)^{n-N}.$$

两边取对数得
$$\ln L(\theta)=N\ln\theta+(n-N)\ln(1-\theta).$$

令 $\dfrac{\mathrm{d}\ln L(\theta)}{\mathrm{d}\theta}=\dfrac{N}{\theta}-\dfrac{n-N}{1-\theta}=0$，解得 $\hat{\theta}=\dfrac{N}{n}$ 为 θ 的极大似然估计．

4．(2007 年数学一) 设总体 X 的概率密度为
$$f(x,\theta)=\begin{cases}\dfrac{1}{2\theta}, & 0<x<\theta;\\ \dfrac{1}{2(1-\theta)}, & \theta\leqslant x<1;\\ 0, & \text{其他}.\end{cases}$$

其中参数 $\theta(0<\theta<1)$ 未知，$X_1,X_2,\cdots,X_n$ 是来自总体 X 的简单随机样本，$\overline{X}$ 是样本均值．

(1) 求参数 θ 的矩估计量 $\hat{\theta}$；

(2) 判断 $4\overline{X}^2$ 是否为 θ^2 的无偏估计量，并说明理由．

解 （1）$E(X)=\displaystyle\int_{-\infty}^{+\infty}xf(x,\theta)\mathrm{d}x=\int_0^\theta\dfrac{x}{2\theta}\mathrm{d}x+\int_\theta^1\dfrac{x}{2(1-\theta)}\mathrm{d}x$

$$= \frac{\theta}{4} + \frac{1}{4}(1+\theta) = \frac{\theta}{2} + \frac{1}{4}.$$

令 $\frac{\theta}{2} + \frac{1}{4} = \overline{X}$，其中 $\overline{X} = \frac{1}{n}\sum_{i=1}^{n}X_i$，解方程得 θ 的矩估计量为

$$\hat{\theta} = 2\overline{X} - \frac{1}{2}.$$

(2) $E(4\overline{X}^2) = 4E(\overline{X}^2) = 4[D(\overline{X}) + E^2(\overline{X})] = 4\left[\frac{D(X)}{n} + E^2(X)\right]$,

而

$$E(X^2) = \int_{-\infty}^{+\infty} x^2 f(x,\theta)\,\mathrm{d}x = \int_0^\theta \frac{x^2}{2\theta}\mathrm{d}x + \int_\theta^1 \frac{x^2}{2(1-\theta)}\mathrm{d}x$$

$$= \frac{\theta^2}{3} + \frac{1}{6}\theta + \frac{1}{6},$$

$$D(X) = E(X^2) - E^2(X) = \frac{\theta^2}{3} + \frac{1}{6}\theta + \frac{1}{6} - \left(\frac{1}{2}\theta + \frac{1}{4}\right)^2$$

$$= \frac{1}{12}\theta^2 - \frac{1}{12}\theta + \frac{5}{48},$$

故

$$E(4\overline{X}^2) = 4\left[\frac{D(X)}{n} + E^2(X)\right]$$

$$= \frac{3n+1}{3n}\theta^2 + \frac{3n-1}{n}\theta + \frac{3n+5}{12n} \neq \theta^2.$$

所以 $4\overline{X}^2$ 不是 θ^2 的无偏估计量.

5.(2008 年数学一)设 $X_1, X_2, \cdots, X_n$ 是来自总体 $N(\mu, \sigma^2)$ 的简单随机样本，记 $\overline{X} = \frac{1}{n}\sum_{i=1}^{n}X_i, S^2 = \frac{1}{n-1}\sum_{i=1}^{n}(X_i - \overline{X})^2, T = \overline{X}^2 - \frac{1}{n}S^2$. (1)证明 T 是 μ^2 的无偏估计量；(2)当 $\mu = 0, \sigma = 1$ 时，求 $D(T)$.

解 (1)方法一：首先 T 是统计量，其次

$$E(T) = E(\overline{X}^2) - \frac{1}{n}E(S^2)$$

$$= D(\overline{X}^2) + (E(\overline{X}))^2 - \frac{1}{n}E(S^2) = \frac{1}{n}\sigma^2 + \mu^2 - \frac{1}{n}\sigma^2 = \mu^2.$$

对一切 μ,σ 成立. 因此 T 是 $\hat{\mu}^2$ 的无偏估计量.

方法二:首先 T 是统计量,其次

$$T = \frac{n}{n-1}\overline{X}^2 - \frac{1}{n(n-1)}\sum_{i=1}^{n}X_i^2 = \frac{1}{n(n-1)}\sum_{j\neq k}^{n}X_j X_k,$$

$$E(T) = \frac{n}{n-1}\sum_{j\neq k}^{n}E(X_j)E(X_k) = \mu^2,$$

对一切 μ,σ 成立. 因此 T 是 $\hat{\mu}^2$ 的无偏估计量.

(2)根据题意,有 $\sqrt{n}\overline{X} \sim N(0,1)$, $n\overline{X}^2 \sim \chi^2(1)$, $(n-1)S^2 \sim \chi^2(n-1)$, 于是 $D(n\overline{X}^2) = 2$, $D((n-1)S^2) = 2(n-1)$.

所以

$$D(T) = D\left(\overline{X}^2 - \frac{1}{n}S^2\right)$$

$$= \frac{1}{n^2}D(n\overline{X}^2) + \frac{1}{n^2(n-1)^2}D((n-1)S^2) = \frac{2}{n(n-1)}.$$

6.(2009 年数学一)设 $X_1,X_2,\cdots,X_n$ 为来自二项分布总体 $B(n,p)$ 的简单随机样本, $\overline{X}$ 和 S^2 分别为样本均值和样本方差. 若 $\overline{X} + kS^2$ 为 np^2 的无偏估计量,则 $k = $ _____.

解 由于 $\overline{X} + kS^2$ 为 np^2 的无偏估计,所以 $E(\overline{X} + kS^2) = np^2$,即 $np + knp(1-p) = np^2$, $1 + k(1-p) = p$, 得 $k(1-p) = p-1$, $k = -1$.

7.(2009 年数学一)设总体 X 的概率密度为

$$f(x) = \begin{cases} \lambda^2 x e^{-\lambda x}, & x > 0; \\ 0, & \text{其他}. \end{cases}$$

其中参数 $\lambda(\lambda > 0)$ 未知, $X_1,X_2,\cdots,X_n$ 是来自总体 X 的简单随机样本. 求

(1)参数 λ 的矩估计量;(2)参数 λ 的极大似然估计量.

解 (1)由 $E(X) = \overline{X}$, 而 $E(X) = \int_0^{+\infty} \lambda^2 x^2 e^{-\lambda x} dx = \frac{2}{\lambda} = \overline{X}$,

故 $\lambda = \dfrac{2}{\overline{X}}$ 为总体的矩估计量.

(2)构造似然函数 $L(x_1, x_2, \cdots, x_n; \lambda) = \prod\limits_{i=1}^{n} f(x_i; \lambda)$

$$= \lambda^{2n} \cdot \prod_{i=1}^{n} x_i \cdot \mathrm{e}^{-\lambda \sum\limits_{i=1}^{n} x_i}.$$

取对数 $\ln L = 2n \ln \lambda + \sum\limits_{i=1}^{n} \ln x_i - \lambda \sum\limits_{i=1}^{n} x_i.$

令 $\dfrac{\mathrm{d}\ln L}{\mathrm{d}\lambda} = 0 \Rightarrow \dfrac{2n}{\lambda} - \sum\limits_{i=1}^{n} x_i = 0 \Rightarrow \lambda = \dfrac{2n}{\sum\limits_{i=1}^{n} x_i} = \dfrac{2}{\dfrac{1}{n}\sum\limits_{i=1}^{n} x_i}.$

故其极大似然估计量为 $\hat{\lambda} = \dfrac{2}{\overline{X}}.$

8.(2010 年数学一)设总体 X 的概率分布如表 6.3 所示.

表 6.3

X	1	2	3
p_k	$1-\theta$	$\theta-\theta^2$	θ^2

其中 $\theta \in (0,1)$ 未知,以 N_i 表示来自总体 X 的简单随机样本(样本容量为 n)中等于 i 的个数 $(i=1,2,3)$. 试求常数 a_1, a_2, a_3,使 $T = \sum\limits_{i=1}^{3} a_i N_i$ 为 θ 的无偏估计量,并求 T 的方差.

解 N_i 是随机变量,其可能取值为 $0, 1, 2, \cdots, n$,而

$P(N_i = i) = P(X_1, X_2, \cdots, X_n$ 中有 i 个取值为 1$) = C_n^i (1-\theta)^i \theta^{n-i}.$

从而 $N_1 \sim B(n, 1-\theta).$ 同理,$N_2 \sim B(n, \theta-\theta^2)$,$N_3 \sim B(n, \theta^2).$
于是

$$E(T) = E\Big(\sum_{i=1}^{3} a_i N_i\Big) = a_1 E(N_1) + a_2 E(N_2) + a_3 E(N_3)$$
$$= a_1 n(1-\theta) + a_2 n(\theta - \theta^2) + a_3 n \theta^2$$
$$= a_1 n + (-a_1 n + a_2 n)\theta + (-a_2 n + a_3 n)\theta^2.$$

由此可知,要使 T 是无偏估计量,a_1, a_2, a_3 必须满足

$$E(T) = \theta,$$

即 $a_1 n + (-a_1 n + a_2 n)\theta + (-a_2 n + a_3 n)\theta^2 = \theta$.

由此得到 $\begin{cases} a_1 n = 0, \\ -a_1 n + a_2 n = 1, \\ -a_2 n + a_3 n = 0, \end{cases}$ 即 $a_1 = 0, a_2 = \dfrac{1}{n}, a_3 = \dfrac{1}{n}$. 于是

$$T = \frac{1}{n}(n - N_1) = 1 - \frac{1}{n}N_1,$$

从而 $D(T) = D\left(1 - \dfrac{1}{n}N_1\right) = \dfrac{1}{n^2}D(N_1)$

$$= \frac{1}{n^2} \cdot n(1-\theta)\theta = \frac{1}{n}\theta(1-\theta).$$

9.(2011 年数学一)设 $X_1, X_2, \cdots, X_n$ 为来自正态总体 $N(\mu_0, \sigma^2)$ 的简单随机样本,其中 μ_0 已知,$\sigma^2 > 0$ 未知,$\overline{X}$ 和 S^2 分别表示样本均值和样本方差.(1)求参数 σ^2 的极大似然估计 $\hat{\sigma}^2$;(2)计算 $E(\hat{\sigma}^2)$ 和 $D(\hat{\sigma}^2)$.

解 (1)似然函数

$$L(x_1, x_2, \cdots, x_n, \sigma^2) = \prod_{i=1}^{n} \frac{1}{\sqrt{2\pi}\sigma} \exp\left(-\frac{(x_i - \mu_0)^2}{2\sigma^2}\right)$$

$$= \frac{1}{(2\pi)^{\frac{n}{2}}\sigma^n} \exp\left(\sum_{i=1}^{n} -\frac{(x_i - \mu_0)^2}{2\sigma^2}\right),$$

则

$$\ln L = -\frac{n}{2}\ln 2\pi - n\ln\sigma - \sum_{i=1}^{n}\frac{(x_i - \mu_0)^2}{2\sigma^2}$$

$$= -\frac{n}{2}\ln 2\pi - \frac{n}{2}\ln\sigma^2 - \frac{1}{\sigma^2}\sum_{i=1}^{n}\frac{(x_i - \mu_0)^2}{2},$$

$$\frac{\partial \ln L}{\partial \sigma^2} = -\frac{n}{2\sigma^2} + \frac{1}{(\sigma^2)^2}\sum_{i=1}^{n}\frac{(x_i - \mu_0)^2}{2}.$$

令 $\dfrac{\partial \ln L}{\partial \sigma^2} = 0$ 可得 σ^2 的极大似然估计值 $\hat{\sigma}^2 = \sum_{i=1}^{n}\dfrac{(x_i - \mu_0)^2}{n}$.

极大似然估计量 $\hat{\sigma}^2 = \sum_{i=1}^{n}\dfrac{(X_i - \mu_0)^2}{n}$.

(2)由随机变量数字特征的计算公式可得
$$E(\hat{\sigma}^2) = E\left[\sum_{i=1}^{n}\frac{(X_i-\mu_0)^2}{n}\right] = \frac{1}{n}\sum_{i=1}^{n}E(X_i-\mu_0)^2$$
$$= E(X_1-\mu_0)^2 = D(X_1) = \sigma^2,$$
$$D(\hat{\sigma}^2) = D\left[\sum_{i=1}^{n}\frac{(X_i-\mu_0)^2}{n}\right] = \frac{1}{n^2}\sum_{i=1}^{n}D(X_i-\mu_0)^2$$
$$= \frac{1}{n}D(X_1-\mu_0)^2.$$

由于 $X_1-\mu_0 \sim N(0,\sigma^2)$,由正态分布的性质可知 $\dfrac{X_1-\mu_0}{\sigma} \sim N(0,1)$.

因此 $\left(\dfrac{X_1-\mu_0}{\sigma}\right)^2 \sim \chi^2(1)$. 由 χ^2 的性质可知 $D\left(\dfrac{X_1-\mu_0}{\sigma}\right)^2 = 2$,

则 $D(X_1-\mu_0)^2 = 2\sigma^4$, $D(\hat{\sigma}^2) = \dfrac{2\sigma^4}{n}$.

10.(2012年数学一)设随机变量 X 与 Y 相互独立且分布服从正态分布 $N(\mu,\sigma^2)$ 与 $N(\mu,2\sigma^2)$,其中,σ 是未知参数且 $\sigma>0$. 设 $Z=X-Y$.

(1)求 Z 的概率密度 $f(z;\sigma^2)$;

(2)设 $Z_1,Z_2,\cdots,Z_n$ 是来自总体 Z 的简单随机样本,求 σ^2 得极大似然估计量 $\hat{\sigma}^2$;

(3)证明:$\hat{\sigma}^2$ 是 σ^2 的无偏估计量.

解 (1)由于 Z 服从正态分布,且
$$E(Z) = E(X-Y) = E(X) - E(Y) = \mu - \mu = 0,$$
$$D(Z) = D(X-Y) = D(X) + D(Y) = \sigma^2 + 2\sigma^2 = 3\sigma^2,$$
所以,Z 的概率密度为
$$f(z;\sigma^2) = \frac{1}{\sqrt{6\pi}\sigma}e^{-\frac{z^2}{6\sigma^2}} \quad (-\infty < z < +\infty).$$

(2)设所给简单随机样本的观察值为 $z_1,z_2,\cdots,z_n$,则似然函数
$$L(z_1,z_2,\cdots z_n;\sigma^2) = \frac{1}{\sqrt{6\pi}\sigma}e^{-\frac{z_1^2}{6\sigma^2}} \cdot \frac{1}{\sqrt{6\pi}\sigma}e^{-\frac{z_2^2}{6\sigma^2}} \cdot \cdots \cdot \frac{1}{\sqrt{6\pi}\sigma}e^{-\frac{z_n^2}{6\sigma^2}}$$

$$= \frac{1}{(6\pi)^{\frac{n}{2}}\sigma^n} e^{-\frac{1}{6\sigma^2}\sum_{i=1}^{n} z_i^2}.$$

$$\ln L = \ln \frac{1}{(6\pi)^{\frac{n}{2}}} - \frac{n}{2}\ln\sigma^2 - \frac{1}{6\sigma^2}\sum_{i=1}^{n} z_i^2.$$

令 $\dfrac{\mathrm{d}\ln L}{\mathrm{d}\sigma^2} = 0$，即 $-\dfrac{n}{2\sigma^2} + \dfrac{1}{6(\sigma^2)^2}\sum_{i=1}^{n} z_i^2 = 0$. 这个以 σ^2 为未知数的方程有唯一解

$$\sigma^2 = \frac{1}{3n}\sum_{i=1}^{n} z_i^2.$$

从而 σ^2 的极大似然估计量

$$\hat{\sigma}^2 = \frac{1}{3n}\sum_{i=1}^{n} Z_i^2.$$

(3) 由于 $E(\hat{\sigma}^2) = E\left(\dfrac{1}{3n}\sum_{i=1}^{n} Z_i^2\right) = \dfrac{1}{3n}E\left(\sum_{i=1}^{n} Z_i^2\right) = \dfrac{1}{3}E(Z^2)$

$$= \frac{1}{3}[D(Z) + (EZ)^2] = \frac{1}{3}(3\sigma^2 + 0) = \sigma^2.$$

所以，$\hat{\sigma}^2$ 是 σ^2 的无偏估计量.

注 (1) 熟练运用期望、方差性质来简化计算；(2) 对 σ^2 求导时要将 σ^2 看成整体来计算.

11. (2013 年数学一) 设总体 X 的概率密度为

$$f(x;\theta) = \begin{cases} \dfrac{\theta^2}{x^3}e^{-\frac{\theta}{x}}, & x > 0; \\ 0, & \text{其他}. \end{cases}$$

其中 θ 为未知参数且大于零，$X_1, X_2, \cdots, X_n$ 为来自总体 X 的简单随机样本.

(1) 求 θ 的矩估计量；(2) 求 θ 的极大似然估计量.

解 (1)
$$E(X) = \int_{-\infty}^{+\infty} x f(x;\theta)\,\mathrm{d}x = \int_0^{+\infty} x \cdot \frac{\theta^2}{x^3} \cdot e^{-\frac{\theta}{x}}\,\mathrm{d}x$$

$$= \int_0^{+\infty} \frac{\theta^2}{x^2} e^{-\frac{\theta}{x}}\,\mathrm{d}x = \theta \int_0^{+\infty} e^{-\frac{\theta}{x}}\,\mathrm{d}\left(-\frac{\theta}{x}\right) = -\theta,$$

令 $\overline{X} = \hat{E}(X)$,则 $\overline{X} = -\hat{\theta}$,即 θ 的矩估计量为 $\hat{\theta} = -\overline{X}$,其中 $\overline{X} = \frac{1}{n}\sum_{i=1}^{n}X_i$.

(2) $L(\theta) = \prod_{i=1}^{n} f(x_i;\theta) = \begin{cases} \prod_{i=1}^{n}\left(\dfrac{\theta^2}{x_i^3}e^{-\frac{\theta}{x_i}}\right), & x_i > 0 (i=1,2,\cdots,n); \\ 0, & \text{其他.} \end{cases}$

当 $x_i > 0 (i=1,2,\cdots,n)$ 时,

$$L(\theta) = \prod_{i=1}^{n}\left(\frac{\theta^2}{x_i^3} \cdot e^{-\frac{\theta}{x_i}}\right),$$

$$\ln L(\theta) = \sum_{i=1}^{n}\left[2\ln\theta - \ln x_i^3 - \frac{\theta}{x_i}\right],$$

$$\frac{\mathrm{d}\ln L(\theta)}{\mathrm{d}\theta} = \sum_{i=1}^{n}\left(\frac{2}{\theta} - \frac{1}{x_i}\right) = \frac{2n}{\theta} - \sum_{i=1}^{n}\frac{1}{x_i} = 0,$$

解得 $\hat{\theta} = \dfrac{2n}{\sum_{i=1}^{n}\dfrac{1}{x_i}}$,所以 θ 的极大似然估计量为

$$\hat{\theta} = \frac{2n}{\sum_{i=1}^{n}\dfrac{1}{X_i}}.$$

12.(2014 年数学一)设总体 X 的概率密度为

$$f(x;\theta) = \begin{cases} \dfrac{2x}{3\theta^2}, & \theta < x < 2\theta; \\ 0, & \text{其他.} \end{cases}$$

其中 θ 是未知参数,$X_1, X_2, \cdots, X_n$ 为来自总体 X 的简单随机样本,若 $c\sum_{i=1}^{n}X_i^2$ 为 θ^2 的无偏估计,则 $c = $ _____.

解 $E\left(c\sum_{i=1}^{n}X_i^2\right) = c\sum_{i=1}^{n}E(X_i^2) = ncE(X^2) = nc\int_{\theta}^{2\theta}\dfrac{2x^3}{3\theta^2}\mathrm{d}x$

$= \dfrac{2nc}{3\theta^2} \cdot \dfrac{1}{4}x^4 \Big|_{\theta}^{2\theta} = \dfrac{5nc}{2}\theta^2 = \theta^2.$

故 $c = \dfrac{2}{5n}$.

13.(2014年数学一)设总体 X 的分布函数

$$F(x;\theta) = \begin{cases} 1 - e^{-\frac{x^2}{\theta}}, & x \geqslant 0; \\ 0, & x < 0. \end{cases}$$

其中 θ 是未知参数且大于零，$X_1, X_2, \cdots, X_n$ 为来自总体 X 的简单随机样本.

(1)求 $E(X)$ 与 $E(X^2)$；

(2)求 θ 的极大似然估计量 $\hat{\theta}_n$；

(3)是否存在实数 a，使得对任何 $\varepsilon > 0$，都有 $\lim\limits_{n \to \infty} P\{|\hat{\theta}_n - a| \geqslant \varepsilon\} = 0$？

解 (1)因为总体 X 的分布函数为 $F(x;\theta) = \begin{cases} 1 - e^{-\frac{x^2}{\theta}}, & x \geqslant 0; \\ 0, & \text{其他}. \end{cases}$

所以总体 X 的概率密度为 $f(x;\theta) = F'(x;\theta) = \begin{cases} \dfrac{2x}{\theta} e^{-\frac{x^2}{\theta}}, & x \geqslant 0; \\ 0, & \text{其他}. \end{cases}$

$$E(X) = \int_{-\infty}^{+\infty} x f(x;\theta) \mathrm{d}x = \int_0^{+\infty} x \dfrac{2x}{\theta} e^{-\frac{x^2}{\theta}} \mathrm{d}x = -\int_0^{+\infty} x \mathrm{d} e^{-\frac{x^2}{\theta}}$$

$$= -x e^{-\frac{x^2}{\theta}} \Big|_0^{+\infty} + \int_0^{+\infty} e^{-\frac{x^2}{\theta}} \mathrm{d}x = \dfrac{\sqrt{\pi\theta}}{2}$$

$$E(X^2) = \int_{-\infty}^{+\infty} x^2 f(x;\theta) \mathrm{d}x = \int_0^{+\infty} x^2 \dfrac{2x}{\theta} e^{-\frac{x^2}{\theta}} \mathrm{d}x$$

$$\xrightarrow{\text{令 } x^2 = t} \int_0^{+\infty} t \dfrac{2\sqrt{t}}{\theta} e^{-\frac{t}{\theta}} \dfrac{1}{2\sqrt{t}} \mathrm{d}t = \int_0^{+\infty} t \dfrac{1}{\theta} e^{-\frac{t}{\theta}} \mathrm{d}t$$

$$= -\int_0^{+\infty} t \mathrm{d}(e^{-\frac{t}{\theta}}) = -t e^{-\frac{t}{\theta}} \Big|_0^{+\infty} + \int_0^{+\infty} e^{-\frac{t}{\theta}} \mathrm{d}t$$

$$= 0 + (-\theta) e^{-\frac{t}{\theta}} \Big|_0^{+\infty} = \theta.$$

(2)设 $x_1, x_2, \cdots, x_n$ 为样本的观测值,

$$L(\theta) = \prod_{i=1}^{n} f(x_i; \theta) = \begin{cases} \dfrac{2^n \prod_{i=1}^{n} x_i}{\theta^n} e^{-\frac{1}{\theta} \sum_{i=1}^{n} x_i^2}, & x_i \geqslant 0 (i=1,2,\cdots,n); \\ 0, & \text{其他}. \end{cases}$$

当 $x_i \geqslant 0 (i=1,2,\cdots,n)$ 时,有 $L(\theta) = \dfrac{2^n \prod_{i=1}^{n} x_i}{\theta^n} e^{-\frac{1}{\theta} \sum_{i=1}^{n} x_i^2}$,两边取对数

$$\ln L(\theta) = n\ln 2 + \sum_{i=1}^{n} \ln x_i - n\ln\theta - \frac{1}{\theta}\sum_{i=1}^{n} x_i^2.$$

对 θ 求导得似然方程 $\dfrac{d\ln L(\theta)}{d\theta} = -\dfrac{n}{\theta} + \dfrac{1}{\theta^2}\sum_{i=1}^{n} x_i^2 = 0$,解得 $\hat{\theta} = \dfrac{1}{n}\sum_{i=1}^{n} x_i^2$ 为 θ 的极大似然估计值,$\hat{\theta} = \dfrac{1}{n}\sum_{i=1}^{n} X_i^2$ 为 θ 的极大似然估计量.

(3)因为 $X_1, X_2, \cdots, X_n$ 独立同分布,所以 $X_1^2, X_2^2, \cdots, X_n^2$ 独立同分布,又 $E(X_i^2) = \theta (i=1,2,\cdots,n)$,由辛钦大数定理知

$$\lim_{n\to\infty} P\left\{\left|\frac{1}{n}\sum_{i=1}^{n} X_i^2 - E\left(\frac{1}{n}\sum_{i=1}^{n} X_i^2\right)\right| < \varepsilon\right\} = 1.$$

由于 $E\left(\dfrac{1}{n}\sum_{i=1}^{n} X_i^2\right) = \dfrac{1}{n}\sum_{i=1}^{n} E(X_i^2) = \theta$,故存在实数 $a = \theta$,使得对于 $\forall \varepsilon > 0$,有 $\lim_{n\to\infty} P\{|\hat{\theta}_n - a| < \varepsilon\} = 1$,即

$$\lim_{n\to\infty} P\{|\hat{\theta}_n - a| \geqslant \varepsilon\} = 0.$$

14.(2015 年数学一)设总体 X 的概率密度为

$$f(x;\theta) = \begin{cases} \dfrac{1}{1-\theta}, & \theta \leqslant x \leqslant 1; \\ 0, & \text{其他}. \end{cases}$$

其中 θ 为未知参数,$X_1, X_2, \cdots, X_n$ 是来自总体的简单样本.
(1)求参数 θ 的矩估计量;
(2)求参数 θ 的极大似然估计量.

解 (1)总体的数学期望为

$$E(X) = \int_\theta^1 x \frac{1}{1-\theta} dx = \frac{1}{1-\theta} \cdot \frac{x^2}{2}\Big|_\theta^1 = \frac{1+\theta}{2},$$

由矩估计法知 $\hat{E}(X) = \dfrac{1+\hat{\theta}}{2} = \overline{X}$,解得参数 θ 的矩估计量 $\hat{\theta} = 2\overline{X} - 1$.

(2)似然函数为

$$L(x_1, x_2, \cdots, x_n; \theta) = \frac{1}{(1-\theta)^n}, \theta \leqslant x_1, x_2, \cdots, x_n \leqslant 1,$$

两边取对数 $\ln L(x_1, x_2, \cdots, x_n; \theta) = -n\ln(1-\theta)$,对 θ 求导

$$\frac{d\ln L}{d\theta} = \frac{n}{1-\theta} > 0,$$

显然 $L(\theta)$ 是关于 θ 的单调递增函数,为了使似然函数达到最大,只要使 θ 尽可能大就可以,所以参数 θ 的极大似然估计值为 $\hat{\theta} = \min(x_1, x_2, \cdots, x_n)$,参数 θ 的极大似然估计量为 $\hat{\theta} = \min(X_1, X_2, \cdots, X_n)$.

五、习题精解

(一)填空题

1.某炸药制造厂一天中发生的着火次数服从参数为 λ 的泊松分布.现有如表 6.4 所示样本值:

表 6.4

着火次数 k	0	1	2	3	4	5	6	7
发生 k 次着火的天数 n_k	5	10	12	8	3	2	0	0

则参数 λ 的矩估计值为_____.

解 设某炸药制造厂一天中发生的着火次数为 X,则 $X \sim P(\lambda)$.

总体均值的矩估计量为 $\hat{E}(X) = \hat{\lambda} = \overline{X} = \dfrac{1}{n}\sum_{i=1}^{n} X_i$,则 λ 的矩估计量为

$$\hat{\lambda} = \overline{x} = \frac{1}{5+10+12+8+3+2+0+0} \cdot$$
$$(0\times 5 + 1\times 10 + 2\times 12 + 3\times 8 + 4\times 3 + 5\times 2 + 0 + 0)$$
$$= 2.$$

2. 设总体 X 服从 $[0,\theta]$ 上的均匀分布,其分布密度函数为

$$f(x;\theta)=\begin{cases}\dfrac{1}{\theta}, & 0\leqslant x\leqslant\theta \\ 0, & \text{其他}\end{cases},\text{则}\ \theta\ \text{的矩估计量为}\underline{\qquad}.$$

解 $E(X)=\displaystyle\int_0^\theta x\cdot\dfrac{1}{\theta}\mathrm{d}x=\dfrac{1}{\theta}\cdot\dfrac{x^2}{2}\Big|_0^\theta=\dfrac{\theta}{2}$,

总体均值的矩估计量为 $\hat{E}(X)=\dfrac{\hat\theta}{2}=\overline{X}$,则 θ 的矩估计量为 $\hat\theta=2\overline{X}$.

3. 有一大批药品,现从中随机取 5 袋,称其重量如下(单位:g)
$$417.3\quad 418.1\quad 419.4\quad 420.1\quad 421.5$$
则总体均值 μ 和方差 σ^2 的矩估计值为 $\underline{\qquad}$.

解 $\hat\mu=\overline{x}=\dfrac{1}{n}\displaystyle\sum_{i=1}^n x_i$

$=\dfrac{1}{5}(417.3+418.1+419.4+420.1+421.5)=419.28$,

$\hat\sigma^2=\bar{s}^2=\dfrac{1}{n}\displaystyle\sum_{i=1}^n(x_i-\overline{x})^2$

$=\dfrac{1}{5}[(417.3-419.28)^2+(418.1-419.28)^2+(419.4-419.28)^2$

$+(420.1-419.28)^2+(421.5-419.28)^2]$

$=\dfrac{1}{5}(3.9204+1.3924+0.0144+0.6724+4.9284)=2.1856$.

4. 一位地质学家为研究密歇根湖湖滩地区的岩石成分,随机地自该地区取 100 个样品,每个样品有 5 个石子,记录了每个样品中属石灰石的石子数.假设这 100 个观察相互独立,并且由过去经验知,它们都服从二项分布 $B(n,p)$,p 是这地区一块石子是石灰石的概率,则 p 的矩估计值为 $\underline{\qquad}$.已知该地质学家所得数据如表 6.5.

表 6.5

样品中属石灰石的石子数	0	1	2	3	4	5
观察到石灰石的样品个数	3	18	29	31	14	5

解 设总体 $X\sim B(5,p)$,$\hat{E}(X)=n\hat{p}=5\hat{p}=\overline{X}=\dfrac{1}{n}\displaystyle\sum_{i=1}^n X_i$,

则总体均值的矩估计值为

$$\hat{E}(X) = 5\hat{p} = \frac{1}{n}\sum_{i=1}^{n}x_i$$

$$= \frac{1}{500}(0\times 3+1\times 18+2\times 29+3\times 31+4\times 14+5\times 5) = 0.5,$$

故 p 的估计值 $\hat{p} = \dfrac{0.5}{5} = 0.1$.

5. 设总体 X 服从参数为 λ 的泊松分布,样本均值为 3.6,则 λ 的极大似然估计值为_____.

解 $X \sim P(\lambda)$,λ 的极大似然估计量为 $\hat{\lambda} = \overline{X}$,故 λ 的极大似然估计值为 $\hat{\lambda} = \overline{x} = 3.6$.

6. 设总体 X 服从参数为 λ 的指数分布,取一组样本值 6.54,8.20,6.88,9.02,7.56,则 λ 的极大似然估计值为_____.

解 已知 X 服从参数为 λ 的指数分布,λ 的极大似然估计量为

$$\hat{\lambda} = \frac{1}{\overline{X}},$$

$$\overline{x} = \frac{1}{n}\sum_{i=1}^{n}x_i = \frac{1}{5}(6.54+8.20+6.88+9.02+7.56) = 7.64,$$

则 λ 的极大似然估计值为 $\hat{\lambda} = 0.131$.

7. 设总体 $X \sim N(\mu, \sigma^2)$,μ 和 σ^2 均未知,$X_1, X_2, \cdots, X_n$ 是来自总体 X 的样本,常数 $c = $ _____,使 $\hat{\sigma}^2 = c\sum_{i=1}^{n-1}(X_{i+1} - X_i)^2$ 成为 σ^2 的无偏估计.

解 设 $X \sim N(\mu, \sigma^2)$,$E(X) = \mu$,$D(X) = \sigma^2$,已知 $X_1, X_2, \cdots, X_n$ 是来自总体 X 的样本,则 $X_1, X_2, \cdots, X_n$ 相互独立且 $E(X_i) = \mu$,$D(X_i) = \sigma^2$,$i = 1, 2, \cdots, n$.

由于

$$E(\hat{\sigma}^2) = E\left[c\sum_{i=1}^{n-1}(X_{i+1} - X_i)^2\right]$$

$$= cE\left[\sum_{i=1}^{n-1}(X_{i+1}^2 - 2X_{i+1}X_i + X_i^2)\right]$$

$$= c\Big[\sum_{i=1}^{n-1} E(X_{i+1}{}^2) - 2\sum_{i=1}^{n-1} E(X_{i+1}X_i) + \sum_{i=1}^{n-1} E(X_i{}^2)\Big]$$

$$= c\Big\{\sum_{i=1}^{n-1}[D(X_{i+1}) + E^2(X_{i+1})] - 2\sum_{i=1}^{n-1}[E(X_{i+1})E(X_i)]$$

$$+ \sum_{i=1}^{n-1}[D(X_i) + E^2(X_i)]\Big\}$$

$$= c\Big[\sum_{i=1}^{n-1}(\sigma^2 + \mu^2) - 2\sum_{i=1}^{n-1}\mu^2 + \sum_{i=1}^{n-1}(\sigma^2 + \mu^2)\Big]$$

$$= c[(n-1)\sigma^2 + (n-1)\mu^2 - 2(n-1)\mu^2$$

$$+ (n-1)\sigma^2 + (n-1)\mu^2]$$

$$= 2c(n-1)\sigma^2,$$

所以若 $\hat{\sigma}^2$ 为 σ^2 的无偏估计,则 $E(\hat{\sigma}^2) = \sigma^2 = 2c(n-1)\sigma^2$,

故 $c = \dfrac{1}{2(n-1)}$.

8.设 $X_1, X_2, \cdots, X_n$ 是来自总体 $X \sim N(\mu, \sigma^2)$ 的样本,σ^2 已知,则均值 μ 的置信度为 $1-\alpha$ 的置信区间是_____.

解 $\left(\overline{X} - \dfrac{\sigma}{\sqrt{n}} u_{1-\frac{\alpha}{2}}, \overline{X} + \dfrac{\sigma}{\sqrt{n}} u_{1-\frac{\alpha}{2}}\right)$.

9.某一种树苗,其直径 $X \sim N(\mu, 0.06)$.某天从树苗中随机抽取 6 棵,测得直径依次为(单位:cm)14.6、15.1、14.9、14.8、15.2、15.1,则平均直径 μ 的 95% 置信区间是_____.

解 这是一个正态总体,已知方差,求均值 μ 的置信区间.

由于 $\alpha = 0.05$,查表可得 $\mu_{1-\frac{\alpha}{2}} = \mu_{0.975} = 1.96$.

μ 的置信区间为 $\left(\overline{X} - \dfrac{\sigma}{\sqrt{n}}\mu_{1-\frac{\alpha}{2}}, \overline{X} + \dfrac{\sigma}{\sqrt{n}}\mu_{1-\frac{\alpha}{2}}\right)$,

经计算,

$$\overline{x} = \frac{1}{n}\sum_{i=1}^{n} x_i = \frac{1}{6}(14.6 + 15.1 + 14.9 + 14.8 + 15.2 + 15.1) = 14.95.$$

置信下限 $\overline{x} - \dfrac{\sigma}{\sqrt{n}}\mu_{1-\frac{\alpha}{2}} = 14.95 - \dfrac{\sqrt{0.06}}{\sqrt{6}} \times 1.96 = 14.754$,

置信上限 $\bar{x} + \dfrac{\sigma}{\sqrt{n}}\mu_{1-\frac{\alpha}{2}} = 14.95 + \dfrac{\sqrt{0.06}}{\sqrt{6}} \times 1.96 = 15.146$.

因此,均值 μ 的置信度为 95% 的置信区间是 $(14.754, 15.146)$.

10.某正态总体的标准差 $\sigma = 3$ cm,从中抽取 16 个样本,其样本均值 $\bar{x} = 13$ cm,试求总体均值 μ 的 95% 置信区间是 _____.

解 这是一个正态总体,已知方差,求均值 μ 的置信区间.

由于 $\alpha = 0.05$,查表可得 $\mu_{1-\frac{\alpha}{2}} = \mu_{0.975} = 1.96$.

μ 的置信区间为 $\left(\bar{X} - \dfrac{\sigma}{\sqrt{n}}\mu_{1-\frac{\alpha}{2}}, \bar{X} + \dfrac{\sigma}{\sqrt{n}}\mu_{1-\frac{\alpha}{2}} \right)$,

经计算,$\bar{x} = 13$.

置信下限 $\bar{x} - \dfrac{\sigma}{\sqrt{n}}\mu_{1-\frac{\alpha}{2}} = 13 - \dfrac{3}{\sqrt{16}} \times 1.96 = 11.53$,

置信上限 $\bar{x} + \dfrac{\sigma}{\sqrt{n}}\mu_{1-\frac{\alpha}{2}} = 13 + \dfrac{3}{\sqrt{16}} \times 1.96 = 14.47$.

因此,均值 μ 的置信度为 95% 的置信区间是 $(11.53, 14.47)$.

(二)选择题

1.设 X_1, X_2, X_3, X_4 是来自均值为 λ 的指数分布总体 X 的样本,其中 λ 未知.设有估计量

$$T_1 = \dfrac{1}{3}(X_1 + X_2) + \dfrac{1}{6}(X_3 + X_4),$$
$$T_2 = (2X_1 + X_2 + 3X_3 + 4X_4)/5,$$
$$T_3 = (X_1 + X_2 + X_3 + X_4)/4,$$
$$T_4 = (X_1 + 2X_2 + 2X_3 + X_4)/6.$$

(1) 指出 T_1, T_2, T_3, T_4 中,( )是 λ 的无偏估计量.

(A) T_1 (B) T_2 (C) T_3 (D) T_4

2.在上述 λ 的无偏估计量中,( )较为有效.

(A) T_1 (B) T_2 (C) T_3 (D) T_4

解 (1) $E(X) = E(X_1) = E(X_2) = E(X_3) = E(X_4) = \lambda$,

$E(T_1) = \dfrac{1}{3}[E(X_1) + E(X_2)] + \dfrac{1}{6}[E(X_3) + E(X_4)]$

$$= \frac{2}{3}\lambda + \frac{1}{3}\lambda = \lambda,$$

$$E(T_2) = \frac{1}{5}[2E(X_1) + E(X_2) + 3E(X_3) + 4E(X_4)]$$

$$= \frac{1}{5}(2\lambda + \lambda + 3\lambda + 4\lambda) = 2\lambda,$$

$$E(T_3) = \frac{1}{4}[E(X_1) + E(X_2) + E(X_3) + E(X_4)]$$

$$= \frac{1}{4}(\lambda + \lambda + \lambda + \lambda) = \lambda,$$

$$E(T_4) = \frac{1}{6}[E(X_1) + 2E(X_2) + 2E(X_3) + E(X_4)]$$

$$= \frac{1}{6}(\lambda + 2\lambda + 2\lambda + \lambda) = \lambda.$$

故 T_1, T_3, T_4 为 λ 的无偏估计量,选(A)、(C)、(D).

(2)设 $D(X) = D(X_1) = D(X_2) = D(X_3) = D(X_4) = \sigma^2$,

$$D(T_1) = \frac{1}{9}[D(X_1) + D(X_2)] + \frac{1}{36}[D(X_3) + D(X_4)]$$

$$= \frac{2}{9}\sigma^2 + \frac{1}{18}\sigma^2 = \frac{5}{18}\sigma^2,$$

$$D(T_3) = \frac{1}{16}[D(X_1) + D(X_2) + D(X_3) + D(X_4)] = \frac{1}{4}\sigma^2,$$

$$D(T_4) = \frac{1}{36}D(X_1) + \frac{1}{9}D(X_2) + \frac{1}{9}D(X_3) + \frac{1}{36}D(X_4)$$

$$= \left(\frac{1}{36} + \frac{1}{9} + \frac{1}{9} + \frac{1}{36}\right)\sigma^2 = \frac{5}{18}\sigma^2,$$

故 $D(T_1) = D(T_4) > D(T_3)$,即 T_3 较为有效,选(C).

3.鲜奶每盒装重量 X 服从正态分布 $N(\mu, \sigma^2)$,对鲜奶产品进行抽样检查,随机抽取 10 盒产品,测得每盒重量数据如下(单位:克):496、499、481、499、489、492、491、495、494、502.则均值 μ 的 95% 置信区间是(   ).

(A)(483.35,504.25)　　　　　(B)(489.49,498.10)

(C) $(483.46, 504.14)$ (D) $(481.09, 506.51)$

解 这是关于一个正态总体,且方差 σ^2 未知,求总体均值 μ 的置信区间,其中 $\alpha=0.05$,查 t 分布表得 $t_\alpha(n-1)=t_{0.05}(9)=2.2622$.

经计算 $\overline{x}=\dfrac{1}{n}\sum\limits_{i=1}^{n}x_i=493.8, s=\sqrt{\dfrac{1}{n-1}\sum\limits_{i=1}^{n}(x_i-\overline{x})^2}\approx 6.0148$,

置信下限 $\overline{x}-t_\alpha(n-1)\dfrac{s}{\sqrt{n}}=493.8-2.2622\times\dfrac{6.0148}{\sqrt{10}}\approx 489.49$,

置信上限 $\overline{x}+t_\alpha(n-1)\dfrac{s}{\sqrt{n}}=493.8+2.2622\times\dfrac{6.0148}{\sqrt{10}}\approx 498.10$.

故选(B).

4.设 $\overline{X}, S^2$ 是来自正态总体 $N(\mu,\sigma^2)$ 的样本均值和样本方差,样本容量为 n,$|\overline{X}-\mu_0|>t_\alpha(n-1)\dfrac{S}{\sqrt{n}}$ 为(   ).

(A) $H_0:\mu=\mu_0$ 的拒绝域   (B) $H_0:\mu=\mu_0$ 的接受域
(C) μ 的一个置信区间   (D) σ 的一个置信区间

解 已知 $|\overline{X}-\mu_0|>t_\alpha(n-1)\dfrac{S}{\sqrt{n}}$,则

$\overline{X}-\mu_0>t_\alpha(n-1)\dfrac{S}{\sqrt{n}}$,有 $\mu_0<\overline{X}-t_\alpha(n-1)\dfrac{S}{\sqrt{n}}$,

$\overline{X}-\mu_0<-t_\alpha(n-1)\dfrac{S}{\sqrt{n}}$,有 $\mu_0>\overline{X}+t_\alpha(n-1)\dfrac{S}{\sqrt{n}}$.

故 $\left(-\infty,\overline{X}-t_\alpha(n-1)\dfrac{S}{\sqrt{n}}\right),\left(\overline{X}+t_\alpha(n-1)\dfrac{S}{\sqrt{n}},+\infty\right)$ 为 $\mu=\mu_0$ 的拒绝域.选(A).

5.设 $X_1,X_2,\cdots,X_n$ 是来自总体 $X\sim N(\mu,\sigma^2)$ 的样本,则 $\mu^2+\sigma^2$ 的矩估计量是(   ).

(A) $\dfrac{1}{n}\sum\limits_{i=1}^{n}(X_i-\overline{X})^2$ (B) $\dfrac{1}{n-1}\sum\limits_{i=1}^{n}(X_i-\overline{X})^2$

(C) $\sum\limits_{i=1}^{n}X_i^2-n\overline{X}^2$ (D) $\dfrac{1}{n}\sum\limits_{i=1}^{n}X_i^2$

解 μ 的矩估计量为 $\overline{X}$，σ^2 的矩估计量为 $\widetilde{S}^2$，故

$$\hat{\mu}^2 + \hat{\sigma}^2 = \overline{X}^2 + \widetilde{S}^2 = \overline{X}^2 + \frac{1}{n}\sum_{i=1}^{n}(X_i - \overline{X})^2$$

$$= \overline{X}^2 + \frac{1}{n}\left(\sum_{i=1}^{n}X_i^2 - n\overline{X}^2\right) = \overline{X}^2 + \frac{1}{n}\sum_{i=1}^{n}X_i^2 - \overline{X}^2$$

$$= \frac{1}{n}\sum_{i=1}^{n}X_i^2.$$

选(D).

(三)计算题

1. 设总体 X 的概率密度函数为

$$f(x;\theta) = \begin{cases} \theta x^{\theta-1}, & 0 < x < 1; \\ 0, & \text{其他}. \end{cases}$$

求未知参数 $\theta(\theta > 0)$ 的矩估计量和极大似然估计量.

解 (1)总体 X 的期望

$$E(X) = \int_0^1 x \cdot \theta x^{\theta-1} dx = \theta \cdot \int_0^1 x^\theta dx = \theta \cdot \frac{x^{\theta+1}}{\theta+1}\bigg|_0^1 = \frac{\theta}{\theta+1},$$

由矩估计法知 $\hat{E}(X) = \dfrac{\hat{\theta}}{\hat{\theta}+1} = \overline{X}$，因此，求解得 $\hat{\theta} = \dfrac{\overline{X}}{1-\overline{X}}$ 为 θ 的矩估计.

(2)设 $X_1, X_2, \cdots, X_n$ 是来自总体 X 的一个样本，$x_1, x_2, \cdots, x_n$ 为样本值，于是似然函数为

$$L(\theta) = \prod_{i=1}^{n} \theta x_i^{\theta-1} = \theta^n \left(\prod_{i=1}^{n} x_i\right)^{\theta-1}.$$

两边取对数得 $\ln L(\theta) = n\ln\theta + (\theta-1)\sum_{i=1}^{n}\ln x_i$，

对 θ 求导可得似然方程 $n \cdot \dfrac{1}{\theta} + \sum_{i=1}^{n}\ln x_i = 0$，

解得，参数 θ 的极大似然估计值为 $\hat{\theta} = -\dfrac{n}{\sum\limits_{i=1}^{n}\ln x_i}$，

参数 θ 的极大似然估计量为 $\hat{\theta} = -\dfrac{n}{\sum_{i=1}^{n} \ln X_i}$.

2.设总体 X 的概率密度函数为

$$f(x;\theta) = \begin{cases} \dfrac{1}{\theta} x^{(1-\theta)/\theta}, & 0 < x < 1; \\ 0, & \text{其他}. \end{cases} \quad (\theta > 0),$$

$X_1, X_2, \cdots, X_n$ 是来自总体 X 的样本，$x_1, x_2, \cdots, x_n$ 是样本值，求 θ 的极大似然估计量.

解 建立似然函数 $L(\theta) = \prod_{i=1}^{n} \dfrac{1}{\theta} x_i^{\frac{1-\theta}{\theta}} = \dfrac{1}{\theta^n} \left(\prod_{i=1}^{n} x_i \right)^{\frac{1-\theta}{\theta}}$，

两边取对数得 $\ln L(\theta) = (-n)\ln\theta + \dfrac{(1-\theta)}{\theta} \cdot \sum_{i=1}^{n} \ln x_i$，

对 θ 求导可得似然方程 $-n \cdot \dfrac{1}{\theta} + \sum_{i=1}^{n} \ln x_i \cdot \left(-\dfrac{1}{\theta^2} \right) = 0$，

整理得 $\dfrac{n \cdot \theta + \sum_{i=1}^{n} \ln x_i}{\theta^2} = 0$，

已知 $\theta > 0$，故有 $n \cdot \theta + \sum_{i=1}^{n} \ln x_i = 0$，

解得，参数 θ 的极大似然估计值为 $\hat{\theta} = -\dfrac{1}{n} \sum_{i=1}^{n} \ln x_i$，

参数 θ 的极大似然估计量为 $\hat{\theta} = -\dfrac{1}{n} \sum_{i=1}^{n} \ln X_i$.

3.设总体 X 在 $[a,b]$ 上服从均匀分布，a,b 未知. $X_1, X_2, \cdots, X_n$ 是来自总体 X 的样本，试求 a,b 的矩估计量.

解 总体 X 的概率密度函数 $f(x) = \begin{cases} \dfrac{1}{b-a}, & a \leqslant x \leqslant b; \\ 0, & \text{其他}. \end{cases}$

由于总体 X 的均值 $E(X) = \dfrac{a+b}{2}$，$D(X) = \dfrac{(b-a)^2}{12}$，

由矩估计法可知 $\begin{cases} \hat{E}(X) = \dfrac{\hat{a}+\hat{b}}{2} = \overline{X}; \\ \hat{D}(X) = \dfrac{(\hat{b}-\hat{a})^2}{12} = \dfrac{1}{n}\sum\limits_{i=1}^{n}(X_i-\overline{X})^2. \end{cases}$

且 $a < b$,

解得 $\begin{cases} \hat{a} = \overline{X} - \sqrt{\dfrac{3}{n}\sum\limits_{i=1}^{n}(X_i-\overline{X})^2}; \\ \hat{b} = \overline{X} + \sqrt{\dfrac{3}{n}\sum\limits_{i=1}^{n}(X_i-\overline{X})^2}. \end{cases}$

4.设总体 X 在 $[a,b]$ 上服从均匀分布,a,b 未知. $X_1,X_2,\cdots,X_n$ 是来自总体 X 的样本,$x_1,x_2,\cdots,x_n$ 是样本值,试求 a,b 的极大似然估计量.

解 总体 X 的概率密度函数 $p(x) = \begin{cases} \dfrac{1}{b-a}, & a \leqslant x \leqslant b; \\ 0, & \text{其他}. \end{cases}$

建立似然函数 $L(a,b) = \prod\limits_{i=1}^{n}\dfrac{1}{b-a} = \left(\dfrac{1}{b-a}\right)^n$,

两边取对数得 $\ln L(a,b) = -n\ln(b-a)$,

分别对 a,b 求偏导 $\begin{cases} \dfrac{\partial \ln L(a,b)}{\partial a} = \dfrac{n}{b-a} > 0; \\ \dfrac{\partial \ln L(a,b)}{\partial b} = \dfrac{-n}{b-a} < 0. \end{cases}$

因此 $L(a,b)$ 是关于 a 的单调递增函数,关于 b 的单调递减函数. 由于必须满足 $a \leqslant x_i \leqslant b (i=1,2,\cdots,n)$,所以当 $a = \min(x_1,x_2,\cdots,x_n)$,$b = \max(x_1,x_2,\cdots,x_n)$ 时,$L(a,b)$ 取最大值.

故 a,b 的极大似然估计值为 $\hat{a} = \min\limits_{1\leqslant i\leqslant n} x_i$,$\hat{b} = \max\limits_{1\leqslant i\leqslant n} x_i$,

a,b 的极大似然估计量为 $\hat{a} = \min\limits_{1\leqslant i\leqslant n} X_i$,$\hat{b} = \max\limits_{1\leqslant i\leqslant n} X_i$.

5.设总体 X 的分布律如表 6.6 所示.

表 6.6

X	0	1	2	3
p	θ^2	$2\theta(1-\theta)$	θ^2	$1-2\theta$

$X_1, X_2, \cdots, X_n$ 是来自总体 X 的一个样本,总体 X 的观察值是 3、0、3、1、3、1、2、3.(1)求参数 θ 的矩估计值;(2)若 $\theta(0<\theta<\dfrac{1}{2})$ 是未知参数,试求参数 θ 极大似然估计值.

解 (1)总体 X 的期望
$$E(X)=0\cdot\theta^2+1\cdot 2\theta(1-\theta)+2\theta^2+3(1-2\theta)=3-4\theta,$$
由矩估计法知 $\hat{E}(X)=3-4\hat{\theta}=\overline{X}$,解得 θ 的矩估计量为 $\hat{\theta}=\dfrac{3-\overline{X}}{4}$.

已知 $\overline{x}=\dfrac{1}{n}\sum_{i=1}^{n}x_i=\dfrac{1}{8}(3+0+3+1+3+1+2+3)=2$,故 θ 的矩估计值为 $\hat{\theta}=\dfrac{1}{4}$.

(2)建立似然函数 $L(\theta)=(1-2\theta)^4\theta^2\cdot 4\theta^2(1-\theta)^2\cdot\theta^2=4\theta^6(1-\theta)^2(1-2\theta)^4$,

两边取对数得 $\ln L(\theta)=\ln 4+6\ln\theta+2\ln(1-\theta)+4\ln(1-2\theta)$,

对 θ 求导得似然方程
$$6\cdot\dfrac{1}{\theta}+2\cdot\dfrac{1}{1-\theta}\cdot(-1)+4\cdot\dfrac{1}{1-2\theta}\cdot(-2)=0,$$

整理得 $\dfrac{2(3-14\theta+12\theta^2)}{\theta(1-\theta)(1-2\theta)}=0$,即 $12\theta^2-14\theta+3=0$,

经计算 $\theta=\dfrac{7\pm\sqrt{13}}{12}$,由于 $0<\theta<\dfrac{1}{2}$,因此 θ 的极大似然估计值为 $\hat{\theta}=\dfrac{7-\sqrt{13}}{12}$.

6.岩石密度的测量误差服从正态分布,随机抽测 9 个样品,检验结果如下:

$-4.0\quad 3.1\quad 2.5\quad -2.9\quad 0.9\quad 1.1\quad 2.0\quad -3.0\quad 2.8$

取置信水平为 95%,求该岩石密度测量误差的均值 μ 和方差 σ^2 的置信区间.

解 (1)这是一个正态总体且方差未知,求总体均值 μ 的置信区间,其中 $n=9, \alpha=0.05$,查 t 分布表得 $t_\alpha(n-1)=t_{0.05}(8)=2.306\,0$.

经计算

$$\bar{x}=\frac{1}{n}\sum_{i=1}^{n}x_i=0.277\,8, s=\sqrt{\frac{1}{n-1}\sum_{i=1}^{n}(x_i-\bar{x})^2}\approx 2.793\,6,$$

置信下限

$$\bar{x}-t_{0.05}(8)\frac{s}{\sqrt{n}}=0.277\,8-2.306\,0\times\frac{2.793\,6}{\sqrt{9}}=-1.869\,5,$$

置信上限

$$\bar{x}+t_{0.05}(8)\frac{s}{\sqrt{n}}=0.277\,8+2.306\,0\times\frac{2.793\,6}{\sqrt{9}}=2.425\,1.$$

因此,μ 的置信水平为 95% 的置信区间为 $(-1.869\,5, 2.425\,1)$.

(2)这是关于一个正态总体,且方差 σ^2 未知,求总体方差 σ^2 的置信区间,其中 $n=9, \alpha=0.05$,查 χ^2 分布表得 $\chi^2_{\frac{\alpha}{2}}(n-1)=\chi^2_{0.025}(8)=17.534\,5$,$\chi^2_{1-\frac{\alpha}{2}}(n-1)=\chi^2_{0.975}(8)=2.179\,7$.

经计算

$$\bar{x}=0.277\,8,\ s^2=7.804\,5,$$

置信下限

$$\frac{(n-1)s^2}{\chi^2_{\frac{\alpha}{2}}(n-1)}=\frac{8\times 7.804\,5}{17.534\,5}\approx 3.560\,8,$$

置信上限

$$\frac{(n-1)s^2}{\chi^2_{1-\frac{\alpha}{2}}(n-1)}=\frac{8\times 7.804\,5}{2.179\,7}\approx 28.644\,3.$$

因此 σ^2 的置信水平为 95% 的置信区间为 $(3.560\,8, 28.644\,3)$.

7.瑜伽和舍宾是近年来流行的休闲健身方式,某健身俱乐部对这两种方式减肥瘦身效果进行了数据统计,从瑜伽班和舍宾班中分别随机抽取 10 名和 15 名成员进行体重减轻量的调查,得到如表 6.7 所示结果(单位:千克).

表 6.7

瑜伽	2.15	3.25	2.20	1.05	1.45
	2.75	3.50	1.95	2.00	2.05
舍宾	2.75	3.25	1.95	3.25	2.85
	3.45	2.50	1.95	3.00	2.20
	3.50	4.25	2.05	3.80	0.50

假设两总体都可认为服从正态分布,且方差相等,两样本独立.试以 5% 的显著性水平判断两种健身方式在减肥瘦身效果上是否有显著差别?

解 这是关于两个正态总体,方差未知,求总体均值差的置信区间,其中 $n_1=10, n_2=15, \alpha=0.05$,查 t 分布表得 $t_\alpha(n_1+n_2-2)=t_{0.05}(23)=2.068\ 7$.

经计算 $\overline{x}_1=2.235, \overline{x}_2=2.75$,

$$s_{12}^2=\frac{(n_1-1)s_1^2+(n_2-1)s_2^2}{n_1+n_2-2}=0.750\ 88, s_{12}=0.866\ 5.$$

置信下限

$$\overline{x}_1-\overline{x}_2-t_\alpha(n_1+n_2-2)s_{12}\sqrt{\frac{1}{n_1}+\frac{1}{n_2}}$$

$$=2.235-2.75-2.068\ 7\times 0.866\ 5\times\sqrt{\frac{1}{10}+\frac{1}{15}}\approx -1.246\ 8,$$

置信上限

$$\overline{x}_1-\overline{x}_2+t_\alpha(n_1+n_2-2)s_{12}\sqrt{\frac{1}{n_1}+\frac{1}{n_2}}$$

$$=2.235-2.75+2.068\ 7\times 0.866\ 5\times\sqrt{\frac{1}{10}+\frac{1}{15}}\approx 0.216\ 8,$$

因此,$\mu_1-\mu_2$ 的显著性水平为 0.05 的置信区间为 $(-1.246\ 8, 0.216\ 8)$,由于所得置信区间包含零,故认为两种健身方式在减肥瘦身效果上没有显著差别.

(四)证明题

设总体 X 服从参数为 λ 的指数分布,$X_1, X_2, \cdots, X_n$ 是来自总体

X 的样本,证明:(1)样本均值 $\overline{X}$ 是 λ^{-1} 的无偏估计量,但 $\overline{X}^2$ 不是 λ^{-2} 的无偏估计量;(2)统计量 $\dfrac{n}{n+1}\overline{X}^2$ 是 λ^{-2} 的无偏估计量.

证 (1)已知总体 X 服从参数为 λ 的指数分布,故 $E(X) = \dfrac{1}{\lambda}$,
$D(X) = \dfrac{1}{\lambda^2}$,

$$E(\overline{X}) = E\left(\frac{1}{n}\sum_{i=1}^{n}X_i\right) = \frac{1}{n}\sum_{i=1}^{n}E(X_i) = \frac{1}{n}\cdot n\cdot \frac{1}{\lambda} = \frac{1}{\lambda},$$

$$E(\overline{X}^2) = D(\overline{X}) + E^2(\overline{X}) = D\left(\frac{1}{n}\sum_{i=1}^{n}X_i\right) + \frac{1}{\lambda^2}$$

$$= \frac{1}{n^2}\sum_{i=1}^{n}D(X_i) + \frac{1}{\lambda^2} = \frac{1}{n^2}\cdot n\cdot \frac{1}{\lambda^2} + \frac{1}{\lambda^2}$$

$$= \frac{1}{n\lambda^2} + \frac{1}{\lambda^2} \neq \frac{1}{\lambda^2},$$

故样本均值 $\overline{X}$ 是 $\dfrac{1}{\lambda}$ 的无偏估计量,但 $\overline{X}^2$ 不是 $\dfrac{1}{\lambda^2}$ 的无偏估计量.

(2) $E\left(\dfrac{n}{n+1}\overline{X}^2\right) = \dfrac{n}{n+1}E(\overline{X}^2) = \dfrac{n}{n+1}\cdot\left(\dfrac{1}{n\lambda^2} + \dfrac{1}{\lambda^2}\right) = \dfrac{1}{\lambda^2},$

故统计量 $\dfrac{n}{n+1}\overline{X}^2$ 是 $\dfrac{1}{\lambda^2}$ 的无偏估计量.证毕.

六、模拟试题

(一)填空题(共 5 小题,每小题 3 分,共 15 分)

1.设总体 $X \sim U(-\theta, \theta)$,$\theta > 0$,$X_1, X_2, \cdots, X_n$ 是其简单样本,样本均值和方差分别为 $\overline{X}$ 和 S^2,则 θ 的矩估计为 _____.

2.设总体 X 的概率密度为 $f(x;\theta) = \begin{cases} e^{-(x-\theta)}, & x \geqslant \theta; \\ 0, & \text{其他.} \end{cases}$ 而 $X_1, X_2, \cdots, X_n$ 是来自总体 X 的简单随机样本,则未知参数 θ 的矩估计量为 _____.

3.设总体 $X \sim U(0, \theta)$,取容量为 6 的样本值:$1.3, 1.7, 0.6, 2.2,$

0.3,1.1,则 θ 的矩估计值为_____;极大似然估计值为_____.

4.已知一批零件的长度 X (单位:cm)服从正态分布 $N(\mu,1)$,从中随机地抽取 16 个零件,得到长度的平均值为 40(cm),则 μ 的置信度为 0.95 的置信区间为_____.

(其中标准正态分布函数值 $\Phi(1.96)=0.975, \Phi(1.645)=0.95$)

5.用一个仪表测量某一物理量 9 次,得到样本均值 $\bar{x}=56.32$,样本标准差 $s=0.22$.求该物理量真值的置信水平为 0.90 的置信区间为_____.

(二)选择题(共 5 小题,每小题 3 分,共 15 分)

1.设 $X_1, X_2, \cdots, X_n$ 是总体 $X \sim N(0, \sigma^2)$ 的样本,则未知参数 σ^2 的无偏估计量为( ).

(A) $\hat{\sigma}^2 = \dfrac{1}{n-1} \sum\limits_{i=1}^{n} X_i^2$ (B) $\hat{\sigma}^2 = \dfrac{1}{n} \sum\limits_{i=1}^{n} X_i^2$

(C) $\hat{\sigma}^2 = \dfrac{1}{n+1} \sum\limits_{i=1}^{n} X_i^2$ (D) $\hat{\sigma}^2 = \dfrac{1}{n} \sum\limits_{i=1}^{n} (X_i - \bar{X})^2$

2.设 $X_1, X_2, \cdots, X_n$ 是来自总体 X 的样本,已知 $E(X)=\mu$, $D(X)=\sigma^2$,则下列选项中作为 μ 的最为有效的估计量是( ).

(A) $\hat{\mu} = \dfrac{1}{3}(X_1 + X_2 + X_3)$ (B) $\hat{\mu} = \dfrac{1}{3} X_1 + \dfrac{2}{3} X_2$

(C) $\hat{\mu} = \dfrac{1}{6} X_1 + \dfrac{2}{3} X_2 + \dfrac{1}{6} X_3$ (D) $\hat{\mu} = \dfrac{2}{9} X_1 + \dfrac{2}{9} X_2 + \dfrac{5}{9} X_3$

3.对总体未知参数 θ,用矩估计和极大似然估计法所得到的估计( ).

(A)总是相同 (B)总是不相同
(C)有时相同,有时不同 (D)总是无偏的

4.设总体 $X \sim N(\mu, 16)$,问抽取样本容量 n 最少应为( ),才能使 μ 的置信度为 0.95 的置信区间长度超过 2.

(A) $\left(\dfrac{1.96\sigma}{k}\right)^2$ (B) $\dfrac{1.96\sigma}{k}$

(C) $\left(\dfrac{3.92\sigma}{k}\right)^2$ (D) $\dfrac{3.92\sigma}{k}$

5.设总体 $X \sim N(\mu, \sigma^2)$，σ^2 未知，总体均值 μ 的置信度为 $1-\alpha$ 的置信区间长度为 L，那么 L 与 α 的关系为（   ）.

(A) α 增大，L 减小 　　　　(B) α 增大，L 增大

(C) α 增大，L 不变 　　　　(D) α 与 L 关系不确定

(三)计算题和证明题(共 70 分)

1.随机地取 8 只活塞环，测得它们的直径(以 mm 计)

74.001　74.005　74.003　74.001

74.000　73.998　74.006　74.002

试求总体均值 μ 及方差 σ^2 的矩估计值，并求样本方差 s^2.

2.设某种元件的使用寿命 X 的概率密度

$$f(x;\theta) = \begin{cases} 2e^{-2(x-\theta)}, & x > \theta; \\ 0, & x \leq \theta. \end{cases}$$

其中 $\theta > 0$ 为未知参数，又设 $x_1, x_2, \cdots, x_n$ 是 X 的一组样本观测值，求参数 θ 的极大似然估计值.

3.设总体 X 的概率密度为 $f(x) = \begin{cases} \dfrac{6x}{\theta^3}(\theta-x), & 0 < x < \theta; \\ 0, & 其他. \end{cases}$

$X_1, X_2, \cdots, X_n$ 是取自总体 X 的简单随机样本.

(1)求 θ 的矩估计量 $\hat{\theta}$；

(2)求 $\hat{\theta}$ 的方差 $D(\hat{\theta})$.

4.设总体 X 服从 $E(\lambda)$（指数分布），未知参数 $\lambda = 1/\theta > 0$，概率密度函数为 $f(x,\theta) = \begin{cases} \dfrac{1}{\theta} e^{-x/\theta}, & x > 0; \\ 0, & 其他. \end{cases}$ 又设 $X_1, X_2, \cdots, X_n$ 是来自 X 的样本，试证

(1) $\overline{X}$ 和 $nX_{(1)}$ 都是 θ 的无偏估计量，其中 $X_{(1)} = \min\{X_1, X_2, \cdots, X_n\}$；

(2)当 $n > 1$ 时，对于 θ 的估计，$\overline{X}$ 较 $nX_{(1)}$ 有效.

5.已知某种材料的抗压强度 $X \sim N(\mu, \sigma^2)$，现随机地抽取 10 个试件进行抗压试验，测得数据如下：

482　　493　　457　　471　　510　　446　　435　　418　　394　　469

(1) 求平均抗压强度 μ 的置信水平为 95% 的置信区间;

(2) 若已知 $\sigma=30$,求平均抗压强度 μ 的置信水平为 95% 的置信区间;

(3) 求 σ 的置信水平为 95% 的置信区间.

6. 用一个仪表测量某一物理量 9 次,得样本均值 $\overline{x}=56.32$,样本标准差 $s=0.22$. 测量标准差 σ 大小反映了测量仪表的精度,试求 σ 的置信水平为 0.95 的置信区间.

七、模拟试题参考答案

(一) 填空题

1. $\hat{\theta}=(3M_2)^{\frac{1}{2}}$ 或 $\hat{\theta}=[3(n-1)S^2/n]^{1/2}$

2. $\hat{\theta}=\overline{X}-1$

3. $\hat{\theta}_{矩}=2\overline{x}=2.4$; $\hat{\theta}_{极大}=\max\limits_{1\leqslant i\leqslant n}x_i=2.2$

4. (39.51, 40.49)

5. (56.150 9, 56.489 1)

(二) 选择题

1.(B)　　2.(A)　　3.(C)　　4.(C)　　5.(A)

(三) 计算题和证明题

1. **解**　　总体均值 μ 的矩估计为样本均值 $\hat{\mu}=\overline{X}=\dfrac{1}{n}\sum\limits_{i=1}^{n}X_i$,故矩估计值为 $\hat{\mu}=\overline{x}=\dfrac{1}{n}\sum\limits_{i=1}^{n}x_i=74.002$;

方差 σ^2 的矩估计为二阶样本中心矩 $\widetilde{S}^2=\dfrac{1}{n}\sum\limits_{i=1}^{n}(X_i-\overline{X})^2$,故矩估计值为 $\hat{\sigma}^2=6\times 10^{-6}$; $s^2=\dfrac{1}{n-1}\sum\limits_{i=1}^{n}(x_i-\overline{x})^2=6.86\times 10^{-6}$.

2. **解**　　此题应先考虑参数 θ 的变化范围,在其中直接找出使似然函数达到最大值的点 $\hat{\theta}$. 因 $x_1,x_2,\cdots,x_n$ 是 X 的一组样本观测值,故由

X 的概率密度 $f(x;\theta) = \begin{cases} 2e^{-2(x-\theta)}, & x > \theta; \\ 0, & x \leq \theta \end{cases}$ 知,$\theta \leq x_1, x_2, \cdots, x_n$,

即 $\theta \leq \min\{x_1, x_2, \cdots, x_n\}$. 而似然函数 $L(\theta) = \prod_{k=1}^{n} f(x_k;\theta) =$

$2^n e^{-2(\sum x_k - n\theta)}$,关于 θ 单调递增,因此 $\hat{\theta} = \min\{x_1, x_2, \cdots, x_n\}$.

3. 解 (1) $EX = \int_{-\infty}^{+\infty} xf(x)dx = \int_0^{\theta} \frac{6x^2}{\theta^3}(\theta - x)dx = \frac{\theta}{2}$,令

$E(X) = \frac{\theta}{2} = \overline{X}$,得 θ 的矩估计量为 $\hat{\theta} = 2\overline{X}$.

(2) $EX^2 = \int_0^{\theta} \frac{6x^3}{\theta^3}(\theta-x)dx = \frac{6\theta^2}{20}$,$D(X) = EX^2 - (EX)^2 =$

$\frac{6\theta^2}{20} - \frac{\theta^2}{4} = \frac{\theta^2}{20}$,故 $D(\hat{\theta}) = D(2\overline{X}) = 4D(\overline{X}) = 4 \cdot \frac{D(X)}{n} = \frac{\theta^2}{5n}$.

4. 证 (1)注意 $X \sim E(\lambda)$,故 $EX = \frac{1}{\lambda} = \theta$,又因为 $E\overline{X} = EX = \theta$,

所以 $\overline{X}$ 是 θ 的无偏估计量.由独立同分布的 n 个随机变量最小值的概率密度函数公式及 $X \sim Ex(1/\theta)$ 可知,对 $x > 0$

$$f_{X_{(1)}}(x, 0) = n[1 - F_{X_{(1)}}(x, \theta)]^{n-1} f_{X_{(1)}}(x, \theta)$$
$$= ne^{-x(n-1)/\theta} \frac{1}{\theta} e^{-x/\theta},$$

即 $f_{X_{(1)}}(x, \theta) = \begin{cases} \dfrac{n}{\theta} e^{-nx/\theta}, & x > 0; \\ 0, & \text{其他}. \end{cases}$

故 $X_{(1)} \sim Ex(n/\theta)$,从而

$$EX_{(1)} = \frac{\theta}{n}, E(nX_{(1)}) = \theta.$$

即 $nX_{(1)}$ 也是参数 θ 的无偏估计.

(2)由于 $DX = \theta^2$,故有 $D\overline{X} = \theta^2/n$. 又由(1)中的 $X_{(1)}$ 的密度,知 $X_{(1)} \sim Ex(\theta/n)$,故 $DX_{(1)} = \theta^2/n^2$,于是 $D(nX_{(1)}) = \theta^2$. 当 $n > 1$ 时 $D(nX_{(1)}) > D\overline{X}$,故 $\overline{X}$ 较 $nX_{(1)}$ 有效.

5. 解 (1)经计算得,$\overline{x} = 457.5$,$s = 35.2176$,在 σ 未知时,μ 的置

信水平为 95% 的置信区间为

$$(\bar{x}-t_\alpha(n-1)s/\sqrt{n}, \bar{x}+t_\alpha(n-1)s/\sqrt{n}).$$

查表得，$t_{0.05}(9)=2.2622$，因此 μ 的置信水平为 95% 的置信区间为

$(457.5-2.2622\times 35.2176/\sqrt{10}, 457.5+2.2622\times 35.2176/\sqrt{10})=(432.3064, 482.6936).$

(2) 在 $\sigma=30$ 已知时，μ 的置信水平为 95% 的置信区间为 $(\bar{x}-\mu_{1-\frac{\alpha}{2}}\sigma/\sqrt{n}, \bar{x}+\mu_{1-\frac{\alpha}{2}}\sigma/\sqrt{n}).$

查表得，$\mu_{1-\frac{\alpha}{2}}=1.96$，因而 μ 的置信水平为 95% 的置信区间为

$(457.5-1.96\times 30/\sqrt{10}, 457.5+1.96\times 30/\sqrt{10})=(438.9058, 476.0942).$

(3) 此处，$(n-1)s^2=11162.5141$，取 $\alpha=0.05$，查表得 $\chi^2_{0.025}(9)=2.7004, \chi^2_{0.975}(9)=19.0228$，因而 σ^2 的置信水平为 95% 的置信区间为

$$\left(\frac{11162.5141}{19.0228}, \frac{11162.5141}{2.7004}\right)=(586.7966, 4113.6521).$$

由此可以得到 σ 的置信水平为 95% 的置信区间为

$$(24.2239, 64.1378).$$

6. 解 此处 $(n-1)s^2=8\times 0.22^2=0.3872$，查表知 $\chi^2_{0.025}(8)=2.1797, \chi^2_{0.975}(8)=17.5345, \sigma^2$ 的 $1-\alpha$ 置信区间为

$$\left(\frac{(n-1)s^2}{\chi^2_{1-\alpha/2}(n-1)}, \frac{(n-1)s^2}{\chi^2_{\alpha/2}(n-1)}\right)=\left(\frac{0.3872}{17.5345}, \frac{0.3872}{2.1797}\right)$$
$$=(0.0221, 0.1776).$$

从而 σ 的置信水平为 0.95 的置信区间为 $(0.1487, 0.4215).$

第七章　假设检验

一、知识结构

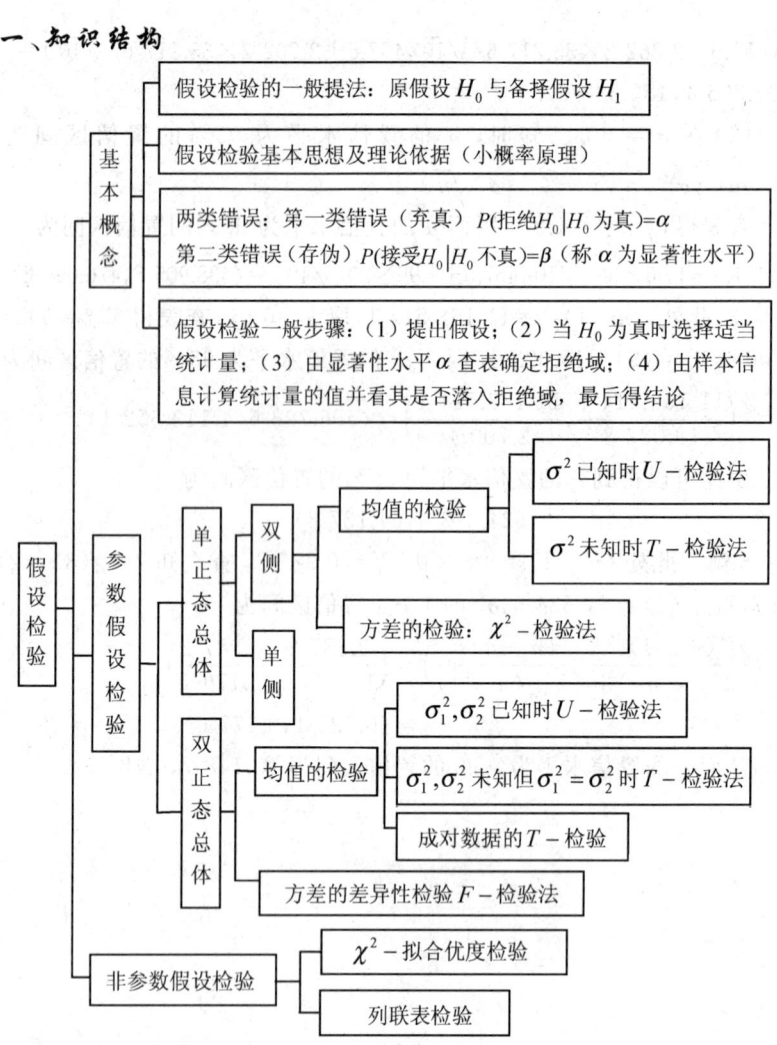

二、释难解惑

1. 提出原假设的一般依据是什么？

答 （1）显著性检验只考虑犯第一类错误的概率，所以对犯两类错误可能引起的后果加以比较，将后果严重的列为第一类错误，以 α 去控制它．

（2）选择经验的、保守的为原假设．如一种产品的使用寿命为 μ_0，经过工艺改进，要确认使用寿命是否增加，这时，取原假设为 $H_0: \mu = \mu_0$．

假设检验控制犯第一类错误的概率，所以检验法是保护原假设，不轻易拒绝原假设的．

2. 显著性检验的反证法与一般的反证法有什么不同？

答 一般的反证法是先假设结论错误，用结论的反面作为已知条件进而推出与已知矛盾．显著性检验的反证法是由小概率事件在一次试验中本不可能发生，却发生了这一矛盾来拒绝假设 H_0．由于样本的抽取具有随机性，因此由抽样所确定的结果的矛盾也有随机性．可能出现假设正确而拒绝假设的错误，但犯错的概率小于 α．所以，在假设检验中的反证法具有概率的性质，称为"概率反证法"．

3. 假设检验与区间估计有何区别和联系？

答 利用假设检验可以建立区间估计，反过来，利用区间估计也可以建立假设检验．但是，由于选取的 α 不同，在接受 H_0 时，得到的区间估计精度有高有低，当精度较低时，区间的长度较长，这时认为 H_0 不够精确．在拒绝 H_0 时，若区间精度较高，虽然区间内不包含 μ_0，但区间可能就在 μ_0 附近，仍然可认为 $\mu = \mu_0$．

4. 假设检验是否只能检验总体是正态分布的情形？

答 假设检验应用非常广泛，因为很多实际问题符合正态分布的较多，所以主要介绍正态分布的假设检验．

5. 对于两个正态总体期望的检验，当方差未知且不相同时，若按方差未知且相等检验，其结果会怎样？

答 当 $\sigma_1^2 = \sigma_2^2$ 时，检验统计量

$$T = \frac{\overline{X} - \overline{Y}}{S_{12}\sqrt{\frac{1}{n_1} + \frac{1}{n_2}}} \sim t(n_1 + n_2 - 2);$$

但当 $\sigma_1^2 = k\sigma_2^2 (k \neq 1), n_1 = rn_2$ 时，$|T|$ 的值会偏大或偏小，从而出现判断错误。

6. χ^2 拟合优度检验法的基本思想是什么？

答 将随机试验的可能结果的全体 Ω 分成 k 个互不相容的事件 $A_1, A_2, \cdots, A_k$。在假设 H_0 下，计算概率 $P(A_i)$（或用极大似然估计法估计 $P(A_i)$），在 n 次试验中，统计事件 A_i 出现的频率，比较频率 f_i/n 与概率 $P(A_i)$。当 H_0 为真，且试验次数很大时，频率与概率的差异应很小。由此提出检验统计量 $\chi^2 = \sum_{i=1}^{k} \frac{(f_i - np_i)^2}{np_i}$ 检验假设 H_0。

三、典型例题

例 7.1 假设仪器测量的温度服从正态分布，用一台机器（标准差 $\sigma = 12$）间接测量温度 5 次，得到数据 1 250, 1 265, 1 245, 1 260, 1 275（℃），而用另一种精密仪器测得温度为 1 277℃（可看作真值），问用此仪器测量温度有无系统偏差？（$\alpha = 0.05$）

解 由题意知，问题为单个正态总体在方差已知的情况下，对均值进行双边假设检验。

(1) 建立原假设 $H_0: \mu = 1\ 277$，备择假设 $H_1: \mu \neq 1\ 277$。

(2) 构造统计量 $U = \dfrac{\overline{X} - 1\ 277}{15/\sqrt{5}} \sim N(0,1)$。

(3) 选定显著性水平 $\alpha = 0.05$，由标准正态分布的数值表查得临界值 $u_{1-\frac{\alpha}{2}} = 1.96$，$H_0$ 的拒绝域为 $|U| = \left|\dfrac{\overline{X} - 1\ 277}{15/\sqrt{5}}\right| > u_{1-\frac{\alpha}{2}} = 1.96$。

(4) 根据样本观测值 $x_1, x_2, \cdots, x_n$，计算出统计量 U 的观察值

$$|u| = \left|\frac{1\ 259 - 1\ 277}{15/\sqrt{5}}\right| = 2.68 > u_{1-\frac{\alpha}{2}} = 1.96.$$

(5) 判断：因为 $|u| > u_{1-\frac{\alpha}{2}}$，故拒绝 H_0，即认为系统有偏差。

例 7.2 某林场造了杨树丰产林,5 年后调查 50 株得平均树高为 $\bar{x}=9.2(\text{m})$,假设树高服从正态分布,其标准差为 $\sigma=1.6(\text{m})$,试在 $\alpha=0.05$ 的显著性水平下,推断丰产林的树高是否低于 10 m?

解 由题意知,问题为单个正态总体在方差已知的情况下,对均值进行单边假设检验.

(1)建立原假设 $H_0:\mu\geqslant 10$,备择假设 $H_1:\mu<10$.

(2)构造统计量 $U=\dfrac{\bar{X}-10}{1.6/\sqrt{50}}\sim N(0,1)$.

(3)选定显著性水平 $\alpha=0.05$,由标准正态分布的数值表查得临界值 $u_{1-\alpha}=1.645$,H_0 的拒绝域为 $U=\dfrac{\bar{X}-10}{1.6/\sqrt{50}}<-u_{1-\alpha}=-1.645$.

(4)根据样本观测值 $x_1,x_2,\cdots,x_n$,计算出统计量 U 的观察值

$$u=\dfrac{9.2-10}{1.6/\sqrt{50}}=-3.54<-u_{1-\alpha}=-1.645.$$

(5)判断:因为 $u<-u_{1-\alpha}$,故拒绝 H_0,即认为丰产林树高低于 10m.

例 7.3 某晚稻良种的千粒重 $\mu_0=27.5(\text{g})$。现育成一高产品种协优辐 819,在 9 个小区种植,得其千粒重为 32.5 28.6 28.4 24.7 29.1 27.2 29.8 33.3 29.7(g)。问新育成品种的千粒重与某晚稻良种有无差异?($\alpha=0.05$)

解 由题意知,问题为单个正态总体在方差未知的情况下,对均值进行双边假设检验.

(1)建立原假设 $H_0:\mu=27.5$,备择假设 $H_1:\mu\neq 27.5$.

(2)构造统计量 $T=\dfrac{\bar{X}-\mu_0}{S/\sqrt{n}}\sim t(n-1)$.

(3)选定显著性水平 $\alpha=0.05$,由 t 分布数值表查得临界值 $t_{0.05}(9-1)=2.306$,H_0 的拒绝域为 $|T|=\left|\dfrac{29.3-27.5}{2.44/\sqrt{9}}\right|>t_{0.05}(9-1)$.

(4)根据样本观测值 $x_1,x_2,\cdots,x_n$,计算出统计量 T 的观察值

$$|T| = \left|\frac{29.3-27.5}{2.44/\sqrt{9}}\right| = 2.21 < t_{0.05}(9-1) = 2.306.$$

(5)判断:因为$|T| < t_{0.05}(9-1)$,故接受H_0,即认为新育成品种的千粒重与某晚稻良种没有显著差异.

例 7.4 某林场规定杨树苗平均高度达到 60 cm 可以出圃,今在一批苗木中抽取 64 株,求得平均苗高 58 cm,标准差为 9cm,假设树高服从正态分布,试在 $\alpha=0.05$ 的显著性水平下,问该批苗木是否能出圃.

解 由题意知,问题为单个正态总体在方差未知的情况下,对均值进行单边假设检验.

(1)建立原假设 $H_0: \mu \geq 60$,备择假设 $H_1: \mu < 60$.

(2)构造统计量 $T = \dfrac{\overline{X}-\mu_0}{S/\sqrt{n}} \sim t(n-1)$.

(3)选定显著性水平$\alpha=0.05$,由t分布数值表查得临界值$t_{0.10}(64-1) < t_{0.10}(45) = 1.6794$,$H_0$的拒绝域为

$$T = \frac{\overline{X}-\mu_0}{S/\sqrt{n}} > t_{0.10}(45) \text{ 或 } T = \frac{\overline{X}-\mu_0}{S/\sqrt{n}} < -t_{0.10}(45).$$

(4)根据样本观测值$x_1, x_2, \cdots, x_n$,计算出统计量T的观察值

$$T = \frac{58-60}{9/\sqrt{64}} = -1.7778 < -1.6794.$$

(5)判断:因为$T < -t_{0.10}(45)$,故拒绝H_0,即认为平均苗圃高度与出圃标准高度差异显著,不能出圃.

例 7.5 某厂生产一种螺栓,其直径长期以来服从方差 $\sigma^2 = 0.0002 (\text{cm}^2)$ 的正态分布.最近生产了一批这种螺栓,为检验其直径的方差是否有了变化,故抽取了 10 只测量直径,得到如下数据(单位:cm):

1.19 1.21 1.21 1.18 1.17 1.20 1.20 1.17 1.19 1.18

据此能否断定这批螺栓直径的方差较以往有了显著变化($\alpha=0.05$)?

解 由题意知,问题为单个正态总体在方差σ^2未知的情况下,对

方差 σ^2 进行双边假设检验.

(1)建立原假设 $H_0:\sigma^2=0.0002$,备择假设 $H_1:\sigma^2\neq 0.0002$.

(2)构造统计量 $\chi^2=\dfrac{(n-1)S^2}{\sigma^2}\sim\chi^2(n-1)$.

(3)选定显著性水平 $\alpha=0.05$,查 χ^2 分布的临界值表得到 $\chi^2_{1-\frac{\alpha}{2}}(10-1)=2.7$ 和 $\chi^2_{\frac{\alpha}{2}}(10-1)=19.022$,于是 H_0 的拒绝域为 $0<\chi^2<\chi^2_{1-\frac{\alpha}{2}}(n-1)=2.7$ 和 $\chi^2>\chi^2_{\frac{\alpha}{2}}(n-1)=19.022$.

(4)根据样本观测值 $x_1,x_2,\cdots,x_n$,计算出统计量 χ^2 的观察值
$$\chi^2=\frac{(10-1)0.0002}{0.0002}=9.$$

(5)判断:因为 $2.7<\chi^2=9<19.022$,故接受 H_0,即认为方差没有显著变化.

例7.6 某电子元件的寿命(单位:h) $X\sim N(\mu,\sigma^2)$,μ 与 σ^2 未知,现测得 16 只元件寿命如下:

  159 280 101 212 224 279 179 264

  222 362 168 250 149 260 485 170

问:(1)元件的平均寿命是否大于 225 h?

(2)元件的寿星方差是否等于 $100^2(\alpha=0.05)$?

解 (1)这是一个正态总体、方差 σ^2 未知、关于均值 μ 的单边假设检验.

①建立原假设 $H_0:\mu\leqslant 225$,备择假设 $H_1:\mu>225$.

②构造统计量 $T=\dfrac{\overline{X}-\mu_0}{S/\sqrt{n}}\sim t(n-1)$.

③选定显著性水平 $\alpha=0.05$,由 t 分布数值表查得临界值 $t_{0.10}(16-1)=1.7531$,H_0 的拒绝域为 $T=\dfrac{\overline{X}-\mu_0}{S/\sqrt{n}}>t_{0.10}(15)$ 或 $T=\dfrac{\overline{X}-\mu_0}{S/\sqrt{n}}<-t_{0.10}(15)$.

④根据样本观测值 $x_1,x_2,\cdots,x_n$,计算出统计量 T 的观察值
$$T=\frac{241.5-225}{98.7259/\sqrt{16}}=0.6685<1.7531.$$

⑤判断:因为 $T < t_{0.10}(15)$,故接受 H_0,即认为元件寿命的平均值不大于 225 h.

(2) 由题意知,问题为单个正态总体在方差 σ^2 未知的情况下,对方差 σ^2 进行双边假设检验.

①建立原假设 $H_0: \sigma^2 = 100^2$,备择假设 $H_1: \sigma^2 \neq 100^2$.

②构造统计量 $\chi^2 = \dfrac{(n-1)S^2}{\sigma^2} \sim \chi^2(n-1)$.

③选定显著性水平 $\alpha = 0.05$,查 χ^2 分布的临界值表得到 $\chi^2_{1-\frac{\alpha}{2}}(16-1) = 6.262$ 和 $\chi^2_{\frac{\alpha}{2}}(n-1) = 27.488$,于是 H_0 的拒绝域为 $0 < \chi^2 < \chi^2_{1-\frac{\alpha}{2}}(n-1) = 6.262$ 和 $\chi^2 > \chi^2_{\frac{\alpha}{2}}(n-1) = 27.488$.

④根据样本观测值 $x_1, x_2, \cdots, x_n$,计算出统计量 χ^2 的观察值

$$\chi^2 = \dfrac{(16-1) \times 98.725\ 9^2}{100^2} = 14.62.$$

⑤判断:因为 $6.262 < \chi^2 = 14.62 < 27.488$,故接受 H_0,即认为方差 $\sigma^2 = 100^2$.

例 7.7 同一种圆筒,由甲乙两厂生产,各抽 100 个,检查其内径(mm),得结果如下.甲厂:均值 $\bar{x} = 33.95$,标准差 $s_1 = 0.1$;乙厂:均值 $\bar{y} = 34.05$,标准差 $s_2 = 0.15$.假设两厂生产的产品内径方差相等,判断两厂产品内径值有无显著差异.($\alpha = 0.05$)

解 这是两个正态总体、方差 σ_1^2, σ_2^2 未知但相等、关于均值差 $\mu_1 - \mu_2$ 的双边假设检验问题.

(1) 建立原假设 $H_0: \mu_1 = \mu_2$,备择假设 $H_1: \mu_1 \neq \mu_2$.

(2) 构造统计量 $T = \dfrac{\bar{X} - \bar{Y}}{S_{12}\sqrt{\dfrac{1}{n_1} + \dfrac{1}{n_2}}} \sim t(n_1 + n_2 - 2)$.

(3) 选定显著性水平 $\alpha = 0.05$,由 t 分布的数值表查得临界值 $t_\alpha(n_1 + n_2 - 2) = t_{0.05}(198) < t_{0.05}(45) = 2.014\ 1$,于是 H_0 的拒绝域为 $|T| > t_\alpha(n_1 + n_2 - 2)$.

(4) 根据样本观测值 $x_1, x_2, \cdots, x_n$,计算出统计量 T 的观察值

$$|T| = \left|\frac{33.95 - 34.05}{0.127\sqrt{1/50}}\right| = 5.57 > 2.0141.$$

(5)判断:因为 $|T| > t_\alpha(n_1+n_2-2)$,故拒绝 H_0,即认为甲乙两厂生产的产品内径值差异显著.

例 7.8 为了检测 A、B 两种测定铁矿含铁量的方法是否有明显差异,现用这两种方法测定了取自 12 个不同铁矿的矿石标本的含铁量(%),结果列于表 7.1,问这两种测定方法是否有显著差异? ($\alpha=0.05$)

表 7.1

标本号	1	2	3	4	5	6	7	8	9	10	11	12
方法 A	38.25	31.68	26.24	41.29	44.81	46.37	35.42	38.41	42.68	46.71	29.20	30.76
方法 B	38.27	31.71	26.22	41.33	44.80	46.39	35.46	38.39	42.72	46.76	29.18	30.79

解 设 $d_1, d_2, \cdots, d_n$ 服从正态分布 $N(\mu, \sigma^2)$,取原假设 $H_0: \mu_d = 0$,$H_1: \mu_d \neq 0$.

取该检验的拒绝域为 $|T| = \dfrac{\bar{d} - 0}{s_D/\sqrt{n}} \geqslant t_\alpha(n-1)$. 经计算得 $\bar{d} = -0.0167, s_D^2 = 0.0007$,查表得 $t_\alpha(n-1) = t_{0.05}(11) = 2.201$. 又因为

$$|T_0| = \left|\frac{\bar{d} - 0}{s_D/\sqrt{n}}\right| = \frac{0.0167}{\sqrt{0.0007/12}} = 2.187 < t_\alpha(n-1) = 2.201.$$

故不能拒绝 H_0,即认为两种测定方法无显著差异.

例 7.9 某中药厂从某种药材中提取某种有效成分.为了提高得率,改革提炼方法,现对同一质量的药材,用新、旧两种方法各做了 10 次试验,其得率如下(%).

旧方法:78.1 72.4 76.2 74.3 77.4 78.4 76.0 75.5 76.7 77.3
新方法:79.1 81.0 77.3 79.1 80.0 79.1 79.1 77.3 80.2 82.1

设这两个样本分别来自正态总体 $N(\mu_1, \sigma_1^2)$,$N(\mu_2, \sigma_2^2)$,并且相互独立.试问新方法的得率是否比旧方法的得率高? ($\alpha=0.01$)

解 这时在方差未知的情况下,检验总体均值差的问题.因此需检验方差.

(1)取原假设 $H_0: \sigma_1^2 = \sigma_2^2$,备择假设 $H_1: \sigma_1^2 \neq \sigma_2^2$.

(2) 构造统计量

$$F = \frac{S_1^2}{S_2^2} \sim F(n_1 - 1, n_2 - 1),$$

其中 $S_1^2 = \frac{1}{n_1 - 1}\sum_{i=1}^{n_1}(X_i - \overline{X})^2$, $S_2^2 = \frac{1}{n_2 - 1}\sum_{i=1}^{n_2}(Y_i - \overline{Y})^2$.

拒绝域为

$$F \geqslant F_{\frac{\alpha}{2}}(n_1 - 1, n_2 - 1) = F_{0.005}(9, 9) = 6.54, 或$$

$$F \leqslant F_{1-\frac{\alpha}{2}}(n_1 - 1, n_2 - 1) = \frac{1}{6.54} = 0.152\ 9.$$

由观察数据得 $F = \frac{S_1^2}{S_2^2} = \frac{3.325}{2.225} = 1.49$. 可见 F 落在拒绝域外,故接受 $H_0: \sigma_1^2 = \sigma_2^2$.

然后在 $\alpha = 0.01$ 下,检验假设 $H_0: \mu_1 \geqslant \mu_2$,备择假设 $H_1: \mu_1 < \mu_2$. 构造统计量

$$T = \frac{\overline{X} - \overline{Y}}{S_{12}\sqrt{\frac{1}{n_1} + \frac{1}{n_2}}} \sim t(n_1 + n_2 - 2).$$

选定显著性水平 $\alpha = 0.01$,由 t 分布的数值表查得临界值 $t_{2\alpha}(n_1 + n_2 - 2) = t_{0.02}(18) = 2.552\ 4$,根据样本观测值 $x_1, x_2, \cdots, x_n$,计算出统计量 T 的观察值

$$T = \frac{76.23 - 79.43}{\sqrt{2.775}\sqrt{\frac{1}{10} + \frac{1}{10}}} = -4.295\ 3 < -2.552\ 4.$$

因为 $T < -t_{2\alpha}(n_1 + n_2 - 2)$,故拒绝 H_0,即认为新方法的得率比旧方法的得率高.

四、考研真题

1.(1995 年数学四)设 $X_1, X_2, \cdots, X_n$ 是来自正态总体 $N(\mu, \sigma^2)$ 的简单随机样本,其中参数 μ 和 σ^2 未知,记 $\overline{X} = \frac{1}{n}\sum_{i=1}^{n}X_i$, $Q^2 =$

$\sum_{i=1}^{n}(X_i-\overline{X})^2$,则假设 $H_0:\mu=0$ 的 T 检验使用统计量_____.

解 $T=\dfrac{\overline{X}-\mu}{S/\sqrt{n}}=\dfrac{\overline{X}\sqrt{n}}{\sqrt{\sum_{i=1}^{n}(X_i-\overline{X})^2/(n-1)}}$

$=\dfrac{\overline{X}\sqrt{n(n-1)}}{\sqrt{\sum_{i=1}^{n}(X_i-\overline{X})^2}}=\dfrac{\overline{X}\sqrt{n(n-1)}}{Q}.$

2.(1998 年数学一)设某次考试的考生成绩服从正态分布,从中随机地抽取 36 位考生的成绩,算得平均成绩为 66.5 分,标准差为 15 分,问:在显著性水平 0.05 下,是否可以认为这次考试全体考生的平均成绩为 70 分? 并给出检验过程.

解 设考生成绩 $X\sim N(\mu,\sigma^2)$,样本容量 $n=36, \bar{x}=66.5$,$s=15$,待检验假设 $H_0:\mu=70$.用 T 检验法检验,得

$$|t|=|\bar{x}-70|\times\dfrac{\sqrt{n}}{s}=|66.5-70|\times\dfrac{6}{15}=1.4.$$

查表得 $t_{0.025}(36-1)=t_{0.025}(35)=2.030\ 1$,经比较知 $|t|=1.4<t_{0.025}(35)=2.030\ 1$,故接受 H_0,认为平均成绩是 70 分.

3.(1998 年数学一)从正态总体 $N(3.4,\sigma^2)$ 中抽取容量为 n 的样本,如果要求其样本均值位于区间(1.4,5.4)内的概率不小于 0.95,问样本容量 n 至少应取多大?

解 设 $\overline{X}$ 为样本均值,则有 $\dfrac{\overline{X}-3.4}{6}\sqrt{n}\sim N(0,1)$,

$$P(1.4<\overline{X}<5.4)=P\left(\left|\dfrac{\overline{X}-3.4}{6}\sqrt{n}\right|<\dfrac{2\sqrt{n}}{6}\right)=2\Phi\left(\dfrac{\sqrt{n}}{3}\right)-1\geqslant 0.95.$$

故 $\Phi\left(\dfrac{\sqrt{n}}{3}\right)\geqslant 0.975$,即 $\dfrac{\sqrt{n}}{3}\geqslant 1.96, n\geqslant 34.6$.因此样本容量 n 至少应取 35.

五、习题精解

(一)填空题

1. U 检验和 T 检验都是关于_____的假设检验,当_____已知时,用 U 检验,当_____未知时,用 T 检验.

解 因为在总体方差已知的情形下,构造统计量 $U = \dfrac{\overline{X} - \mu}{\sigma/\sqrt{n}}$ 检验均值;在总体方差未知的情形下,选取样本标准差 S,构造统计量 $T = \dfrac{\overline{X} - \mu}{S/\sqrt{n}}$ 检验均值.

故答案为均值;总体方差;样本标准差.

2. 设总体 $X \sim N(\mu, \sigma^2)$ (μ, σ^2 未知),$X_1, X_2, \cdots, X_n$ 是来自该总体的样本,记 $\overline{X} = \dfrac{1}{n}\sum_{i=1}^{n} X_i$,$Q^2 = \sum_{i=1}^{n}(X_i - \overline{X})^2$,如果检验 $H_0: \mu = 0$,则使用的统计量是_____,服从_____分布,自由度为_____.

解 因为样本标准差 $S = \dfrac{Q}{\sqrt{n-1}}$,代入 $T = \dfrac{\overline{X} - \mu}{S/\sqrt{n}}$ 中可得统计量.

故答案为 $Q/\sqrt{n(n-1)}$;t 分布;$(n-1)$.

3. 设总体 $X \sim N(\mu, \sigma^2)$,σ^2 未知,对于假设 $H_0: \mu = \mu_0$,$H_1: \mu \neq \mu_0$,进行假设检验时,采用的统计量是_____,服从_____,自由度为_____.

解 答案为 $T = \dfrac{\overline{X} - \mu_0}{S/\sqrt{n}}$;$t$ 分布;$n-1$.

4. 设总体 $X \sim N(\mu, \sigma^2)$,μ 未知,对于假设 $H_0: \sigma^2 = \sigma_0^2$,$H_1: \sigma^2 \neq \sigma_0^2$,进行假设检验时,采用的统计量是_____,服从_____,拒绝域为_____.

解 对单个正态总体的方差用统计量 χ^2 进行检验.故答案为
$$\chi^2 = \dfrac{(n-1)S^2}{\sigma_0^2};\text{服从 } \chi^2 \text{ 分布};$$

$$\frac{(n-1)s^2}{\sigma_0^2} \leqslant \chi_{1-\alpha/2}^2(n-1) \text{ 或 } \frac{(n-1)s^2}{\sigma_0^2} \geqslant \chi_{\alpha/2}^2(n-1).$$

5.设总体 $X \sim N(\mu_1, \sigma_1^2)$,$Y \sim N(\mu_2, \sigma_2^2)$,且 X 和 Y 相互独立,$\mu_1, \mu_2, \sigma_1^2, \sigma_2^2$ 均未知,分别从 X 和 Y 中得到容量为 n_1 和 n_2 的样本,样本均值分别为 $\overline{X}$ 和 $\overline{Y}$,样本方差为 S_1^2 和 S_2^2,对 $H_0: \sigma_1^2 = \sigma_2^2$,$H_1: \sigma_1^2 \neq \sigma_2^2$ 进行检验时,采用的统计量是_____,服从_____分布,其第一自由度为_____,第二自由度为_____.

解 对两个正态总体的方差用统计量 F 进行检验.故答案为
$$F = S_1^2/S_2^2; F; n_1 - 1; n_2 - 1.$$

(二)选择题

1.在假设检验中,原假设为 H_0,则称( )为犯第一类错误.

(A) H_0 为真,接受 H_0　　　　(B) H_0 为伪,接受 H_0

(C) H_0 为真,拒绝 H_0　　　　(D) H_0 为伪,拒绝 H_0

解 选(C).假设 H_0 实际为真,我们犯了拒绝 H_0 的错误,称为第一类错误,即弃真错误;假设 H_0 实际为假,我们犯了接受 H_0 的错误,称为第二类错误,即取伪错误.

2.在假设检验中,显著性水平 α 的意义是( ).

(A)原假设 H_0 成立,经检验被拒绝的概率

(B)原假设 H_0 不成立,经检验被拒绝的概率

(C)原假设 H_0 成立,经检验被接受的概率

(D)原假设 H_0 不成立,经检验被接受的概率

解 选(A).显著性水平 α 用于控制犯第一类错误的概率.

3.设总体 $X \sim N(\mu, \sigma^2)$,μ 和 σ^2 均未知,原假设 $H_0: \mu = \mu_0$,备择假设 $H_1: \mu \neq \mu_0$,若用 T-检验法进行检验.则在显著性水平 α 下,拒绝域为( ).

(A) $|t| < t_\alpha(n-1)$　　　　(B) $|t| > t_\alpha(n-1)$

(C) $t > t_\alpha(n-1)$　　　　(D) $t < -t_{1-\alpha}(n-1)$

解 选(B).在方差未知的情形下,用 T-检验法检验均值.临界值为 $t_\alpha(n-1)$.若取值为 $|t| < t_\alpha(n-1)$,则接受 H_0;若取值为 $|t| > t_\alpha(n-1)$,则拒绝 H_0.

4.对显著性水平 α 检验结果而言,犯第一类错误的概率 P ( ).
(A)不是 α 　　　　　　　　(B) $1-\alpha$
(C)大于 α 　　　　　　　　(D)小于或等于 α

解 选(D).显著性水平 α 用于控制犯第一类错误的概率,使第一类错误的概率小于或等于 α.

5.设总体 $X \sim N(\mu_1, \sigma_1^2), Y \sim N(\mu_2, \sigma_2^2)$,检验假设 $H_0: \sigma_1^2 = \sigma_2^2$; $H_1: \sigma_1^2 \neq \sigma_2^2; \alpha = 0.05$,从 X 中抽取容量 $n_1 = 12$ 的样本,从 Y 中抽取容量 $n_2 = 10$ 的样本,已知 $s_1^2 = 118.4, s_2^2 = 31.93$,应该采用的检验方法与结论是( ).

(A) t 检验法,临界值 $t_{0.05}(17) = 2.11$,拒绝 H_0
(B) F 检验法,临界值 $F_{0.95}(11, 9) = 0.34, F_{0.05}(11, 9) = 3.10$,接受 H_0
(C) F 检验法,临界值 $F_{0.95}(11, 9) = 0.34, F_{0.05}(11, 9) = 3.10$,拒绝 H_0
(D) F 检验法,临界值 $F_{0.01}(11, 9) = 5.18, F_{0.99}(11, 9) = 0.21$,接受 H_0

解 选(C).对两个正态总体的方差用统计量 F 进行检验. $F = S_1^2/S_2^2 = 3.708 > F_{0.05}(11, 9) = 3.10$,在拒绝域内.故拒绝 H_0.

(三)计算题

1.设某种产品的性能指标服从正态分布 $N(\mu, \sigma^2)$,从历史资料已知 $\sigma^2 = 16$,抽查 10 件样品,测得均值为 17,问在显著性水平 $\alpha = 0.05$ 的情况下,能否认为指标的期望值 $\mu = 20$ 仍然成立?

解 此题是在方差已知的情形下对均值进行假设检验. H_0:指标的期望值 $\mu = 20$ 成立.

$$\frac{\overline{X} - \mu}{\sigma/\sqrt{n}} = \frac{17 - 16}{4/\sqrt{10}} \approx 0.79 < u_{1-\frac{\alpha}{2}} = u_{0.975} = 1.96.$$

故认为指标的期望值 $\mu = 20$ 成立.

2.由以往经验知零件重量 $N(\mu, \sigma^2), \mu = 15, \sigma^2 = 0.05$. 技术革新后,抽取了 6 件样品,测得重量为(单位:克):14.7 15.1 14.8 15.0 15.2 14.6.已知方差不变,问平均重量是否仍为 15?($\alpha = 0.05$)

解 此题是在方差已知的情形下对均值进行假设检验. H_0:平均重量是 15 克.

$$\frac{\overline{X}-\mu}{\sigma/\sqrt{n}} = \frac{14.9-15}{\sqrt{0.05}/\sqrt{6}} = \approx 1.095 < u_{1-\frac{\alpha}{2}} = u_{0.975} = 1.96.$$

故认为平均重量是 15 克.

3.正常人的脉搏平均为 72 次/分,现某医生测得 10 例慢性四乙基铅中毒患者的脉搏(次/分)如下:54 67 68 78 70 66 67 70 65 69,问四乙基铅中毒患者和正常人的脉搏有无显著性差异?($\alpha=0.05$)

解 此题是在方差未知的情形下对均值进行假设检验. H_0:四乙基铅中毒患者和正常人的脉搏无显著性差异.

$$\left|\frac{\overline{X}-\mu}{S/\sqrt{n}}\right| = \left|\frac{67.4-72}{\sqrt{31.64}/\sqrt{10}}\right| \approx 2.58 > t_{0.05}(10-1) = 2.262\,2.$$

故拒绝 H_0,认为四乙基铅中毒患者和正常人的脉搏无显著性差异.

4.某厂生产一种构件,由经验知其强力的标准差 $\sigma=7.5$(kg),且强力服从正态分布.后改变工艺,从新产品中抽取 25 件进行强力试验,计算的样本标准差为 9.1 kg.问新产品的强力方差是否有显著变化?($\alpha=0.05$)

解 此题是在方差未知的情形下对方差进行假设检验. H_0:新产品的强力方差无显著变化.

$$\left|\frac{(n-1)S^2}{\sigma_0^2}\right| = \left|\frac{(25-1)9.1^2}{7.5^2}\right| = 35.33,$$

$\chi_{\alpha/2}^2(n-1) = 39.364, \chi_{1-\alpha/2}^2(n-1) = 12.401, 12.401 < 35.33 < 39.364$,故认为新产品的强力方差无显著变化.

5.甲、乙相邻两地段各取了 41 块和 61 块岩心进行磁化率测定,算出子样方差分别为 $s_1^2=0.014\,2, s_2^2=0.005\,4$,试问甲、乙两地段的方差是否有显著差异?($\alpha=0.05$)

解 这是两个正态总体在均值、方差未知的情况下,对方差的假设检验.

$$F = \frac{S_1^2}{S_2^2} = \frac{142}{54} = 2.6296,$$

$$F_{\frac{\alpha}{2}}(n_1 - 1, n_2 - 1) = F_{0.025}(40, 60) = 1.74,$$

$$F_{1-\frac{\alpha}{2}}(n_1 - 1, n_2 - 1) = \frac{1}{F_{\frac{\alpha}{2}}(n_2 - 1, n_1 - 1)} = \frac{1}{1.80} = 0.56.$$

F 在拒绝域内,故认为甲、乙两地段的方差是否有显著差异.

6.某香烟厂生产两种香烟,独立随机地抽取容量大小相同的烟叶标本,测量尼古丁含量的毫克数,实验室分别做了六次测定,数据记录如下:

甲 25 28 23 26 29 22
乙 28 23 30 25 21 27

试问:这两种香烟的尼古丁含量有无显著性差异?假设尼古丁含量服从正态分布且方差相同.($\alpha = 0.05$)

解 构造统计量 $T = \dfrac{\overline{X} - \overline{Y}}{S_{12}\sqrt{\dfrac{1}{n_1} + \dfrac{1}{n_2}}} \sim t(n_1 + n_2 - 2)$. $T = 0.104$.

选定显著性水平 α,由 t 分布的数值表查得临界值 $t_\alpha(n_1 + n_2 - 2) = 2.2281$,故这两种香烟的尼古丁含量无显著性差异.

7.在一个正 20 面体的 20 个面上,分别标以数 $1, 2, \cdots, 9$,每个数字在两个面上标出.为检验其对称性,共做了 800 次投掷试验,数字 $1, 2, \cdots, 9$ 朝正上方的次数如表 7.2 所示.

表 7.2

数字	0	1	2	3	4	5	6	7	8	9
次数	74	92	83	79	80	73	77	75	76	91

问该 20 面体是否均匀?($\alpha = 0.05$)

解 把数据分成两组,一组是 $74, 92, 80, 76$;另一组是 $83, 79, 73, 77, 75, 91$.构造统计量 $T = \dfrac{\overline{X} - \overline{Y}}{S_{12}\sqrt{\dfrac{1}{n_1} + \dfrac{1}{n_2}}} \sim t(n_1 + n_2 - 2)$.

$T = 0.2027$, $t_\alpha(n_1 + n_2 - 2) = 2.3060$. 故认为 20 面体均匀.

六、模拟试题

(一)填空题(共 5 小题,每小题 3 分,共 15 分)

1. 设 $X_1, X_2, \cdots, X_n$ 是来自总体 $X \sim N(\mu, \sigma^2)$ 的样本,σ^2 已知,检验 $H_0: \mu = \mu_0, H_1: \mu \neq \mu_0$ 下的拒绝域为_____.

2. 设 $X_1, X_2, \cdots, X_n$ 是来自总体 $X \sim N(\mu, \sigma^2)$ 的样本,σ^2 未知,现检验假设 $H_0: \mu = 2$,则应选取的统计量为_____,当 H_0 成立时,该统计量服从_____分布.

3. 设 $X \sim N(\mu_1, \sigma^2)$,$Y \sim N(\mu_2, \sigma^2)$,$X$ 与 Y 独立,μ_1 与 μ_2 均未知,σ^2 未知但相等,对假设 $H_0: \mu_1 - \mu_2 = \delta$,$H_1: \mu_1 - \mu_2 \neq \delta$ 进行检验时,通常采用的统计量为_____,该统计量服从_____分布.

4. 设总体 $X \sim N(\mu, \sigma^2)$,待检验的原假设是 $H_0: \sigma^2 = \sigma_0^2$,对于给定的显著性水平 α,如果拒绝域为 $(\chi_\alpha^2(n-1), +\infty)$,则相应的备择假设 $H_1:$_____;如果拒绝域为 $(0, \chi_{1-\frac{\alpha}{2}}^2(n-1)) \cup (\chi_{\frac{\alpha}{2}}^2(n-1), +\infty)$,则相应的备择假设 $H_1:$_____.

5. 设总体 $X \sim N(\mu_1, \sigma_1^2)$,$Y \sim N(\mu_2, \sigma_2^2)$,$X$ 与 Y 独立,μ_1、μ_2、σ_1^2 与 σ_2^2 均未知,分别从 X 和 Y 得到容量为 n_1 和 n_2 的样本,其样本均值为 $\overline{X}$ 和 $\overline{Y}$,样本方差为 S_1^2 和 S_2^2.对假设 $H_0: \sigma^2 = \sigma_0^2$,$H_1: \sigma^2 \neq \sigma_0^2$ 进行检验时,通常采用的统计量是_____,其自由度为_____,服从的分布是_____.

(二)选择题(共 5 小题,每小题 3 分,共 15 分)

1. 在假设检验中,H_0 表示原假设,H_1 表示备择假设,则下列说法正确的是(   ).

(A)犯第一类错误是指 H_0 为真,拒绝 H_0

(B)犯第一类错误是指 H_0 为真,接受 H_0

(C)犯第二类错误是指 H_0 不真,拒绝 H_0

(D)犯第二类错误是指 H_0 为真,接受 H_0

2. 对总体 X,$E(X) = \mu$ 是待检参数,若在显著性水平 $\alpha_1 = 0.05$ 下接受 $H_0: \mu = \mu_0$,那么在显著性水平 $\alpha_2 = 0.01$ 下,下列结论正确的是(   ).

(A) 接受 H_0
(B) 可能接受 H_0 也可能拒绝 H_0。
(C) 拒绝 H_0。
(D) 无法确定

3. 自动包装机装出的每袋重量服从正态分布,规定每袋重量的方差不超过 m,为了检验自动包装机的工作是否正常,对它生产的产品进行抽样检验,检验假设为 $H_0:\sigma^2 \leqslant m, H_1:\sigma^2 > m, \alpha=0.05$,则下列命题正确的是(　　).

(A) 如果生产正常,则检验结果也认为生产正常的概率是 0.95
(B) 如果生产不正常,则检验结果也认为生产不正常的概率是 0.95
(C) 如果检验的结果认为生产正常,则生产确实正常的概率等于 0.95
(D) 如果检验的结果认为生产不正常,则生产确实不正常的概率等于 0.95

4. 设 $X_1, X_2, \cdots, X_{36}$ 是来自总体 $X \sim N(\mu, 1)$ 的样本,检验 $H_0:\mu=0, H_1:\mu \neq 0$,取拒绝域 $W=\{(x_1, x_2, \cdots, x_{36}): \frac{1}{36}\sum_{i=1}^{36} x_i > \frac{1}{6}u_{0.95}\}$,其中 $u_{0.95}$ 表示标准正态分布的分位点,则此检验方案犯第一类错误的概率为(　　).

(A) 0.05　　　　　　　　(B) 0.1
(C) 0.9　　　　　　　　(D) 0.95

5. 设总体 $X \sim N(\mu, \sigma^2), \mu$ 已知,$\sigma^2 > 0$ 未知,$X_1, X_2, \cdots, X_n$ 是来自 X 的简单随机样本.则检验假设 $H_0:\sigma^2=\sigma_0^2, H_1:\sigma^2 > \sigma_0^2$ 的拒绝域为(　　).

(A) $W=\left\{(x_1, x_2, \cdots, x_n) \Big| \dfrac{\overline{x}-\mu}{\dfrac{\sigma_0^2}{\sqrt{n}}} > Z_\alpha \right\}$

(B) $W = \left\{ (x_1, x_2, \cdots, x_n) \middle| \dfrac{\sum_{i=1}^{n}(x_i - \overline{x})^2}{\sigma_0^2} \geqslant \chi_\alpha^2(n-1) \right\}$

(C) $W = \left\{ (x_1, x_2, \cdots, x_n) \middle| \dfrac{\sum_{i=1}^{n}(x_i - \overline{x})^2}{\sigma_0^2} \geqslant \chi_\alpha^2(n) \right\}$

(D) $W = \left\{ (x_1, x_2, \cdots, x_n) \middle| \dfrac{\sum_{i=1}^{n}(x_i - \mu)^2}{\sigma_0^2} \geqslant \chi_\alpha^2(n) \right\}$

(三)计算题(6 小题,共 70 分)

1.某厂商声称他们生产的某种型号的装潢材料抗断强度(单位:MPa)服从正态分布,平均抗断强度为 3.25,方差 $\sigma^2 = 1.21$. 今从中随机抽取 9 件进行检验,测得平均抗断强度为 3.15,问能否接受厂商的说法?($\alpha = 0.05$)(10 分)

2.某地区环保部门规定废水处理后水中某种有毒物质的平均浓度不超过 10 mL,现从某废水处理厂随机抽取 15 L 处理后的水,测得 $\overline{x} = 9.5 \, (\text{mg/L})$,假定废水处理后有毒物质的含量服从标准差为 2.5 mg/L 的正态分布,试在 $\alpha = 0.05$ 下判断该厂处理后的水是否合格?(10 分)

3.某企业在某电视台播放广告后的平均利润增加量为 15 万元,已知这类企业广告播出后的受益量近似服从正态分布,为此,调查公司对该电视台广告播出后的此类企业进行了随机调查,抽出容量为 20 的样本,得平均受益量为 13.2 万,标准差为 3.4 万元,试在 $\alpha = 0.05$ 下判断该广告的说法是否正确?(10 分)

4.根据设计要求,某零件的内径标准差不得超过 0.30(单位:cm),现从该产品中随机抽取了 25 件,测得样本标准差为 0.36,问该产品是否合格?(10 分)

5. 设甲乙两种稻种分别种在 10 块试验田中,每块田中,甲、乙稻种各种一半.假定两种作物产量服从正态分布,现获得 10 块田中的产量如表 7.3 所示(单位:kg).

表 7.3

| 甲 | 140 | 137 | 136 | 140 | 145 | 148 | 140 | 135 | 144 | 141 |
| 乙 | 135 | 118 | 115 | 140 | 128 | 131 | 130 | 115 | 131 | 125 |

问这两种稻种产量是否有显著差异?($\alpha = 0.10$)(15 分)

6. 一名教师教 A 和 B 两个班级的同一门课程,从 A 班随机抽取 16 名学生,从 B 班随机抽取 26 名学生,在同一次测验中,A 班成绩的样本标准差 $s_1 = 9$,B 班成绩的样本标准差 $s_2 = 12$,假设 A、B 两班测验成绩分别服从正态分布 $N(\mu_1, \sigma_1^2)$,$N(\mu_2, \sigma_2^2)$.在显著性水平下,能否认为 B 班成绩的标准差比 A 班大?($\alpha = 0.05$)(15 分)

七、模拟试题参考答案

(一)填空题

1. $\left\{ \left| \dfrac{\overline{X} - \mu_0}{\sigma / \sqrt{n}} \right| > u_{1-\frac{\alpha}{2}} \right\}$

2. $\dfrac{\overline{X} - \mu_0}{S} \sqrt{n}$;$t(n-1)$

3. $\dfrac{(\overline{X} - \overline{Y}) - \delta}{s_\omega \sqrt{\dfrac{1}{n_1} + \dfrac{1}{n_2}}}$;$t(n_1 + n_2 - 2)$

4. $\sigma^2 > \sigma_0^2$;$\sigma^2 \neq \sigma_0^2$

5. $\dfrac{S_1^2}{S_2^2}$;$(n_1 - 1, n_2 - 1)$;$F(n_1 - 1, n_2 - 1)$

(二)选择题

1.(A) 2.(A) 3.(A) 4.(A) 5.(D)

(三)计算题

1. 提示:$\dfrac{\overline{X} - \mu_0}{\sigma / \sqrt{n}} \sim N(0,1)$,$|U| = \left| \dfrac{3.15 - 3.25}{1.1/3} \right| = \dfrac{3}{11} <$

$u_{1-\frac{\alpha}{2}} = 1.96$,故接受厂商的说法.

2. $H_0 : \mu \leqslant 10, H_1 : \mu > 10$.

$$\frac{\overline{X} - \mu_0}{\sigma/\sqrt{n}} \sim N(0,1), U = \frac{9.5 - 10}{2.5/\sqrt{15}} = \frac{-0.5 \times \sqrt{15}}{2.5} \approx 0.77 >$$

$\mu_{1-\alpha} = -1.64$,故接受 H_0,即认为该厂处理后的水是合格的.

3. H_0:平均利润增加量为 15 万元.

$$\frac{\overline{X} - \mu_0}{S}\sqrt{n} \sim t_\alpha(n-1), \frac{15 - 13.2}{3.4/\sqrt{20}} = 2.37 > 2.093,故否定 H_0,即$$

认为广告部说法不正确.

4. $H_0 : \sigma^2 \leqslant 0.3^2, H_1 : \sigma^2 > 0.3^2, \chi^2 = \frac{(n-1)s^2}{\sigma_0^2} = \frac{24 \times 0.36^2}{0.30^2} = 34.56$,

$\chi_{1-\alpha}^2(n-1) = \chi_{0.95}^2(24) = 13.848, \chi_\alpha^2(n-1) = \chi_{0.05}^2(24) = 36.415$,

$\chi_{1-\alpha}^2(n-1) < \chi^2 < \chi_\alpha^2(n-1)$. 故认为产品合格.

5. 本题是成对数据的检验. H_0:两种稻种产量无显著差异.

$$|t| = \left|\frac{\overline{d}}{s_D/\sqrt{n}}\right| = \frac{13.8}{6.524/\sqrt{10}} = 6.689 > t_{\frac{\alpha}{2}}(10-1) = 1.833\ 1,$$

故拒绝 H_0,认为两种稻种有显著差异.

6. $F = \frac{s_1^2}{s_2^2} = \frac{9^2}{12^2} = 0.562\ 5$,

$F_{\frac{\alpha}{2}}(n_1 - 1, n_2 - 1) = F_{0.025}(15, 25) = 2.41$,

$F_{1-\frac{\alpha}{2}}(n_1 - 1, n_2 - 1) = \frac{1}{F_{\frac{\alpha}{2}}(n_2 - 1, n_1 - 1)} = \frac{1}{2.70} = 0.370\ 4$.

F 介于两者之间,故两者的方差无显著差异.

第八章 方差分析和回归分析

一、知识结构

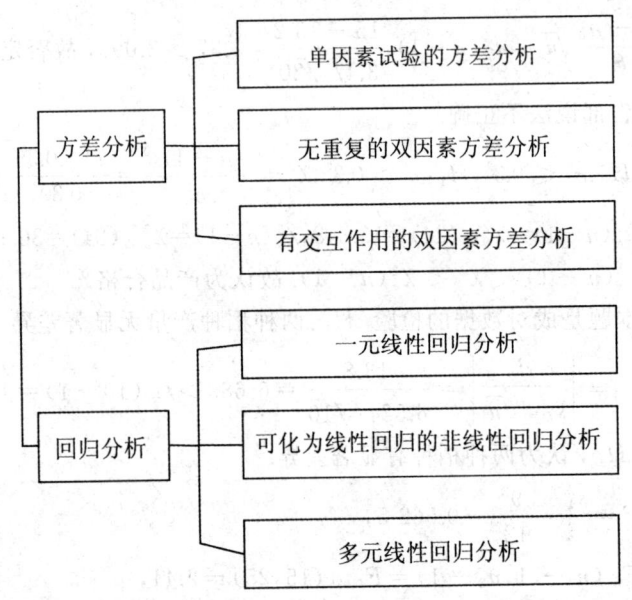

二、释难解惑

1.什么是方差分析法？

答 方差分析法是通过对大量观察数据的分析,将因子水平(或交互作用)的变化所引起的试验结果间的差异(称为条件误差),与误差的波动所引起的试验结果的差异(称为试验误差)区分开来的一种数学方法,以及找出对考察的特性指标有显著影响的哪些因素。

第八章 方差分析和回归分析

2.方差分析法有哪些基本假设？

答 正态性、等方差性、独立性.

3.方差分析法与 F 检验有何关系？

答 (1)方差分析是检验几个总体的平均数来自同一正态总体的可信程度；而 F 检验法是检验两个总体的方差来自同一正态总体的可信程度，两者的出发点是不同的.

(2)在方差分析中，规定 $\dfrac{S_A}{r-1}$ 是第一样本作分子，$\dfrac{S_E}{n-r}$ 是第二样本作分母，而 F 检验事先没有规定哪个样本作分子或分母，而是算出数值后，通常以数值大的那个作第一样本写为分子，这又是一重要差别.

(3)在方差分析中，当 H_0 成立时，$\dfrac{S_A/r-1}{S_E/n-r}$ 服从 F 分布；当 H_0 不成立时，分布偏右.在 F 检验中，当 H_0 成立时，两样本的方差比服从 F 分布；当 H_0 不成立时，分布可能偏左也可能偏右.

4.回归分析与相关分析有何区别与联系？

答 相关关系是一种不确定性关系，它分为自变量与因变量加以考察.因变量一般取可以测量的随机变量，而自变量往往是可控制的普通变量.它表现为因变量的取值随自变量的变化而呈现一定的统计规律性.相关分析一般是研究随机变量与随机变量之间的相关关系的.

回归分析研究的是随机变量与非随机变量之间的相关关系.两者所使用的概念、理论和方法有所不同，得到的结果含义也不相同，但结果的形式却几乎一致.因此，从应用与计算角度看，两者没有必要加以严格区别.由于回归分析在数学处理上更为简便，因而不论自变量如何，都可当作非随机的普通变量看待，利用回归分析方法研究变量间的相关关系.

5.非线性回归的线性化过程是怎样进行的？关键是什么？

答 在两个变量回归的条件下，一般常用倒数变换和对数变换，使具有某种曲线相关关系的两个变量化为线性相关关系.所处理的自变量与因变量的关系，可以是双曲函数、幂函数、指数函数和对数函数等.

正确选择曲线类型,是正确地进行变量转换的前提,是提高曲线回归精度的根本.由散点图的形状选择的线性化变换,往往不能一次选准,因此,不妨同时作几种曲线加以比较.

6.怎么区分所讨论的问题是方差分析还是回归分析?

答 两者都是考察所研究的某一指标与试验因素的关系的.方差分析考察的是因素对指标的影响是否显著,而回归分析考察的是因素的取值与指标的取值存在什么样的相关关系.

因素分为属性的因素与数量的因素两大类,前者一般无数量大小而言,只是性质不同;后者则可在一定范围内取值.当所考虑问题的因素是属性的时候,问题属于方差分析的范畴;当所研究的问题是数量的时候,则属于回归分析的范畴.

三、典型例题

题型Ⅰ 单因素试验的方差分析

例 8.1 要新做一批学生的校服,抽查了某地区三所小学中五年级男生的身高,所得数据如表 8.1 所示.

表 8.1

小学	身高(单位:厘米)					
第一小学	128.1	134.1	133.1	138.9	140.8	127.4
第二小学	150.3	147.9	136.8	126.0	150.7	155.8
第三小学	140.6	143.1	144.5	143.7	148.5	146.4

设男生身高服从具有相同方差的正态分布,当 $\alpha=0.05$ 时,试问该地区这三所小学五年级男生的平均身高有无显著区别?

解 设第 i 所小学第 j 名男生身高为 X_{ij},则 $X_{ij} \sim N(\mu_i, \sigma^2)$ ($i=1,2,3; j=1,2,\cdots,6$).

检验假设 $H_0: \mu_1=\mu_2=\mu_3$, $H_1: \mu_1, \mu_2, \mu_3$ 不全相等.

这里 $r=3, n_1=n_2=n_3=6, n=18$,所以

$$X_1=802.4, X_2=867.5, X_3=866.8, X=2536.7,$$
$$S_T \approx 1265.14, S_A \approx 465.881, S_E=S_T-S_A=799.259.$$

方差分析表如表 8.2.

表 8.2

方差来源	平方和	自由度	均方	F 比
因素 A	465.881	2	232.941	4.391 7
误差 E	799.259	15	53.283 9	—
总和 T	1265.14	17	—	—

因 $F_{0.05}(2,15)=3.68<4.3717$,故在 $\alpha=0.05$ 水平下拒绝 H_0,即认为三所小学五年级男生的平均身高有显著区别.

例 8.2 表 8.3 为某年级三个小班一次数学测验的成绩.

表 8.3

Ⅰ	Ⅱ	Ⅲ
73　66　73　89　60	88　77　74　78　31　80	68　41　87　79　59
77　82　45　43　93	48　78　56　91　62　85	71　56　68　15　91
80　36	51　76　96	53　71　79

试分析三个小班的平均成绩是否有显著差异.

解 记 μ_1,μ_2,μ_3 为 Ⅰ,Ⅱ,Ⅲ 三个小班的平均分数,检验假设
$$H_0:\mu_1=\mu_2=\mu_3,\ H_1:\mu_1,\mu_2,\mu_3\ 不全相等.$$
这里 $s=3, n_1=12, n_2=15, n_3=13, n=40$,所以
$$S_T=\sum_{i=1}^{3}\sum_{j=1}^{n_i}X_{ij}^2-\frac{T_{\cdot\cdot}^2}{n}=13\,685.1,$$
$$S_A=\sum_{i=1}^{3}\frac{T_{\cdot i}^2}{n_i}-\frac{T_{\cdot\cdot}^2}{n}=335.35,$$
$$S_E=S_T-S_A=13\,349.75.$$
方差分析表如表 8.4 所示.

表 8.4

方差来源	平方和	自由度	均方	F 比
因素 A	335.35	2	167.675	0.46
误差 E	13 349.75	37	360.80	—
总和 T	13 685.1	39	—	—

因 $F_{0.05}(2,37)=3.25>0.46$，故不拒绝 H_0，认为各班平均分无显著差异.

题型Ⅱ 无重复的双因素方差分析

例 8.3 酿造厂有化验员 3 名，担任发酵粉的颗粒检验，今有 3 名化验员每天从该厂所产的发酵粉中抽样一次，连续 10 天，每天检验其中所含颗粒的百分率，结果如表 8.5 所示.

设 $\alpha=0.05$，试分析 3 名化验员每日所抽取样本之间有无显著差异？

表 8.5

百分率(%)		因素 B（化验时间）									
		B_1	B_2	B_3	B_4	B_5	B_6	B_7	B_8	B_9	B_{10}
因素 A 化验员	A_1	10.1	4.7	3.1	3.0	7.8	8.2	7.8	6.0	4.9	3.4
	A_2	10.0	4.9	3.1	3.2	7.8	8.2	7.7	6.2	5.1	3.4
	A_3	10.2	4.8	3.0	3.0	7.8	8.4	7.8	6.1	5.0	3.3

解 设 $H_{0A}:\mu_{A_1}=\mu_{A_2}=\mu_{A_3}$，$H_{1A}:\mu_{A_1},\mu_{A_2},\mu_{A_3}$ 不全相等；

$H_{0B}:\mu_{B_1}=\mu_{B_2}=\cdots=\mu_{B_{10}}$，$H_{1B}:\mu_{B_1},\mu_{B_2},\cdots,\mu_{B_{10}}$ 不全相等.

$$S_T=\sum_{i=1}^{3}\sum_{j=1}^{10}x_{ij}^2-\frac{1}{30}T_{..}^2=1\,220.86-\frac{1}{30}\times 17.8^2\approx 164.727,$$

$$S_A=\frac{1}{10}\sum_{i=1}^{3}T_{i.}^2-\frac{1}{30}T_{..}^2=\frac{1}{10}\times 10\,561.52-\frac{1}{30}\times 178^2\approx 0.018\,67,$$

$$S_B=\frac{1}{3}\sum_{j=1}^{10}T_{.j}^2-\frac{1}{30}T_{..}^2=\frac{1}{3}\times 3\,662.12-\frac{1}{30}\times 178^2\approx 164.57,$$

$$S_E=S_T-S_A-S_B=0.138\,33,$$

从而得方差分析表如表 8.6 所示.

表 8.6

方差来源	平方和	自由度	均方	F 比	F 临界值
因素 A	0.018 67	2	0.009 335	1.214	3.55
因素 B	164.57	9	18.286	2 377.89	2.46
误差 E	0.138 33	18	0.007 69	—	—
总和 T	164.727	29	—	—	—

$F_A < F_\alpha = F_{0.05}(2,18)$，说明 F_A 未落在拒绝域内，故接受 H_{0A}，即认为 3 名化验员的化验技术无显著差异.

$F_B > F_\alpha = F_{0.05}(9,18)$，说明 F_B 落在拒绝域内，故拒绝 H_{0B}，即认为每日所抽取的样本之间有显著差异.

题型 Ⅲ 有交互作用的双因素方差分析

例 8.4 表 8.7 为温度(因素 B)与浓度‰(因素 A)对种子发芽数的影响.

表 8.7

浓度(‰) (因素 A)	温度(因素 B)			
	10	24	38	52
2	14 10	11 11	13 9	10 12
4	9 7	10 8	7 11	6 10
6	5 11	13 14	12 13	14 10

试分析浓度与温度对种子的发芽数是否有显著影响.

解 需检验假设 H_{01}、H_{02}、H_{03}，于是

$$S_T = \sum_{i=1}^{3}\sum_{j=1}^{4}\sum_{k=1}^{2} X_{ijk}^2 - \frac{T_{\cdots}^2}{rst}$$

$$= 2\,752 - \frac{63\,001}{24} = 126.958\,3,$$

$$S_A = \frac{1}{st}\sum_{i=1}^{r} T_{i\cdot\cdot}^2 - \frac{T_{\cdots}^2}{rst} = 46.083\,3,$$

$$S_B = \frac{1}{rt}\sum_{j=1}^{s} T_{\cdot j\cdot}^2 - \frac{T_{\cdots}^2}{rst} = 9.458\,3,$$

$$S_{A\times B} = \left(\frac{1}{t}\sum_{i=1}^{r}\sum_{j=1}^{s} T_{ij\cdot}^2 - \frac{T_{\cdots}^2}{rst}\right) - S_A - S_B = 30.916\,7,$$

$$S_E = S_T - S_A - S_B - S_{A\times B} = 40.5.$$

方差来源、平方和、自由度、均方、F 比等列于表 8.8.

表 8.8

方差来源	平方和	自由度	均方	F 比	F 临界值
因素 A	46.083 3	2	23.041 7	6.83	3.89
因素 B	9.458 3	3	3.152 8	0.93	3.49
交互作用 $A \times B$	30.916 7	6	5.152 8	1.53	3
误差 E	40.5	12	3.375	—	—
总和 T	126.958 3	23	—	—	—

故只有浓度的影响是显著的.

题型 Ⅳ　一元线性回归分析

例 8.5　测得某物质在不同温度下吸附另一种物质的重量见表 8.9 所示.

表 8.9

x(℃)	0.1	0.3	0.4	0.55	0.7	0.8	0.95
y(mg)	15	18	19	21	22.6	23.8	26

(1) 画出 x 与 y 的散点图；
(2) 求 x 与 y 的一元线性回归方程；
(3) 求 ε 的方差 σ^2 的无偏估计；
(4) 检验回归效果是否显著；
(5) 求 b 的置信水平为 0.95 的置信区间；
(6) 求 $x=0.5$ 处 $u(x)$ 的置信水平为 0.95 的置信区间.

解　(1) 散点图略.

(2) $S_{xx} = \sum_{i=1}^{n} x_i^2 - \frac{1}{n}(\sum_{i=1}^{n} x_i)^2 = 2.595 - \frac{3.8^2}{7} = 0.532\ 1$,

$S_{xy} = \sum_{i=1}^{n} x_i y_i - \frac{1}{n} \sum_{i=1}^{n} x_i \sum_{i=1}^{n} y_i = 85.61 - \frac{1}{7} \times 3.8 \times 145.4 = 6.678\ 6$,

故　$\hat{b} = \frac{S_{xx}}{S_{xy}} = \frac{6.678\ 6}{0.532\ 1} = 12.550\ 3$,

$\hat{a} = \frac{1}{n} \sum_{i=1}^{n} y_i - (\frac{1}{n} \sum_{i=1}^{n} x_i) \hat{b} = 13.958\ 4$,

故 $\hat{y}=13.9584+12.5503x$.

(3) $\hat{\sigma}^2 = \dfrac{Q_e}{n-2} = \dfrac{S_{yy}-\hat{b}S_{xy}}{5} = \dfrac{\sum\limits_{i=1}^{n}y_i^2 - \dfrac{1}{n}(\sum\limits_{i=1}^{n}y_i)^2 - \hat{b}S_{xy}}{5} = 0.0432.$

(4) 检验假设 $H_0:b=0, H_1:b\neq 0$, $|t|=\dfrac{|\hat{b}|}{\hat{\sigma}}\sqrt{S_{xx}}=9.1552 > t_{0.025}(5)=2.5706$, 故拒绝 H_0, 认为回归效果是显著的.

(5) b 的置信水平为 0.95 的置信区间为

$$\left(\hat{b}\pm t_{\frac{\alpha}{2}}(n-2)\times \dfrac{\sigma}{\sqrt{S_{xx}}}\right)=(11.8179,13.2828).$$

(6) $x=0.5$ 处 $u(x)$ 的置信水平为 0.95 的置信区间为

$$\left(\hat{a}+\hat{b}x_0 \pm t_{\frac{\alpha}{2}}(n-2)\hat{\sigma}\sqrt{\dfrac{1}{n}+\dfrac{(x_0-\overline{x})^2}{S_{xx}}}\right)=(20.0292,20.4379).$$

题型Ⅴ 可化为线性回归的非线性回归分析

例 8.6 在彩色显影中,由经验知形成染料光学密度 y 与析出银的密度 x 由公式 $y=Ae^{\frac{b}{x}}(b<0,A>0)$ 表示,测得实验数据由表 8.10 所示.

表 8.10

x	0.05	0.06	0.07	0.10	0.14	0.20	0.25	0.31	0.38	0.43	0.47
y	0.10	0.14	0.23	0.37	0.59	0.70	1.00	1.12	1.19	1.25	1.29

解 对公式 $y=Ae^{\frac{b}{x}}$ 两边取对数,得 $\ln y = \ln A + \dfrac{b}{x}$, 令 $y'=\ln y$, $x'=\dfrac{1}{x}$, $a=\ln A$, 于是得到 $y'=a+bx'$.

由一元线性回归分析法得到 $\hat{b}=-0.146, \hat{a}=0.548$.

于是 y 对 x 的回归方程是 $\hat{y}=1.729e^{\frac{-0.146}{x}}$.

题型Ⅵ 多元线性回归分析

例 8.7 大豆播种至出苗的长短取决于土壤温度和水分,现有数据如表 8.11 所示,试建立大豆出苗时间、土壤温度和水分的二元线性回归方程.

表 8.11

序号	1	2	3	4	5	6	7	8	9	10
x_1	0.084 0	0.073 5	0.058 4	0.052 9	0.046 3	0.044 6	0.047 8	0.045 0	0.038 3	0.036 7
x_2	5.263 1	3.968 2	4.133 2	6.060 6	5.882 3	4.716 9	3.610 1	4.081 6	5.291 0	3.484 3
y	26	18	10	12	9	8	8	7	5	5

解 设 $y_i = a + \beta_1(x_{i1} - \overline{x}_1) + \beta_2(x_{i2} - \overline{x}_2) + \varepsilon_i (i = 1, 2, \cdots, 10)$ 于是可求得

$$L_{11} = \sum_{i=1}^{10} x_{i1}^2 - \frac{1}{10}\left(\sum_{i=1}^{10} x_{i1}\right)^2 = 0.002\ 09,$$

$$L_{22} = \sum_{i=1}^{10} x_{i2}^2 - \frac{1}{10}\left(\sum_{i=1}^{10} x_{i2}\right)^2 = 7.795\ 6,$$

$$L_{12} = L_{21} = \sum_{i=1}^{10} x_{i1}x_{i2} - \frac{1}{10}\left(\sum_{i=1}^{10} x_{i1}\right)\left(\sum_{i=1}^{10} x_{i2}\right) = 0.012 4,$$

$$L_{1y} = \sum_{i=1}^{10} x_{i1}y_i - \frac{1}{10}\left(\sum_{i=1}^{10} x_{i1}\right)\left(\sum_{i=1}^{10} y_i\right) = 0.874\ 7,$$

$$L_{2y} = \sum_{i=1}^{10} x_{i2}y_i - \frac{1}{10}\left(\sum_{i=1}^{10} x_{i2}\right)\left(\sum_{i=1}^{10} y_i\right) = 12.226\ 5.$$

从而得系数矩阵 A 和常数矩阵 B 为

$$A = \begin{pmatrix} 10 & 0 & 0 \\ 0 & 0.00209 & 0.01244 \\ 0 & 0.01244 & 7.7956 \end{pmatrix}, B = \begin{pmatrix} 108 \\ 0.8747 \\ 12.2265 \end{pmatrix},$$

得 $C = A^{-1} = \begin{pmatrix} \dfrac{1}{10} & 0 & 0 \\ 0 & 484.198\ 8 & -0.7702 \\ 0 & -0.770\ 2 & 0.129\ 8 \end{pmatrix},$

于是得回归系数 $b = \begin{pmatrix} a \\ b_1 \\ b_2 \end{pmatrix} = A^{-1}B = \begin{pmatrix} 10.8 \\ 414.1118 \\ 0.9133 \end{pmatrix},$ 故得二元回归方程为

$\hat{y} = 10.8 + 414.111\,8(x_1 - 0.052\,75) + 0.913\,3(x_2 - 4.646\,03)$,

即 $\hat{y} = -15.290\,4 + 414.111\,8x_1 + 0.913\,3x_2$.

又 $L = \sum_{i=1}^{10} y_i^2 - \frac{1}{10}\left(\sum_{i=1}^{10} y_i\right)^2 = 385.6$, $U = \sum_{j=1}^{2} b_j B_j = 373.39$,

$Q = L - U = 12.21$,故统计量 $F = 107.05 > F_{0.01}(2,7) = 9.55$. 说明线性回归关系是极显著的.

四、习题精解

(一)填空题

1.在单因素方差分析中,$SST = SSE + SSA$ 称为_____,SSE 称为_____,SSA 称为_____.

解 总变差;误差平方和;效应平方和.

2.在方差分析中,常用的检验法为_____.

解 F 检验法.

3.方差分析的基本方法就是求出某因素的效应平方和与误差平方和之比_____越大,说明该因素的影响越_____.

解 $F_{比} = SSA/SSE$;显著.

4.设随机变量 y 和变量 x 满足 $y = \beta_0 + \beta_1 x + \varepsilon$,$\varepsilon \sim N(0,\sigma^2)$,则未知参数 β_0, β_1 的最小二乘估计 $\hat{\beta}_1 = $ _____,$\hat{\beta}_0 = $ _____.

解 $\hat{\beta}_1 = \dfrac{S_{xy}}{S_{xx}}$;$\hat{\beta}_0 = \dfrac{1}{n}\sum_{i=1}^{n} y_i - \left(\dfrac{1}{n}\sum_{i=1}^{n} x_i\right)\hat{\beta}_1$.

(二)计算题

1.有一个年级有三个小班,进行了一次外语测验,现从各个班级随机地抽取了一些学生,记录其成绩如表 8.12 所示.

表 8.12

班级 1		73	66	89	60	82	45	43	93	80	36	73	77
班级 2	88	77	78	31	48	78	91	62	51	76	85	96	74	80	56
班级 3		68	41	79	59	68	91	53	71	79	71	15	87	56

试在显著性水平 $\alpha = 0.05$ 下检验各班级的平均分数有无显著性差

异.设备总体服从正态分布,且方差相等.

解 记 μ_1, μ_2, μ_3 为 1、2、3 三个小班的平均分数,检验假设
$$H_0: \mu_1 = \mu_2 = \mu_3, \quad H_1: \mu_1, \mu_2, \mu_3 \text{ 不全相等}.$$
这里 $s=3, n_1=12, n_2=15, n_3=13, n=40$,所以
$$S_T = \sum_{i=1}^{3} \sum_{j=1}^{n_i} X_{ij}^2 - \frac{T_{..}^2}{n} = 199\,462 - \frac{2\,726^2}{40} = 13\,685.1,$$
$$S_A = \sum_{i=1}^{3} \frac{T_{.i}^2}{n_i} - \frac{T_{..}^2}{n} = 335.35,$$
$$S_E = S_T - S_A = 13\,349.75.$$
方差分析表如表 8.13 所示.

表 8.13

方差来源	平方和	自由度	均方	F 比
因素 A	335.35	2	167.675	0.46
误差 E	13 349.75	37	360.80	
总和 T	13 685.1	39	—	—

因 $F_{0.05}(2,37) = 3.25 > 0.46$,故不拒绝 H_0,认为各班平均分无显著差异.

2.为了研究金属管的防腐蚀功能,考虑 4 种不同的涂料涂层和埋在 3 种不同性质的土壤中,经历一段时间后,测得金属管腐蚀的最大深度见表 8.14 所示(单位:mm).

表 8.14

	土壤类型(因素 B)		
	1	2	3
涂层(因素 A)	1.63	1.35	1.27
	1.34	1.30	1.22
	1.19	1.14	1.27
	1.30	1.09	1.32

试在显著性水平 $\alpha = 0.05$ 下检验在不同涂层下腐蚀的最大深度的平均值有无显著性差异;在不同土壤下腐蚀的最大深度的平均值有无

显著性差异.设两因素间没有交互作用.

解 设

$H_{0A}: \mu_{A1} = \mu_{A2} = \mu_{A3} = \mu_{A4}$, $H_{1A}: \mu_{A1}, \mu_{A2}, \mu_{A3}, \mu_{A4}$ 不全相等;

$H_{0B}: \mu_{B1} = \mu_{B2} = \mu_{B3}$, $H_{1B}: \mu_{B1}, \mu_{B2}, \mu_{B3}$ 不全相等.

$$S_T = \sum_{i=1}^{3} \sum_{j=1}^{10} x_{ij}^2 - \frac{1}{12} T_{..}^2 = 20.015\ 4 - \frac{1}{12} \times 15.42^2 \approx 0.200\ 7,$$

$$S_A = \frac{1}{3} \sum_{i=1}^{4} T_{i.}^2 - \frac{1}{12} T_{..}^2 = \frac{1}{3} \times 59.686\ 2 - \frac{1}{12} \times 15.42^2 \approx 0.070\ 7,$$

$$S_B = \frac{1}{4} \sum_{j=1}^{3} T_{.j}^2 - \frac{1}{12} T_{..}^2 = \frac{1}{4} \times 79.432\ 4 - \frac{1}{12} \times 15.42^2 \approx 0.043\ 4,$$

$$S_E = S_T - S_A - S_B = 0.086\ 6.$$

从而得方差分析表如表 8.15 所示.

表 8.15

方差来源	平方和	自由度	均 方	F 比	F 临界值
因素 A	0.070 7	3	0.023 6	1.64	4.76
因素 B	0.043 4	2	0.021 7	1.51	5.14
误差 E	0.086 6	6	0.014 4	—	—
总和 T	0.200 7	11	—	—	—

$F_A < F_\alpha = F_{0.05}(3,6)$, 说明 F_A 未落在拒绝域内, 故接受 H_{0A}, 即认为不同涂层下腐蚀的最大深度的平均值无显著性差异.

$F_B < F_\alpha = F_{0.05}(2,6)$, 说明 F_B 未落在拒绝域内, 故接受 H_{0B}, 即认为在不同土壤下腐蚀的最大深度的平均值无显著性差异.

3. 表 8.16 列出了某种化工过程在三种浓度, 四种温度水平下得率的数据. 假设在各水平搭配下得率的总体服从正态分布, 且方差相等. 试在显著性水平 $\alpha = 0.05$ 下检验在不同浓度下得率有无显著性差异; 在不同温度下得率是否有显著差异, 交互作用的效应是否显著.

表 8.16

浓度(%)	温度(℃)			
	10	24	38	52
2	14	11	13	10
	10	11	9	12
4	9	10	7	6
	7	8	11	10
6	5	13	12	14
	11	14	13	10

解 $H_{01}:\alpha_1=\alpha_2=\cdots=\alpha_r=0$；$H_{02}:\beta_1=\beta_2=\cdots=\beta_s=0$；

$H_{03}:\gamma_{ij}=0$，对一切 i,j. 需检验假设 H_{01}、H_{02}、H_{03}，于是

$$S_T = \sum_{i=1}^{3}\sum_{j=1}^{4}\sum_{k=1}^{2} X_{ijk}^2 - \frac{T_{\cdots}^2}{rst} = 2\,752 - \frac{250^2}{24} = 147.83,$$

$$S_A = \frac{1}{st}\sum_{i=1}^{r} T_{i\cdot\cdot}^2 - \frac{T_{\cdots}^2}{rst} = 44.33,$$

$$S_B = \frac{1}{rt}\sum_{j=1}^{s} T_{\cdot j\cdot}^2 - \frac{T_{\cdots}^2}{rst} = 11.5,$$

$$S_{A\times B} = \left(\frac{1}{t}\sum_{i=1}^{r}\sum_{j=1}^{s} T_{ij\cdot}^2 - \frac{T_{\cdots}^2}{rst}\right) - S_A - S_B = 27,$$

$$S_E = S_T - S_A - S_B - S_{A\times B} = 65.$$

方差来源、平方和、自由度、均方、F 比等列于表 8.17.

表 8.17

方差来源	平方和	自由度	均方	F 比	F 临界值
因素 A	44.33	2	22.165	4.105	3.89
因素 B	11.5	3	3.83	0.709	3.49
交互作用 $A\times B$	27	6	4.5	0.833	3.00
误差 E	65	12	5.4	—	—
总和 T	147.83	23	—	—	—

故只有浓度的影响是显著的.

4.根据国家统计局统计资料,我国城镇居民的人均每月收入 x 和生活消费每月支出 y 的数据如表 8.18 所示.

表 8.18

x	37.2	41.36	47.5	52.7	55.3	61.2	64.4
y	39.2	39.2	47.8	47.8	54.2	54.2	62.3
x	70.9	75.4	82.8	87.9	96.7	112.3	123.17
y	62.3	71.3	71.3	82.3	82.3	105.2	105.2

(1)求 y 对 x 的线性回归方程.

(2)检验回归效果是否显著($\alpha=0.05$).

(3)若已知 1987 年的人均月收入为 160 元,预测 1987 年的人均月消费支出为多少元?

解 (1) $\hat{b}=\dfrac{S_{xy}}{S_{xx}}=\dfrac{7\,230.274}{8\,910.601}$

$\qquad =0.811\,4,$

$$\hat{a}=\frac{1}{n}\sum_{i=1}^{n}y_i-\left(\frac{1}{n}\sum_{i=1}^{n}x_i\right)\hat{b}$$

$$=\frac{1}{14}\times 924.6-\frac{1}{14}\times 1\,008.83\times 0.811\,4$$

$$=7.573\,9,$$

则 $\hat{y}=7.573\,9+0.811\,4x.$

(2) $H_0:b=0, H_1:b\neq 0,$

$$\hat{\sigma}^2=\frac{1}{n-2}(S_{yy}-\hat{b}S_{xy})=16.583\,498,$$

$$|t|=\frac{|\hat{b}|}{\hat{\sigma}}\sqrt{S_{xx}}=15.26>t_{0.025}(14-2)=2.178\,8,$$

故拒绝 H_0,认为回归效果显著.

(3) $\hat{y}_0=7.573\,9+0.811\,4\times 160=137.4(元)$

5.研究高磷钢的效率(y)与出钢量(x_1)与 FeO (x_2)的关系,测得数据如表 8.19 所示.

表 8.19

x_1	115.3	96.5	56.9	101.0	102.9	87.9
x_2	14.2	14.6	14.9	14.9	18.2	13.2
y	83.5	78.0	73.0	91.4	83.4	82.0
x_1	101.4	109.8	103.4	110.6	80.3	93.0
x_2	13.5	20.0	13.0	15.3	12.9	14.7
y	84.0	80.0	88.0	86.5	81.0	88.6
x_1	88.0	88.0	108.9	89.5	104.4	101.9
x_2	16.4	18.1	15.4	18.3	13.8	12.2
y	81.5	85.7	81.9	79.1	89.9	80.6

(1)假设效率与出钢量和 FeO 有线性关系,求回归方程 $\hat{y}=\beta_0+\beta_1 x_1+\beta_2 x_2$;

(2)检验回归方程的显著性($\alpha=0.05$).

解 (1)设 $\hat{y}=\beta_0+\beta_1 x_1+\beta_2 x_2$,

$$\hat{A} = \begin{pmatrix} \beta_0 \\ \beta_1 \\ \beta_2 \end{pmatrix} = (\boldsymbol{X}^T \boldsymbol{X})^{-1} \boldsymbol{X}^T \boldsymbol{Y} = \begin{pmatrix} 72.12 \\ 0.1776 \\ -0.398 \end{pmatrix}$$

故 $\hat{y}=72.12+0.1776 x_1-0.398 x_2$.

(2)回归效果是显著的.

五、模拟试题

(一)填空题(每题 4 分,共 40 分)

1.方差分析的基本思想是_____,基本假定是_____.

2.鉴别因素 A 对试验的指标是否有显著影响,应先根据因素 A 的各水平下的试验数据计算出平方和_____,再求出统计量_____之值,将其值与临界值_____比较,作出统计结论.

3.一元线性回归模型为_____.

4.线性回归方程 $\hat{y} = \hat{a} + \hat{b}x$ 中的 $\hat{b} = $ _____ , $\hat{a} = $ _____ .

5.总体 X 和 Y 的样本相关系数 $r = \dfrac{L_{xy}}{\sqrt{L_{xx}L_{yy}}}$,其中 $L_{xy} = $ _____ , $L_{xx} = $ _____ , $L_{yy} = $ _____ .

6.一元线性回归模型中方差 σ^2 的无偏估计量为 _____ .

7.相关系数 $|R|$ 越接近于 1 , y 与 x 之间 _____ 程度就越 _____ .

8.在 m 元线性回归中,检验整个回归效果显著,即需检验原假设 H_0: _____ .

9.在多元线性回归分析中, $F = \left(\dfrac{n-m-1}{m}\right)\dfrac{U}{Q} \sim F(\text{_____})$.

10.在多元线性回归分析中, $t_j = \dfrac{b_j}{\sqrt{C_{jj}}S} \sim t(\text{_____})$.

(二)计算题(每题 10 分,共 60 分)

1.将抗生素注入人体会产生抗生素与血浆蛋白质结合的现象,以致减少了药效.表 8.20 列出 5 种常用的抗生素注入到体内时,抗生素与血浆蛋白质结合的百分比.试在 $\alpha = 0.05$ 下检验这些百分比的均值有无显著差异.

表 8.20

青霉素	四环素	链霉素	红霉素	氢美素
29.6	27.3	5.8	21.6	29.2
24.3	32.6	6.3	17.4	32.8
28.5	30.8	11.0	18.3	25.0
32.0	34.8	8.3	19.0	24.2

2.为考察对纤维弹性测量的误差,今对一批原料由四个工厂 A_1, A_2, A_3, A_4 同时测量,每个厂的检验员 B_1, B_2, B_3, B_4 轮流使用各厂设备,且无重复测量.试验数据如表 8.21 所示.

表 8.21

	B_1	B_2	B_3	B_4
A_1	71.73	72.73	75.73	77.75
A_2	73.75	76.74	78.77	76.74
A_3	76.73	79.77	74.55	74.73
A_4	75.73	73.72	70.71	69.69

试检验因素的影响及交互作用是否显著?

3.有人认为,企业的利润水平和它的研究费用之间存在近似的线性关系,表 8.22 所列资料能否证实这种论断?

表 8.22

年份	1955	1956	1957	1958	1959	1960	1961	1962	1963	1964
研究费用（万元）	10	10	8	8	8	12	12	12	11	11
利润（万元）	100	150	200	180	250	300	280	310	320	300

4.表 8.23 所列的 15 名营业员推销才能的检验分数以及由他们的上级指定的工作定额.

表 8.23

序号	工作定额 y	推销才能检测分数 x	序号	工作定额 y	推销才能检测分数 x
1	70	92	9	63	84
2	57	77	10	51	70
3	65	83	11	66	85
4	55	72	12	62	81
5	62	81	13	53	76
6	79	90	14	52	76
7	57	79	15	59	70
8	73	91			

(1)画出这些数据的散点图;(2)估计回归函数;(3)对回归系数进行显著性检验($\alpha = 0.05$).

5.假设对二变量 x 和 y 的联合观测得数据如表 8.24 所示.

表 8.24

x	10	12	13	15	17	20	21	23	25	28
y	10.1	9.2	8	7.5	7.5	6.5	6.2	6.5	5.5	5.2

试建立 y 对 x 的经验回归方程.

6.关于化学实验数据分析。因变量 Y 表示硝基蒽醌中某物质 A 的含量,自变量是实验中的 3 个因素: X_1 为亚硫酸钠的量(g), X_2 为大苏打的量(g), X_3 为反应时间(h).为了提高该实验产品硝基蒽醌中某物质 A 的含量,根据 3 个因素的 8 个不同搭配,每个搭配做两次试验,共进行了 16 次试验。其结果列于表 8.25.

表 8.25

序号	X_1	X_2	X_3	Y_{i1}	Y_{i2}
1	9	4.5	3	90.98	93.73
2	9	4.5	1	84.54	87.67
3	9	2.5	3	87.70	91.46
4	9	2.5	1	85.60	88.50
5	5	4.5	3	85.40	86.01
6	5	4.5	1	82.63	83.88
7	5	2.5	3	85.50	82.40
8	5	2.5	1	83.20	83.55

(1) 试建立 Y 与 X_1, X_2 和 X_3 之间的线性回归方程;

(2) 当 $\alpha=0.05$ 时,对方程进行显著性检验;

(3) 若取 $X_0' = (7, 3, 2)$,试对 Y 的取值进行预测。

六、模拟试题参考答案

(一)填空题

1.从试验数据的差异中分解出条件误差和试验误差,将它们进行比较,选取适当的统计量作假设检验,从而确定各因素对指标是否有显著影响;正态性、等方差性、独立性

2. $S_T = \sum_{j=1}^{s}\sum_{i=1}^{n_j} x_{ij}^2 - \dfrac{T_{..}^2}{n}, S_A = \sum_{j=1}^{s} \dfrac{T_{.j}^2}{n_j} - \dfrac{T_{..}^2}{n}, S_E = S_T - S_A$;

$\dfrac{\dfrac{S_A}{s-1}}{\dfrac{S_E}{n-s}}; F_\alpha(s-1, n-s)$

3. $y = a + bx + \varepsilon, \varepsilon \sim N(0, \sigma^2)$

4. $\dfrac{L_{xy}}{L_{xx}}; \bar{y} - \hat{b}\bar{x}$

5. $\sum_{i=1}^{n}(x_i - \bar{x})(y_i - \bar{y}); \sum_{i=1}^{n}(x_i - \bar{x})^2; \sum_{i=1}^{n}(y_i - \bar{y})^2$

6. $\hat{\sigma}^2 = \dfrac{Q_e}{n-2} = \dfrac{1}{n-2}(S_{YY} - S_{XY})$

7. 线性相关；大

8. $b_0 = b_1 = \cdots = b_m = 0$

9. $m, n - m - 1$

10. $n - m - 1$

(二)计算题

1. $S_T = \sum_{j=1}^{5}\sum_{i=1}^{4} X_{ij}^2 - \dfrac{T_{..}^2}{20} = 12\,136.93 - \dfrac{458.7^2}{20} = 1\,616.645\,5$,

$S_A = \sum_{j=1}^{5} \dfrac{T_{.j}^2}{n_j} - \dfrac{T_{..}^2}{20} = 1\,480.082\,3, S_E = S_T - S_A = 136.563\,2$.

表 8.26

方差来源	平方和	自由度	均方	F 比
因素 A	1 480.082	4	370.020 6	40.642 8
误差 E	136.563	15	9.104 2	—
总和 T	1 616.645	19	—	—

查表得 $F_{0.05}(4, 15) = 2.36 < 40.642\,8$, 故认为差异显著.

2. 经计算方差分析表如表 8.27 所示.

表 8.27

方差来源	平方和	自由度	均方	F 比	F 临界值
因素 A	76.095	3	25.365	17.269 5	5.29
因素 B	6.095	3	2.031 7	1.383 3	5.29
交互作用 $A \times B$	79.03	9	8.781 1	5.978 6	3.78
误差 E	28.5	16	1.468 8	—	—
总和 T	184.718 8	31	—	—	—

$F_{0.01}(3,16)=5.29, F_{0.01}(9,16)=3.78.$ 由于
$F_A=17.269\ 5>5.29, F_B=1.383\ 3<5.29, F_{A\times B}=5.978\ 6>3.78,$
故因素 A(即不同工厂)对测量的影响高度显著,交互作用的影响也高度显著,而因素 B(即不同检测)对测量无显著影响.

3. $S_{xx}=\sum_{i=1}^{10}x_i^2-\frac{1}{10}\left(\sum_{i=1}^{10}x_i\right)^2=256,$

$S_{xy}=\sum_{i=1}^{10}x_iy_i-\frac{1}{10}\left(\sum_{i=1}^{10}x_i\right)\left(\sum_{i=1}^{10}y_i\right)=662,$

$S_{yy}=\sum_{i=1}^{10}y_i^2-\frac{1}{10}\left(\sum_{i=1}^{10}y_i\right)^2=53\ 090.$

$S_{回}=S_{xy}^2/L_{xx}=17\ 118.906,$

$S_{剩}=S_{yy}\left(1-\dfrac{S_{xy}^2}{S_{xx}S_{yy}}\right)\approx 35\ 971.094, H_0:b=0, H_1:b\neq 0,$

则 $F=\dfrac{S_{回}}{S_{剩}/(n-2)}\approx 3.807.$ 查表 $F_{0.05}(1,8)=5.32.$ 显然,$F=3.807<F_{0.05}(1,8)=5.32,$ 故接受 $H_0,$ 说明不能认为企业的利润水平与它的科研费用之间存在线性关系.

4.(1) 散点图略.

(2) $\hat{b}=\dfrac{S_{xy}}{S_{xx}}=0.993, \hat{a}=\dfrac{1}{15}\sum_{i=1}^{15}y_i-\dfrac{1}{15}\left(\sum_{i=1}^{15}x_i\right)\hat{b}=-6.387\ 4.$ 故

$$\hat{y}=-6.387\ 4+0.993x.$$

(3) $S_{yy} = \sum_{i=1}^{15} y_i^2 - \frac{1}{15}\left(\sum_{i=1}^{15} y_i\right)^2 = 57\,826 - \frac{1}{15} \times 924^2 = 907.6$,

$$F = \frac{U}{\frac{Q}{n-2}} = \frac{(n-2)\frac{S_{xy}^2}{S_{xx}}}{S_{yy}\left(1 - \frac{S_{xy}^2}{S_{xx}S_{yy}}\right)} = 46.680\,5.$$

查表得 $F_{0.05}(1,13) = 3.14$,故 $F > F_{0.05}(1,13)$,即回归效果显著.

5.发现 y 随着 x 的增大呈较快递减趋势,其趋势较接近于双曲函数.我们试用 $y = ax^b$ 来逼近,此函数可线性化为 $y' = a' + b't$,其中 $y' = \ln y$, $a' = \ln a$, $b' = -b$, $t = \ln x$,经计算得出 a', b' 的最小二乘估计为 $\hat{a}' = \ln\hat{a} = 3.707, \hat{b}' = -\hat{b} = -0.1623$,于是得到 $\hat{a} = 40.742\,1, \hat{b} = 0.612\,3$,得回归方程为 $y = 40.742\,1 x^{-0.162\,3}$.

6.(1)回归方程为

$$\hat{Y} = 73.727\,5 + 1.175\,3X_1 + 0.433\,1X_2 + 1.475\,6X_3.$$

(2)

表 8.28

方差来源	平方和	自由度	均方	F 比
因素 A	126.25	3	42.08	11.82
误差 E	42.75	12	3.56	—
总和 T	169.00	15	—	—

因为 $F_{3,12}(0.05) = 3.49 < F$,故拒绝假设 $H_0: \beta_1 = \beta_2 = \beta_3 = 0$,认为回归方程通过了显著性检验.

(3)点估计为 $\hat{y}_0 = 86.20$.

参考书目

[1] 张海燕.应用概率论与数理统计.北京:清华大学出版社,2013
[2] 肖枝洪,朱倩军.概率论及试验统计学习指导与解题指南.北京:高等教育出版社,2006
[3] 王松桂.概率论与数理统计.北京:科学出版社,2009
[4] 孙国红,金惠兰.概率论与数理统计全程导学.天津:南开大学出版社,2012
[5] 盛骤,谢式千,潘承毅.概率论与数理统计(第四版).北京:高等教育出版社,2008
[6] 王梓坤.概率论基础及其应用.北京:科学出版社,1976
[7] 何迎晖,闵华玲.数理统计.北京:高等教育出版社,1989
[8] 耿素云,张立昂.概率统计.北京:北京大学出版社,1989
[9] 李贤平.概率论基础.北京:高等教育出版社,1997
[10] 王荣鑫.数理统计.西安:西安交通大学出版社,1979
[11] 王玉民,杜晓林.概率论与数理统计.北京:中国农业出版社,2008
[12] 谢兴武,李宏伟.数理统计释难解疑.北京:科学出版社,2007
[13] 张玉春,刘玉凤,姚俊.概率论与数理统计学习指导.北京:国防工业出版社,2008
[14] 余长安.概率论与数理统计疑难点讲析与习题精解.武汉:武汉大学出版社,2007
[15] 赵选民,师义民.概率论与数理统计解题秘典.西安:西北工业大学出版社,2005
[16] 高等数学教学与命题研究组.概率论与数理统计学习指导.北京:中国林业出版社,2003